全国高等职业教育计算机系列规划教材

Java 程序设计项目教程

丛书编委会 编著

电子工业出版社
Publishing House of Electronics Industry
北京·BEIJING

内 容 简 介

面向对象程序设计方法是当今普遍应用于各个计算机编程领域的程序设计方法，它已经成为了每个程序设计者必备的基本技术。本书根据国内外各种经典的面向对象程序设计课程的教学大纲框架，利用 Java 程序设计语言，以具有典型特征的示例来论述面向对象程序设计方法的相关概念和使用方法。通过本书的学习，学生不仅能够学习到基本的面向对象程序设计概念，还能以此为基础用 Java 语言设计软件项目。

全书共分为 3 个部分和 11 个项目。3 个部分分别是：Java 基础篇、Java 面向对象篇和 Java 高级编程应用篇。11 个项目分别为：Java 语言入门、学生成绩分析统计系统、画图软件、面向对象软件开发、图书管理系统、异常处理、文本编辑器、Java 图形应用界面、Java 多媒体应用、用数据库管理学生成绩以及 Java 网络编程。

本书内容丰富、理论联系实际性强；既可以作为高等专科学校计算机专业以及相关专业学生学习面向对象程序设计的教材，也可供刚接触 Java 语言以及面向对象理论的初学者自学和参考使用。

未经许可，不得以任何方式复制或抄袭本书之部分或全部内容。
版权所有，侵权必究。

图书在版编目（CIP）数据

Java 程序设计项目教程 /《全国高等职业教育计算机系列规划教材》编委会编著. —北京：电子工业出版社，2012.12
全国高等职业教育计算机系列规划教材
ISBN 978-7-121-19064-3

Ⅰ.①J… Ⅱ.①全… Ⅲ.①JAVA 语言—程序设计—高等职业教育—教材 Ⅳ.①TP312

中国版本图书馆 CIP 数据核字（2012）第 283196 号

责任编辑：左　雅　　特约编辑：俞凌娣
印　　刷：北京天宇星印刷厂
装　　订：三河市皇庄路通装订厂
出版发行：电子工业出版社
　　　　　北京市海淀区万寿路 173 信箱　邮编　100036
开　　本：787×1 092　1/16　印张：19.75　字数：505.6 千字
印　　次：2012 年 12 月第 1 次印刷
印　　数：3 000 册　定价：37.00 元

凡所购买电子工业出版社图书有缺损问题，请向购买书店调换。若书店售缺，请与本社发行部联系，联系及邮购电话：（010）88254888。
质量投诉请发邮件至 zlts@phei.com.cn，盗版侵权举报请发邮件至 dbqq@phei.com.cn。
服务热线：（010）88258888。

丛书编委会

主　　任　郝黎明　逄积仁

副 主 任　左　雅　方一新　崔　炜　姜广坤　范海波　敖广武　徐云晴
　　　　　李华勇

委　　员（按拼音排序）

陈国浪　迟俊鸿　崔爱国　丁　倩　杜文洁　范海绍　何福男
贺　宏　槐彩昌　黄金栋　蒋卫祥　李立功　李　琦　刘宝莲
刘红军　刘　凯　刘兴顺　刘　颖　卢锡良　孟宪伟　庞英智
钱　哨　乔国荣　曲伟峰　桑世庆　宋玲玲　王宏宇　王　华
王晶晶　温丹丽　吴学会　邢彩霞　徐其江　严春风　姚　嵩
殷广丽　尹　辉　俞海英　张洪明　张　薇　赵建伟　赵俊平
郑　伟　周绯非　周连兵　周瑞华　朱香卫　邹　羚

本书编委会

主　　编　胡坤融　朱岸青

副 主 编　潘　艺　邱文严　周湘贞

丛书编委会院校名单

（按拼音排序）

保定职业技术学院	山东省潍坊商业学校
渤海大学	山东司法警官职业学院
常州信息职业技术学院	山东信息职业技术学院
大连工业大学职业技术学院	沈阳师范大学职业技术学院
大连水产学院职业技术学院	石家庄信息工程职业学院
东营职业学院	石家庄职业技术学院
河北建材职业技术学院	苏州工业职业技术学院
河北科技师范学院数学与信息技术学院	苏州托普信息职业技术学院
河南省信息管理学校	天津轻工职业技术学院
黑龙江工商职业技术学院	天津市河东区职工大学
吉林省经济管理干部学院	天津天狮学院
嘉兴职业技术学院	天津铁道职业技术学院
交通运输部管理干部学院	潍坊职业学院
辽宁科技大学高等职业技术学院	温州职业技术学院
辽宁科技学院	无锡旅游商贸高等职业技术学校
南京铁道职业技术学院苏州校区	浙江工商职业技术学院
山东滨州职业学院	浙江同济科技职业学院
山东经贸职业学院	

前　言

随着计算机技术和互联网技术的飞速发展，人类对计算机以及网络的依赖性越来越强，期望利用计算机解决各种问题的欲望也越来越强烈。从研究未知宇宙奥秘再到解决生活中的细微小事，计算机软件产业的身影都随处可见。这也导致了软件开发所面临的问题越来越复杂，而对软件开发人员的要求也越来越高。当然这也意味着软件产业的蓬勃发展和对软件技术人才的需求更加日益旺盛。

自从 20 世纪 80 年代面向对象程序设计方法面世以来，人们已经看到并承认它为软件开发行业所做出的卓越贡献，并利用其原理逐渐将这个行业带入一个良性循环的阶段。在应用它的同时，人们通过对它进行不断的改进和完善，使其更加人性化、规范化和科学化，以适应更多更复杂的计算机软件高级应用的开发要求。今天，作为一名计算机专业的学生，无论你的具体专攻为何，面向对象程序设计和 Java 程序设计都已经成为你大学一门不可不修的课程，而对于你将来所要从事的工作来说，它也是非常重要的内容。为此，我们编写了这本《Java 程序设计项目教程》教材，希望对学习这门课的学生有一定的帮助。

本书以国内外最新的面向对象程序设计课程的教学大纲为蓝本，以实际应用为目标，阐述面向对象程序设计方法的相关概念，以及介绍 Java 程序设计语言的使用方法，然后选取典型的特征示例来具体介绍编程概念和编程语法的实际应用，使学生们在经过一个项目的学习后，不仅能够掌握面向对象程序设计概念和 Java 语言编程技巧，还可以独立完成一个完整的软件项目，并从中体会面向对象程序设计的精髓。

全书共分为 11 个项目。项目一 Java 语言入门，主要介绍 Java 语言和它的发展过程，并详细讲述 Java 语言的一些基础语法，对于一些没有接触过任何编程语言的同学，通过学习这一项目可以对 Java 语言有一个大致的了解，并能够编写一些简单的程序；项目二学生成绩分析统计系统，在熟悉 Java 语言的基础上，主要介绍面向对象程序设计中的抽象与封装概念，阐述如何利用 Java 语言来实现面向对象的封装性和抽象性，并实现一个学生成绩分析统计系统；项目三画图软件，主要介绍面向对象程序设计中的另外两个重要的概念：继承与多态，主要阐述如何利用 Java 语言来实现面向对象的继承性和多态性的基本方法，并用此方法来实现画图软件的内部实现机制；项目四面向对象软件开发过程，主要介绍软件开发的基本过程和面向对象技术、面向对象分析、面向对象设计、面向对象程序设计、以及面向对象测试的基本概念；项目五图书管理系统，主要介绍 Java 中一种重要的标准接口：Collection 接口和它的子接口，应用这些接口来优化程序设计并实现一个图书管理系统；项目六异常处理，主要介绍 Java 语言中的异常处理机制、抛出异常、捕获异常、处理异常的基本方法，以及在 Java 语言中如何自定义异常的方法；项目七文本编辑器，主要介绍 Java 语言的流式处理及文件读写方式，并实现一个简单的能从文件读入\读出的文本编辑器；项目八 Java 图形应用界面，介绍如何利用 Java 语言设计具有图形用户界面的应用程序，通过不同示例的介绍使学生学会这类程序设计的基本方法；项目九 Java 多媒体应用，介绍 Applet 应用程序的设计方法和基本执行过程；项目十用数据库管理学生成绩，主要介绍用 Java 语言对数据库进行访问的基本方法，并利用其来实现一个由数据库存储数据的学生成绩管理系统；项目十一 Java 网络编程，主要介绍了实现 Java 网络编程方法如何远程从 Web 服务器上读取文件，以及基于 UDP 的客服数据包接收程序。

  本教材中列举了大量的应用实例，所有的程序都可以在 Java 编程软件 Eclipse 环境中运行，也可以在命令行中运行。Eclipse 是一种基于 Java 的可扩展开发平台，可以将它作为 Java 集成开发环境（IDE）来使用，其中包含了各种为人熟知的 Java 开发工具。

  本书由西南林业大学胡坤融老师、广东工贸职业技术学院朱岸青老师、黑龙江农业工程职业学院潘艺老师、郑州电力高等专科学校邱文严老师和郑州升达经贸管理学院周湘贞老师共同编写。其中胡坤融和朱岸青老师共同担任本书主编，由潘艺、邱文严和周湘贞老师共同担任副主编。

  由于水平有限，再加之时间紧张，书稿虽几经修改，但也难免存在缺点和不足，恳请广大读者给予批评指正。

编 者

目 录
CONTENTS

Java 基础篇
项目一　Java 语言入门　　/1
　1.1　任务一　学生成绩的输出　　/1
　　　1.1.1　Java 概述　　/1
　　　1.1.2　Java 程序设计语言的基本特点　　/2
　　　1.1.3　虚拟机 JVM　　/4
　　　1.1.4　Windows 系统下的 Java 环境配置　　/5
　　　1.1.5　Linux 系统下的 Java 环境配置　　/5
　　　1.1.6　开发工具与运行环境　　/7
　　　1.1.7　知识拓展："Hello World" 小程序　　/7
　1.2　任务二　学生成绩的分析计算　　/8
　　　1.2.1　标志符与关键字　　/8
　　　1.2.2　基本数据类型　　/9
　　　1.2.3　变量和常量　　/12
　　　1.2.4　基本输入/输出和相关函数　　/13
　　　1.2.5　运算符和表达式　　/16
　1.3　任务三　学生成绩的输入　　/22
　　　1.3.1　字符串　　/22
　　　1.3.2　流程控制语句　　/24
　　　1.3.3　循环结构　　/25
　　　1.3.4　多重选择：switch 语句　　/26
　　　1.3.5　数组　　/27
　　　1.3.6　知识拓展：数组基本操作——排序　　/31
　1.4　综合实训：二分法查找　　/32
　1.5　拓展动手练习　　/34
　1.6　习题　　/34

Java 面向对象篇
项目二　学生成绩分析统计系统　　/35
　2.1　任务一　构建学生类、教师类和成绩类　　/35
　　　2.1.1　类的定义　　/36

		2.1.2	成员变量的定义与初始化	/39
		2.1.3	知识拓展：重构类	/43
	2.2	任务二 教师输入和分析学生成绩、学生查询成绩、获得成绩单		/44
		2.2.1	创建对象	/44
		2.2.2	对象成员的使用	/45
		2.2.3	对象的清除	/48
	2.3	任务三 查询、修改、添加、删除学生成绩		/48
		2.3.1	访问属性控制	/49
		2.3.2	静态成员	/50
		2.3.3	Object 类和 Class 类	/52
		2.3.4	final、this 和 null 修饰符	/54
		2.3.5	对象数组的使用	/56
	2.4	综合实训：统计各科目合格率		/57
	2.5	拓展动手练习		/59
	2.6	习题		/59

项目三 画图软件 /61

3.1	任务一 构建图形类 Shape 类	/61
	3.1.1 继承与多态的实现技术	/61
	3.1.2 定义子类	/62
	3.1.3 子类的构造方法	/68
3.2	任务二 构建三角形类、长方形类和椭圆形类	/70
	3.2.1 成员变量的继承与隐藏	/70
	3.2.2 成员方法的重载和覆盖	/70
	3.2.3 多态性的实现	/71
3.3	任务三 构建正方形类和圆形类	/75
	3.3.1 抽象类	/75
	3.3.2 接口	/78
	3.3.3 包	/80
	3.3.4 知识拓展：MVC 设计模式	/81
3.4	综合实训：构建多边形类	/82
3.5	拓展动手练习	/86
3.6	习题	/86

项目四 面向对象软件开发 /87

4.1	任务一 软件开发过程	/87
	4.1.1 软件开发的主要问题	/87
	4.1.2 软件开发的生命周期	/89
	4.1.3 软件开发的开发模型	/90
4.2	任务二 面向对象的软件开发过程	/93

目 录

      4.2.1 面向对象技术 /93
      4.2.2 面向对象分析 /95
      4.2.3 面向对象设计 /96
      4.2.4 面向对象程序设计 /96
      4.2.5 面向对象测试 /97
  4.3 习题 /97

项目五 图书管理系统 /98
  5.1 任务一 创建和处理教师信息 /98
      5.1.1 基本的数据结构接口——Collection 接口 /98
      5.1.2 List 接口 /100
  5.2 任务二 随机产生质数的问题（Set 接口） /106
  5.3 任务三 图书管理系统 /108
      5.3.1 Map 接口 /108
      5.3.2 TreeMap 类 /109
      5.3.3 HashMap 类 /109
      5.3.4 知识拓展：Collections 和 Arrays 工具类的使用介绍 /114
  5.4 综合实训：日期计算 /117
  5.5 拓展动手练习 /118
  5.6 习题 /119

项目六 异常处理 /120
  6.1 任务一 异常概述 /120
      6.1.1 异常的概念 /120
      6.1.2 Java 中的异常类 /121
  6.2 任务二 异常处理机制 /123
      6.2.1 抛出异常 /123
      6.2.2 捕获异常 /123
      6.2.3 处理异常 /130
  6.3 任务三 设计和使用自定义异常类 /131
  6.4 习题 /133

Java 高级编程应用篇
项目七 文本编辑器 /134
  7.1 任务一 从文件读出数据 /134
      7.1.1 流式输入/输出处理机制 /134
      7.1.2 Java 的输入/输出流库 /136
      7.1.3 文件的创建与管理 /137
      7.1.4 随机文件 RandomAccessFile 类 /147
  7.2 任务二 向文件写入数据 /149

7.2.1 字符流 /149
7.2.2 字符输出流 /149
7.2.3 字符输入流 /154
7.3 任务三 以串行化读入/读出文件内容 /157
7.4 综合实训 单词数统计 /162
7.5 拓展动手练习 /163
7.6 习题 /163

项目八 Java 图形应用界面 /164
8.1 任务一 计算器图形界面 /164
8.1.1 AWT 概述 /164
8.1.2 AWT 容器 /166
8.1.3 AWT 组件 /172
8.1.4 布局管理器 /178
8.2 任务二 画图软件图形界面 /184
8.2.1 Swing 概述 /184
8.2.2 Swing 容器 /185
8.2.3 Swing 组件 /190
8.3 任务三 计算器事件处理机制 /202
8.3.1 Java 事件处理机制 /202
8.3.2 事件的处理过程 /203
8.3.3 事件类 /204
8.3.4 键盘事件处理 /204
8.3.5 鼠标事件处理 /207
8.3.6 鼠标事件的处理方法 /207
8.4 综合实训 文本编辑器界面 /212
8.5 拓展动手练习 /216
8.6 习题 /216

项目九 Java 多媒体应用 /217
9.1 任务一 显示曲线 /217
9.1.1 Applet 应用程序概述 /217
9.1.2 工作环境以及运行过程 /220
9.2 任务二 显示图像 /221
9.2.1 URL 类 /221
9.2.2 Image 类 /221
9.3 任务三 播放音频文件 /226
9.3.1 Applet 类中的 play()方法 /227
9.3.2 Applet 类中的 AudioClip 接口 /227
9.4 拓展动手练习 /231

9.5　习题　　　　　　　　　　　　　　　　　　　　　　　　　　/231

项目十　用数据库管理学生成绩　　　　　　　　　　　　　　/232

10.1　任务一　创建成绩数据库和成绩表　　　　　　　　　　　/232
　　10.1.1　JDBC 的实现原理　　　　　　　　　　　　　　　　/233
　　10.1.2　安装和配置 MySQL 数据库　　　　　　　　　　　　/234
　　10.1.3　JDBC API 简介　　　　　　　　　　　　　　　　　/236
　　10.1.4　JDBC API 的基本用法　　　　　　　　　　　　　　/239
　　10.1.5　处理字符编码的转换　　　　　　　　　　　　　　　/243
　　10.1.6　把连接数据库的各种属性放在配置文件中　　　　　　/245
　　10.1.7　Connection、Statement 和 ResultSet 对象　　　　　/250
　　10.1.8　执行 SQL 脚本文件　　　　　　　　　　　　　　　/255
　　10.1.9　处理异常　　　　　　　　　　　　　　　　　　　　/257
　　10.1.10　知识拓展：可滚动及可更新的结果集、行集　　　　/258
10.2　任务二　分析统计和更新学生成绩　　　　　　　　　　　/269
　　10.2.1　事务的概念　　　　　　　　　　　　　　　　　　　/270
　　10.2.2　事务边界的概念　　　　　　　　　　　　　　　　　/270
　　10.2.3　在 MySQL 程序中声明事务和通过 JDBC API 声明事务边界　/272
10.3　拓展动手练习　　　　　　　　　　　　　　　　　　　　/277
10.4　习题　　　　　　　　　　　　　　　　　　　　　　　　/277

项目十一　Java 网络编程　　　　　　　　　　　　　　　　　　/278

11.1　任务一　用 Java 编写客户-服务器程序　　　　　　　　　/278
　　11.1.1　进程之间通信原理　　　　　　　　　　　　　　　　/278
　　11.1.2　TCP/IP 参考模型　　　　　　　　　　　　　　　　/279
11.2　任务二　从远程 Web 服务器上读取文件　　　　　　　　/285
　　11.2.1　构造 Socket　　　　　　　　　　　　　　　　　　/285
　　11.2.2　获取 Socket　　　　　　　　　　　　　　　　　　/290
　　11.2.3　关闭 Socket　　　　　　　　　　　　　　　　　　/292
11.3　任务三　基于 UDP 的客服数据包接收程序　　　　　　　/296
　　11.3.1　UDP 协议简介　　　　　　　　　　　　　　　　　/296
　　11.3.2　DatagramPacket 类　　　　　　　　　　　　　　　/298
　　11.3.3　DatagramSocket 类　　　　　　　　　　　　　　　/299
　　11.3.4　DatagramChannel 类　　　　　　　　　　　　　　/303
11.4　拓展动手练习　　　　　　　　　　　　　　　　　　　　/303
11.5　习题　　　　　　　　　　　　　　　　　　　　　　　　/303

参考文献　　　　　　　　　　　　　　　　　　　　　　　　　/304

Java 基础篇

项目一 Java 语言入门

Java 是一种跨平台应用软件的面向对象的程序设计语言,学习本章,可以了解 Java 语言的特点、环境配置,并通过学生成绩分析系统来学习 Java 语言的数据类型、运算符、表达式;掌握选择结构、循环结构、数组的应用,并学会用基本的 Java 编程知识来完成学生成绩分析系统。

在本章中,学生成绩分析系统被分成三个小任务:学生成绩的输出、学生成绩的分析计算和学生成绩的输入。

Java 是一种具有跨平台、纯面向对象编程思想的程序设计语言,是 1995 年 5 月由 Sun Microsystems 公司推出的 Java 程序设计语言和 Java 平台的总称。

1.1 任务一 学生成绩的输出

 问题情境及实现

在本任务中,我们先通过介绍如何构造和配置 Java 环境、如何编写一个 Java 程序以及一些注意事项来完成学生成绩的输出。

相关知识

1.1.1 Java 概述

Java 最初被命名为 Oak,目标设定在家用电器等小型系统的编程语言,用来解决家用电器的控制和通信问题,例如电视机、电话、闹钟、烤面包机等,是 1991 年 Sun 公司设立的 Green Project 中的一个内部项目。这些设备原本采用 C 语言作为开发语言,但因为 C 语言编译器复杂难懂、其中的 API 极其难用、加上 C 指针本身应用复杂,极易出错,经常使得工程师在程序修改和调试上就已经筋疲力尽。这使得他们萌生了创造出一种新程序设计语言的想法,并最终使之成形于现在已被人们广泛认可、且能体现新型开发思路的程序设计语言——Java。

Java 编程语言风格十分接近 C 和 C++语言，是一个纯面向对象语言。在使用 Java 语言之前，人们普遍使用 C++。顾名思义，这种语言继承了 C 语言的全部内容和精髓，并在其之上添加了面向对象的原理和所有功能。但 C++语言结构非常臃肿复杂并且对编程者的要求较高、难以理解，并不能做到完全的面向对象。随着 Internet 技术的飞速发展和 WWW 应用领域的不断扩展，C++语言已经不能满足网络环境的代码紧凑、安全性、可靠性与环境无关性等一系列的需求。然而 Java 语言在继承了 C++面向对象技术的精髓的同时，去掉了 C++中容易引起错误的指针、多继承和运算符重载等特性。除此之外，Java 加入了自动回收垃圾的功能，这使得编程者不用太过在意内存的调用和释放等细节，而专心于程序逻辑。相比 C 和 C++，Java 有效地回收不再被引用的对象所占用的内存空间，使得程序员不用太过担忧内存管理细节。在 Java SE1.5 版中，又引入了泛型编程、类型安全的枚举、不定长参数和自动装拆箱等语言特性。

Java 不同于一般的编译执行计算机语言和解释执行计算机语言。它首先将源代码编译成二进制字节码，然后依赖各种不同平台上的虚拟机来解释执行字节码，从而实现了"一次编译、到处执行"的跨平台性。Sun 公司对 Java 语言的解释是：Java 编程语言是个简单、面向对象、分布式、解释性、健壮、安全与系统无关、可移植、高性能、多线程和动态的语言。

目前，Java 的最新版本为 1.7 正式版，Oracle 官方称为 Java 7。已成型的 Java 技术框架有以下三种版本。

（1）J2ME（Java 2 Micro Edition）——以消费型电子产品为目标的高度优化的 Java 运行环境。如智能卡、移动电话、可视电话、机顶盒和汽车导航系统等。

（2）J2SE（Java 2 Standard Edition）——用于开发客户端应用程序的 Java 标准平台。Java 的技术精华也都在这个版本中有所体现，是快速、高效、安全、可靠的开发环境。这个版本类似于 JBuider，经常应用于教学和培训领域。

（3）J2EE（Java 2 Enterprise Edition）——基于 J2SE 的扩展性企业级开发平台。它具有模块化、可重用的 JavaBean 组件，并且提供了一整套对这些组件的服务以及许多应用程序自动处理的细节。由于许多费时和有一定难度的开发工作可以自动地完成，所以它可以让开发者更加专注于考虑事务的逻辑结构，而不是构件的基本结构。目前，这个版本基本上是每个企业 Java 程序员的必修课，在这之下还有很多开源项目，市面上很多 Java 企业级应用的书籍也多以这些开源框架为讲述蓝本。例如：Java 开源 J2EE 框架：Spring Framework；Java 开源 Web 框架 Struts；Java 开源持久层框架 Hibernate；Java 开源 Job 调度 Quartz；Java 开源模板引擎 Velocity；Java 开源开发工具 Eclipse 和 NetBeans。

1.1.2　Java 程序设计语言的基本特点

▶ 1. 简单性

Java 语言最初是为了家用电器进行集成控制而设计的一种程序设计语言，所以必须简洁明了，这主要体现在以下几个方面：

（1）Java 语言风格类似 C++语言，熟悉 C 和 C++的人可以很轻松地掌握它的用法。

（2）Java 语言废弃了 C++中容易引发程序错误的地方（如指针），并提供了自动回收来有效地进行内存管理。

（3）Java语言废弃了C++中复杂难用的、不经常使用、容易令人迷惑的特性，例如操作符重载、多继承等，并提供了丰富的Java类库，设计人员可以直接使用其中提供的类，降低了编写程序的工作量和复杂度。

（4）Java语言运行环境空间小巧。基本的Java解释器和类的支持只有40KB，附加的标准类库和线程支持也只有215KB。

▶ 2．面向对象

面向对象是Java语言最重要的特性之一。它提供类、接口和继承等原语，为了简单起见，Java只支持类之间的单继承，但支持接口之间的多继承，并支持类与接口之间的实现机制，即关键字Implements。Java语言支持静态和动态风格的代码继承和重用，而C++语言只对虚函数使用动态绑定。总之，Java是纯面向对象语言。

▶ 3．分布式

Java是面向网络应用的语言。通过它提供的标准类库，可以处理TCP/IP协议规程，可以通过URL地址在网络上访问其他对象，且访问方式与访问本地文件系统的感觉几乎一样。Java的RMI（远程方法激活）机制也是开发分布式应用的重要手段。

▶ 4．健壮性

Java语言致力于在编译期间和运行期间对程序可能出现的错误进行检查，从而保证程序的可靠性，这主要体现在以下几个方面：对数据类型的检查，即强类型机制，如C语言和C++语言，弱类型例如PHP语言等；具有内存管理功能，即内存自动回收机制；不允许通过制定实际物理地址方式对内存单元进行操作，也就是取消了C的指针概念，从而提高系统的安全性和可靠性。

▶ 5．结构中立

为了使Java真正与环境无关，Java源程序需要经过编译和解释两个阶段才能运行。源程序被编译后形成字节码文件（.class文件），该文件已经被标准化，任何Java虚拟机都可以识别这种字节码，并将它解释成本机系统的机器指令。这种运行机制保证了Java的与设备无关性。

▶ 6．安全性

Java经常被用在网络环境中，为此，Java提供了一个安全机制以防恶意代码的攻击。除了语言本身的许多安全特性外，Java对通过网络下载的类具有一个安全防范机制（类ClassLoader），如分配不同的名字空间以防替代本地的同名类、字节码检查，并提供安全管理机制（类SecurityManager）让Java应用设置安全哨兵。

▶ 7．可移植性

与环境无关，使得Java应用程序可以在配置了Java解释器和运行环境的任何计算机系统上运行，这奠定了Java应用软件便于移植的良好基础。这种可移植性来源于体系结构中立性，另外，Java还严格规定了各个基本数据类型的长度。Java系统本身也具有很强的可移植性，Java 编译器是用 Java 实现的，Java 的运行环境是用 ANSI C 实现的。

8. 解释执行

在运行 Java 程序时，需要先将 Java 源程序编译成字节码，然后再利用解释器将字节码解释成本地系统的机器指令。由于字节码与环境无关且类似于机器指令，因此，在不同的环境下，不需要重新对 Java 源程序进行编译，直接利用解释器进行解释执行即可，当然随着 Java 编译器和解释器的不断改进，其运行效率也正在逐步改善。

9. 高性能

与 BASIC 语言不同，Java 的解释器并不是对 Java 源程序代码直接解释，而是解释经编译后生成的字节码。字节码的设计经过优化很容易翻译成机器指令，因此执行速度要比 BASIC 语言快得多，但与 C 语言比较还是有些慢。正是因为每次执行都要花费时间解释一次。为了提高运行速度，Java 语言还提供了一种即时编译 JIT 的方式。该方法在加载 Java 字节码时，将其预处理成本地主机操作系统所能识别的机器指令。这样虽然会增加加载程序的时间，但一旦加载成功，以后运行的速度就会大大提高。事实上，Java 的运行速度随着 JIT 编译器技术的发展越来越接近于 C++。

10. 多线程

支持多线程，可以使设计的 Java 应用软件更加具有交互性和实时响应能力。线程是操作系统中的一个重要概念，它是处理器调度的基本单位，是进程中的一个控制点。由于一个进程可以含有多个线程，而这些线程可以共享进程中的所有资源，因此，它们之间可以进行方便快捷的通信和切换。

11. 动态性

Java 语言的设计目标之一是使用于动态化的环境。程序需要类能够动态地被载入到运行环境中，也可以通过网络来载入所需要的类。这十分有利于软件的升级。另外，Java 中的类有一个运行时刻的表示，能进行运行时刻的类型检查。

1.1.3 虚拟机 JVM

与其他程序设计语言一样，Java 语言环境分为运行环境和开发环境两个部分。运行环境是指能够运行 Java 程序的设备环境，主要包括：Java 虚拟机和核心库。开发环境是指利用 Java 程序设计语言开发应用系统的环境。除了需要包含运行环境，以便随时检测所编写的程序是否正确以外，还应该具有编辑、编译、调试等功能。

Java 虚拟机（Java Virtual Machine，JVM），是一个可以运行 Java 程序且用软件仿真的抽象计算机。只要按照规范将 Java 虚拟机安装在特定的计算机上，就可以在这台机器上运行经过 Java 编译器编译成字节码的所有程序。从而实现"一次编写，随处运行"的理想目标。

Java 虚拟机的工作过程有 3 个阶段。

（1）加载代码。

Java 虚拟机中的"类加载器（class loader）"负责加载运行一个 Java 程序所需要的全部

代码，包括被继承的类和被调用的类。这些代码都是事先利用 Java 编译器编译好的字节码。

（2）校验代码。

加载到本地的所有字节码都需要利用"代码校验器"进行检查。检查代码的合法性，是否有可能出现对本地系统产生破坏的操作，是否含有对象的错误引用等。如果发现以上问题，将会给出相应的提示信息。

（3）执行代码。

字节码通过校验后，就可以利用"解释器"对字节码中的每一条指令进行解释执行。解释的方式主要有两种：一种是边解释边执行，但速度较慢；另一种是"即时编译"，其基本思想是先把所有的字节码一次性解释完并将其存储在本地，随后直接运行解释好的机器指令。虽然增加了加载时间，但却可以提高运行速度。

在本书中，虽然大部分代码都会在开源开发环境 Eclipse 中编写、编译并运行，但还是会经常使用命令行完成以上工作。这是一种简单方便、效果明显并且不需要任何 IDE 就可以完成学习目的的方法。我们只需要安装好开发环境 JDK 和运行环境 JRE，并经过简单的配置就可实现以上目的。下面具体介绍在 Windows 和 Linux 环境下的配置过程。

1.1.4 Windows 系统下的 Java 环境配置

在 Windows 系统下，JDK 和 Java 环境的配置都比较简单，登录 Java 官网可以下载到最新版本的 JDK，双击即可安装。里面包括了运行环境 JRE，如果只是应用软件，可以只下载安装 JRE。

环境变量的配置：

（1）打开"我的电脑"→"属性"→"高级"→"环境变量"。

（2）在"系统变量"中新建 JAVA_HOME 变量，值为"C:/Program Files/Java/jdk1.6.0_20"（这里是 JDK 的安装目录）；编辑原有变量 path，在其后添加"；%JAVA_HOME%/bin"；新建变量 CLASSPATH 变量，值为"%JAVA_HOME%/lib"，完成配置。

（3）进入命令行控制台 cmd，输入"java-version"，查看 Java 版本；输入"javac"，查看相关指令。

1.1.5 Linux 系统下的 Java 环境配置

Linux 有很多不同的发行版，在不同的发行版下 Java JDK 的安装和配置有很多方法，有些系统会自带或者可以自动安装配置（如 Ubuntu），有些仍需要手动安装。在这里，我们只讲其中一种方法。

从官网上下载 JDK 的安装文件，例如 jdk-7u1-linux-i586.tar.gz 的格式。

解开生成 JDK 目录，这里假设 JDK 安装在/usr/lib/jvm/jdk 中。其代码为：

```
sudo tar zxvf jdk-7u1-linux-i586.tar.gz
```

如果不存在 jvm 文件夹则在 sudo mkdir /usr/lib/jvm：

```
sudo mv jdk1.7.0_01 /usr/lib/jvm
sudo mv /usr/lib/jvm/jdk1.7.0_01/ /usr/lib/jvm/jdk7
```

接着进行环境配置。

在命令行下输入：

```
gedit /etc/profile
```

在这个文件的末尾追加：

```
#set java environment

JAVA_HOME=/usr/lib/jvm/jdk7
export PATH=$JAVA_HOME/bin:$PATH
export CLASSPATH=.$JAVA_HOME/lib/tools.jar:$JAVA_HOME/lib/dt.jar:$CLASSPATH
```

结束后，在命令行下输入：

```
source /etc/profile
java -version
```

显示结果如下：

```
java version "1.7.0_01"
Java(TM) SE Runtime Environment (build 1.7.0_01-b08)
Java HotSpot(TM) Client VM (build 21.1-b02, mixed mode)
```

保存到/etc/profile 之后，别忘了执行下面这个命令，使环境变量的更改马上起作用。代码：

```
source /etc/profile
```

如果执行上面这个命令时报错，请仔细检查你在/etc/profile 里新增的文本是不是有错。最后检查环境变量更改是否生效，其代码为：

```
java -version
```

会显示刚才安装的 Java 版本号。

经过以上过程，我们现在就能在命令行环境下编辑、编译并运行一个简单的 Java 应用程序了。如本节任务所述，接下来用配置好的环境编写并运行以下程序，它将在命令行中显示学生姓名学号和成绩。

【例 1-1】 在记事本中编辑如下代码，并保存为 example.java 文件。

```java
public class example
{
    public static void main(String[] args) {
        String name, principle;
        long stu_id;
        int score;

        name = "Elodie";
        principle = "Math";
        stu_id = 2011000025;
        score = 80;
        System.out.println("Name: "+name+" ID: "+stu_id+" Principle:"+principle+" Score: "+score);
    }
}
```

保存退出后，在命令行中输入：

```
javac example.java
java example
```

在程序中设定了学生信息并将它打印出来，命令行将显示如下结果：

```
Name: Elodie ID: 2011000025 Principle: Math Score: 80
```

1.1.6 开发工具与运行环境

Java 开发环境主要有两种：一种是 Java 2 SDK；另一种是利用 Java 集成开发环境。

（1）Java 2 SDK（Java Software Development Kit）是 Java 的基本开发环境。Java 2 SDK 中主要包含下列工具：

- javac Java 语言的编译器。
- java Java 虚拟机。
- javadoc API 文本生成器。用来生成类的 HTML 格式的 API 文档。
- appletviewer Applet 程序浏览器。
- jar Archive 文件归档工具。
- jdb Java 调试工具 Debugger。

当 Java 2 SDK 文件安装在计算机中，就可以开发 Java 应用程序了。其基本步骤为：

◇ 选用一种文本编译器录入、编译 Java 源程序，并将其存储为前缀可作为文件中主类，后缀为 java 的文本文件。

◇ 利用 javac 将上述.java 文件编译成.class 字节码文件。如果该源文件中包含多个类，它们每一个都会生成一个.class 文件，文件名前缀为类名。

◇ 对于 Applet 应用程序，可以利用 appletviewer 查看运行结果；而对于 Application 应用程序，则需要利用 java 运行编译后的字节码文件。

（2）Java 集成开发环境（IDE）。Java 集成开发环境将程序的编辑、编译、调试、运行等功能集成在一个开发环境中，使用户可以方便地从事软件开发。目前普遍使用的有：Jbuilder、Eclipse、NetBeans 等。

在本书中，编辑、编译和运行程序的 IDE 环境主要是 Eclipse。Eclipse 是一种基于 Java 的可扩展开源开发平台。就其自身而言，它只是一个框架和一组服务，用于通过插件组件构建开发环境。幸运的是，Eclipse 附带了一个标准的插件集，包括为人熟知的 Java 开发工具（Java Development Tools，JDT）。我们将用它完成书中大部分的程序代码。

1.1.7 知识拓展："Hello World" 小程序

【例 1-2】 编写一个 Java 小程序——"Hello World" 小程序。

```
public class example2
{
    public static void main (String[] args)
    {
        System.out.println("Hello World ! From Java7");
    }
}
```

这个程序的基本功能是在屏幕上显示字符串"Hello World"。安装好 Eclipse 后，这个程序可以直接编辑到 Eclipse 中，编译运行后就会得到上述结果，如图 1-1 所示。

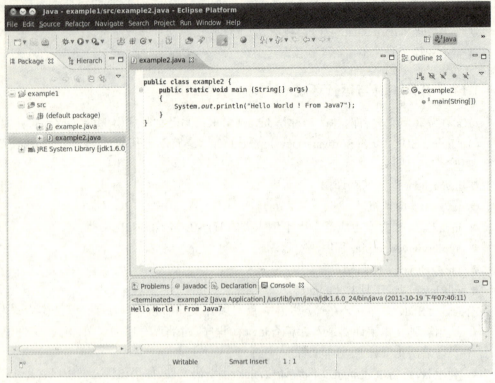

图 1-1　Hello World 程序在 Eclipse IDE 中的运行结果

1.2　任务二　学生成绩的分析计算

问题情境及实现

在上一个任务中，我们已经能够成功编写并运行简单的 Java 程序了。就像前面说过的，Java 十分接近 C 和 C++，所以有着两种语言基础的读者能够很快发现并掌握 Java 语言的基本语法和特点。在学生成绩分析计算部分，我们用最基本的 Java 语法构建一个简单的成绩分析系统：通过学习基本数据类型、变量和常量来创建学生和成绩变量以及相关数据；通过运算符和表达式的学习实现简单的求最大值和平均值的分析功能。

相关知识

1.2.1　标志符与关键字

正如现实世界中每个实体都有一个名字，Java 程序中引用的每一个元素也需要命名。程序设计语言利用标志符的特殊符号来命名编程实体，例如：变量、常量、方法、类和包等。下面是命名标志符的规则：

- 标志符是由字母、数字、下画线（_）和美元符号（$）构成的字符串。
- 标志符必须以字母、下画线（_）或美元符号（$）开头，不能用数字开头。
- 标志符不能是关键字（参见表 1-1 中的 Java 语言关键字）。
- 标志符不能是 true、false 或 null。
- 标志符可以是任意的长度。

例如，在任务二中命名学生信息：student、$name、Name 和_stuid 都是合法的标志符，而 4name 和 name+id 都是非法的，因为它们不符合标志符的命名规则。这会在编译过程中报错。

注意：Java 程序中区分大小写。

表 1-1 Java 语言的关键字

abstract	default	if	private	this
boolean	do	implements	protected	throw
break	double	import	public	throws
byte	else	instanceof	return	transient
case	extends	int	short	try
catch	final	interface	static	void
char	finally	long	strictfp	volatile
class	float	native	super	while
const	for	new	switch	
continue	goto	package	synchronized	

注释

与大多数程序设计语言一样，Java 中的注释也不会出现在可执行程序中。在 Java 中，有三种注释方式：

（1）最常用的方式是使用//，其注释内容从//开始到本行结尾。

（2）需要长篇注释时，可以使用/*和*/将一段比较长的注释括起来。

（3）第三种注释可以用来自动地生成文档。这种注释以/**开始，以*/结束。

1.2.2 基本数据类型

数据类型决定了参与操作的变量、常量和表达式的取值类别、取值范围以及能够实施的操作行为。Java 是一种强类型语言，这就意味着必须为每一个变量声明一种类型，继而在编译过程中能对所有的操作进行数据类型相容性的检查，以达到提高程序的可靠性的目的。在 Java 中，一共有 8 种基本类型，其中有 4 种整型、2 种浮点类型、1 种用于表示 Unicode 编码字符单元的字符类型 char、1 种用于表示真值的 boolean 类型。

▶ **1. 整型**

整型用于没有小数部分的数值，它允许是负数。Java 提供了 4 种整型，具体内容如表 1-2 所示。

表 1-2 整型

类　　型	存储需求	取值范围
int	4 字节	-2 147 483 648 ~ 2 147 483 647
short	2 字节	-32 768 ~ 32 767
long	8 字节	-9 223 372 036 854 775 808 ~ 9 223 372 036 854 775 807
byte	1 字节	-128 ~ 127

在通常情况下，int 类型最常用。但如果表示星球上的居住人数等大数值，就需要使用 long 类型了。byte 和 short 类型主要用于特定的场合。

在 Java 中，整型的范围与运行 Java 代码的机器无关。这就解决了软件从一个平台移植到另一个平台，或者在同一个平台中的不同操作系统之间进行移植给程序员带来的诸多问题。

长整型数值有一个后缀 L（例如 6000000000L）。十六进制数值有一个前缀 0x（如 0xCAFF）。八进制数值有一个前缀 0，例如，010 对应八进制中的 8。很显然，使用八进制容易产生混淆，所以最好不要使用。另外，在 Java 中的整数类型都是有符号数，而没有 C 语言中的无符号（unsigned）整数类型。

▶ 2．浮点类型

浮点类型用于表示有小数部分的数值。在 Java 中有两种浮点类型，具体如表 1-3 所示。

表 1-3 浮点类型

类　　型	存储需求	取值范围
float	4 字节	大约±3.402 823 47E+38F（有效位数为 6~7 位）
double	8 字节	大约±1.797 693 134 862 315 70E+308（有效位数为 15 位）

double 表示这种类型的数值精度是 float 类型的两倍，它们也分别称为双精度浮点类型和单精度浮点类型。绝大多数应用程序都采用 double 类型。在很多情况下，float 类型的精度很难满足要求。实际上，只有少数情况适合 float 类型，例如，需要快速地处理单精度数据，或者需要存储大量数据。

float 类型的数值有一个后缀 F（例如，5.026F）。没有后缀 F 的浮点数值（例如，5.026）默认为 double 类型。当然也可以在该数后面添加 D 表示是 double 类型。

所有的浮点数值计算都遵循 IEEE 754 规范。下面是用于表示溢出和出错情况的三个特殊的浮点数值：

- 正无穷大
- 负无穷大
- NaN

例如，一个正整数除以 0 的结果为正无穷大。计算 0/0 或者负数的平方根结果为 NaN。

▶ 3．char 类型

char 类型用于表示单个字符。通常用来表示字符常量。例如：'A' 是编码为 56 所对应的字符常量。"A"是一个包含字符 A 的字符串。Unicode 编码单元可以表示为十六进制值，其范围从\u0000 到\uffff（0～65535）。例如：\u2122 表示注册符号，\u03C0 表示希腊字母π。

在 ASCII 编码的文本编辑环境中，只能够输入 ASCII 字符集中定义的字符，即编码为前 128 的字符，若想输入一个在 ASCII 字符集中没有定义的 Unicode 字符，即编码为 128 以后的字符，只能借助于转义符实现。转义符由反斜杠（\）和一个控制字符构成，其作用是将后面的字符序列转换成另外一个特定的含义。其格式为\uxxxx。除了可以采用转义序列符\u 表示 Unicode 代码单元的编码之外，还有一些用于表示特殊字符的转义序列符，如表 1-4 所示。

表 1-4 特殊字符的转义序列符

转义序列	名称	Unicode 值	转义序列	名称	Unicode 值
\b	退格	\u0008	\"	双引号	\u0022
\t	制表	\u0009	\'	单引号	\u0027
\n	换行	\u000a	\\	反斜杠	\u005c
\r	回车	\u000d			

在 Java 语言中，字符型的处理与其他语言相比有了根本性的改进。在以前接触到的大多数程序设计语言中，字符采用的是 ASCII 编码，每个字符型数值占用一个字节（8 位），最多只能够表示 256 个不同的字符。由此可以看出，这种字符编码可以表示的字符数量相当有限，已经成为阻碍计算机驾驭多种语言环境（比如，英文、日文、中文等）的障碍。因此，Java 语言采用了 Unicode 编码（国际统一标准码）。这种编码的每个字符占用两个字节（16 位），最多可以表示 65536 个不同的字符，基本上满足了表示各种语言基本字符集的需求，为 Java 程序在基于不同语言环境的平台间移植奠定了良好的根基。

实际上，ASCII 字符集是 Unicode 字符集的一个子集，并且在这两个字符集中，前 128 个编码所对应的字符完全相同，只是每个字符占用的二进制位数不同。

4．boolean 类型

boolean 类型，即布尔类型，主要用来描述逻辑"真"和"假"，它只有"真"或"假"两个可能的取值，分别用关键字 true 和 false 表示。在 Java 语言中，boolean 类型是一个独立的数据类型，即不能将它的值转换成其他任何基本数据类型，也不能将任何其他的基本数据类型的值转换成 boolean 类型。需要指出的是，boolean 类型的值不是一个整数类型的值。因此，在要求使用 boolean 类型的场合下不能使用整数类型代替。

例如：

```
if(a != 0) a+=2;
```

不等于

```
if(a) a+=2;
```

如果这样写，编译时编译程序会给出 incompatible types（不兼容）的错误信息。

1.2.3 变量和常量

1. 变量

变量是一块被命名且用来存储程序中数据的存储区域。变量名、变量的属性、变量的取值以及变量的存储地址都是变量的几个要素。

声明变量：

在 Java 中，每一个变量都属于一个类型。在声明变量时，变量的类型位于变量名前。例如，在任务二中，需要学生成绩、学生学号、是否合格等变量：

```
int score;
long stu_id;
boolean pass;
```

可以看到，每个声明都以分号结束。由于声明是完整的语句，所以必须以分号结束。

变量名必须是一个以字母开头的由字母或数字构成的序列。需要注意，与大多数程序设计语言相比，Java 中"字母"和"数字"的范围要大。字母包括 A~Z、a~z、_或在某种语言中代表字母的任何 Unicode 字符。所以上面的例子可以写成：

```
int 成绩;
long 学号;
boolean 合格;
```

但是，像"+"或"@"这样的符号不能出现在变量名中，空格也不可以。变量名中的字符都有意义，并且区分大小写，长度没有限制，也不能是关键字。但可以在一行中声明多个变量：

```
int x, y;
```

声明一个变量后，便要对其进行初始化。虽然在 Java 中定义过的变量都会有一个该类型的默认值，即在 Java 中不会出现某个变量的内容不确定的情形，也不推荐使用未被显式初始化过的变量。

想要对一个已经声明过的变量赋值，就需要将变量名放在等号（=）左侧，相应取值的 Java 表达式放在等号的右侧。

```
int score;
long stu_id;
boolean pass;
score = 60;
stu_id = 2011000061;
pass =true;
```

也可将变量的声明和初始化放在一行中：

```
long stu_id = 2011000061;
```

在 Java 中，可以将变量的声明和初始化放在任何合法的地方。例如：

```
int score = 80;
System.out.println(score);
long stu_id = 2011000061; //ok to declare a variable here
```

但为了培养良好的编程风格以及提高程序可读性，建议将变量的声明尽可能地靠近变量第一次使用的地方。

2. 常量

在 Java 中，可以利用关键字 final 声明常量。例如：

```
final int MAX_STU_NUM = 40;
final float PI = 3.14159;
```

关键字 final 表示这个变量只能被赋值一次。一旦被赋值后，就不能够再次更改了。习惯上，常量名要用大写。

3. 类常量

在 Java 中，经常希望某个常量可以在一个类中的多个方法中使用，通常将这些常量称为类常量。可以使用 static final 设置一个类常量。

类常量的定义位于 mian 方法的外部。因此，同一个类中的其他方法也可以使用这个常量。如果一个常量被声明为 public，那么其他类的方法也可以使用它。

1.2.4 基本输入/输出和相关函数

在 Java 语言中，应用程序与用户交互的形式主要有两种：字符界面和图形用户界面 GUI。字符界面简单且资源开销少，而图形用户界面视觉效果好，操作更加友善。然而，编写这种界面的程序需要使用较多的工具与技术，在本任务中，只涉及字符界面的操作，因此只要有简单的用于输入/输出的控制台就可以了。在项目七中将详细介绍相关知识。

1. 读取输入

在前面的【例 1-1】和【例 1-2】中可以看到，打印输出到"标准输出流"（即命令行窗口）是一件非常容易的事情，只要调用 System.out.println 函数即可。然而，想要读取"标准输入流"就没那么简单了。

以读取学生信息和成绩为例：要从命令行进行输入读取，首先要构造一个 Scanner 对象，并与"标准输入流"System.in 关联。

```
Scanner in = new Scanner(System.in);
```

现在就可以使用 Scanner 类的各种方法实现输入操作了。例如，nextLine 方法将输入一行。

```
System.out.println("Student name: ");
String name = in.nextLine();
```

在这里使用 nextLine 方法是因为在输入行中有可能包含空格。想要读取一个单词（以空格符作为分隔符），就如下调用：

```
String firstName = in.next();
```

要想读取一个整数，就用 nextInt 方法。

```
System.out.println("Student ID: ");
int stu_id = in.nextInt();
```

类似地，读取下一个浮点数，就调用 nextDouble 方法。

最后，不要忘了在程序的最开始添加上一行：

```
import java.util.*;
```

Scanner 类定义在 java.util 包中。当使用的类不是定义在基本包 java.lang 中时，就一定要指明是哪个包，并用 import 指示字将相应的包加载进来。

【例1-3】 从命令行获取学生个人信息和科目成绩，并将它们打印在命令行中。

```java
import java.util.*;

public class example3 {
    public static void main(String[] args) {
        long stu_id;
        String name;
        float score_1, score_2, score_3, score_4, score_5;

        System.out.println("Input Student ID: Name: ");
        Scanner in = new Scanner(System.in);
        stu_id = in.nextLong();
        name = in.next();
        System.out.println("Score1: Score2: Score3: Score4: Score5: ");
        score_1 = in.nextFloat();
        score_2 = in.nextFloat();
        score_3 = in.nextFloat();
        score_4 = in.nextFloat();
        score_5 = in.nextFloat();

        System.out.println("Student ID: "+stu_id+" Name: "+name);
        System.out.println("Score1: "+score_1+" Score2: "+score_2+" Score3: "+score_3+" Score4: "+score_4+" Score5: "+score_5);
    }
}
```

Scanner 类中的常用函数：

```
Scanner (InputStream in)
```

用给定的输入流创建一个 Scanner 对象。

```
String nextLine()
```

读取输入的下一行内容。

```
String next()
```

读取输入的下一个单词（以空格作为分隔符）。

```
int nextInt()
double nextDouble()
```

读取并转换下一个表示整数或浮点数的字符序列。

```
boolean hasNext()
```

检测输入中是否还有其他单词。

```
boolean hasNextInt()
boolean hasNextDouble()
```

检测是否还有表示整数或浮点数的下一个字符序列。

2. 格式化输出

在 Java 中，可以使用 System.out.print(x)或 System.out.println(x)函数将数值 x 打印输出到命令行上。x 的数据类型可以是基本类型也可以是引用类型，这条命令将以 x 对应的数据类型所允许的最大非 0 数字位数打印输出 x。例如：

```
double x = 100.0 / 3.3;
System.out.print(x);
```

打印：

```
30.303030303030305
System.out.println();
```

将打印出一个空行。

然而，在 Java 中也存在类似 C 语言中 printf 方法的格式化输出方法。例如：

```
System.out.printf("%4.4f", x);
```

即用 4 个字符的宽度和小数点后四个字符的精度打印 x。如下所示：

```
30.3030
```

在 printf 中，可以像 C 语言一样使用多个参数，每一个以%字符开头的格式说明符都用相应的参数替换，格式说明符尾部的转换符将指示被格式化的数值类型，例如【例 1-1】中，打印输出学生信息的语句：

```
System.out.println("Name: "+name+" ID: "+stu_id+" Principle: "+principle+" Score: "+score);
```

还可以写成：

```
System.out.printf("Name: %s ID: %ld Principle: %s Score: %d", name, stu_id, principle, score);
```

所有的转换符如表 1-5 所示。

表 1-5 用于 printf 的转换符

转换符	类型	举例	转换符	类型	举例
d	十进制整数	159	s	字符串	Hello
x	十六进制整数	9f	c	字符	c
o	八进制整数	237	b	布尔	true
f	定点浮点数	15.9	h	散列码	42628b2
e	指数浮点数	1.59e+01	tc	日期时间	Fri Oct 21 18:00:01 PST 2011
g	通用浮点数	—	%	百分号	%
a	十六进制浮点数	0x1.fccdp3	n	与平台有关的行分隔符	—

另外，还可以给出控制格式化输出的各种标志。表 1-6 给出了所有的标志。例如，逗号标志增加了分组的分隔符。

表 1-6 用于 printf 的标志

标 志	目 的	举 例
+	打印正数和负数的符号	+3333.33
空格	在正数之前添加空格	| 3333.33|
0	数字前面补 0	0003333.33
-	左对齐	|3333.33 ||
(	将负数括在括号内	(3333.33)
,	添加分组分隔符	33,33.33
#（对于 f 格式）	包含小数点	3,333
#（对于 x 或 0 格式）	添加前缀 0x 或 0	0xcafe
$	给定被格式化的参数索引。例如，%1$d, %1$x 将以十进制和十六进制格式打印第一个参数	159 9F
<	格式化前面说明的数值。例如，%d%<x 以十进制和十六进制打印同一个数值	159 9F

1.2.5 运算符和表达式

每个程序都有许多操作是通过表达式实现的。表达式的运算结果即可以赋值给变量，也可以作为参数传递给方法。所谓表达式是用来指明程序设计语言中求值规则的基本语言成分。它有时简单，使用例如算术运算符+、-、*、/表示加、减、乘、除运算；有时又很复杂，涉及参与运算的运算对象、运算符和运算优先次序。在 Java 语言中，除了保留 C 语言提供的大部分运算符之外，还增加了几个具有特殊用途的新运算符，并且根据计算方法以及运算结果的类型可以将表达式分为算术表达式、赋值表达式、关系表达式和逻辑运算表达式等。

1. 算术运算符与算术表达式

在 Java 语言中，提供了两个类别的算术运算符：单目运算符和双目运算符。如表 1-7 所示。

表 1-7 Java 语言提供的算术运算符

类 别	运 算 符	描 述
双目运算符	+	加
	-	减
	*	乘
	/	除
	%	取模
单目运算符	+	正
	-	负
	++	自增
	--	自减

双目运算符的操作含义同 C 语言中相应的运算符一致，这里不再细说。下面就一些特别之处给予说明。

（1）双目运算符的运算对象类型可以是 byte、short、int、long、float、double 和 char。其中，char 类型在运算时会被自动转换成数值类型，也就是说可以用数值类型代表 char 类型出现在表达式中。

（2）在 Java 语言中，整数被 0 除或者对 0 取模属于非法操作，一旦出现这类运算就会抛出异常 ArithemticException。

（3）取模运算（%）的两个运算对象既可以是整数类型，也可以是浮点类型；既可以是正数，也可是负数，其结果的符号与取模运算符（%）左侧的运算对象的符号一致。

（4）如果参与除法运算（/）的两个运算对象都属于整数类型，则该运算为整除运算，即商为整数。如果希望得到小数商值，就需要将其中一个运算对象的类型强制转换成浮点类型。

（5）数值类型之间的转换。

在程序运行过程中，常需要将一种数值类型转换为另一种数值类型。如图 1-2 所示。

在图 1-2 中有 5 个实心箭头，表示无信息丢失的转换；有 3 个虚箭头，表示可能有精度损失的转换。例如，987 654 321 是一个大整数，它所包含的位数比 float 类型所能够表达的位数多。如果将这个整数类型转换成 float 类型，虽然能得到同样大小的结果，但却损失了精度。当使用如上两个数值进行二元操作时（例：一个是整数，一个是浮点数），先要将两个操作数转换成为同一种类型，然后再进行计算。具体规则如下：

- 如果两个操作数中有一个是 double 类型的，另一个操作数就会转换为 double 类型。
- 否则，如果其中一个操作数是 float 类型的，另一个操作数将会转换为 float 类型。
- 否则，如果其中一个操作数是 long 类型的，另一个操作数将会转换为 long 类型。
- 否则，两个操作数都会被转换为 int 类型。

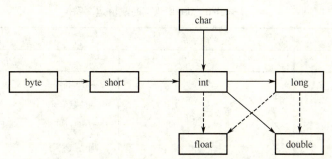

图 1-2　数值类型之间的合法转换

（6）运算符+的运算对象类型也可以是 String，它的操作含义是将两个字符串相连接。如果一个运算对象的类型为 String，另一个运算对象的类型为其他的基本类型，则会自动地将这个运算对象转换成字符串，然后再进行字符串的连接。例如，打印出学生全部成绩和总分：

```
int sum;
int math, programming, English;
math = 80; programming = 70; English = 90;
System.out.println("Math:"+math+"Programming:"+programming+"Eng
```

```
lish:"+English+"Sum:"+(math + programming + English));
```

圆括号中输出的内容就是字符串与变量和表达式计算后相连接形成的字符串。

（7）自增运算符和自减运算符。

在 Java 中，也借鉴了 C 和 C++的实现方式，使用了自增和自减运算符：n++将变量 n 的当前值加 1；n--将 n 的值减 1。因为运算符改变了变量的值，所以它的操作数不能是数值，例如 9++就是错的。

实际上，上面说到的是运算符放在操作数后面的"后缀"形式，还有一种"前缀"形式，即++n 和--n。虽然两种形式都是对变量加 1，但在表达式中这两种形式有着本质的区别：前缀方式是先进行加 1 运算，后缀方式是使用原来变量的值。

例如：

```
int m = 10;
int n = 10;
int a = 4 * m++;  //现在 a 等于 40, m 等于 11
int b = 4 * ++n;  //现在 b 等于 44, n 等于 11
```

注意：建议不要在其他表达式的内部使用++，这样的代码很容易令人产生迷惑。

▶ 2. 赋值运算符与赋值表达式

在 Java 语言中，提供了 12 种赋值操作的运算符，它们都属于右结合性操作。所谓结合性是指当出现多个连续的、具有相同优先级的运算符时将以何种顺序计算的规则。右结合性就是当两个相邻的运算符的优先级相同时，先计算右侧的运算符，再计算左侧的运算符。例如，a+b+10 意味着 a+（b+10），即首先进行右侧的加法操作 b+10，再进行左侧的加法操作。

表 1-8 列举了 Java 语言中提供的 12 种赋值运算符。

表 1-8 Java 语言的赋值运算符

类　　别	运　算　符	描　　述
简单赋值	=	赋值
复合赋值	*=	乘法赋值
	/=	除法赋值
	%=	取模赋值
	+=	加法赋值
	-=	减法赋值
	<<=	左移赋值
	>>=	右移赋值
	>>>=	不带符号右移赋值
	&=	按位与赋值
	^=	按位反赋值
	|=	按位或赋值

（1）简单赋值运算符。

简单赋值是复合赋值运算的基础，主要用来为变量、数组元素、对象和对象的成员变量赋值。

在使用赋值运算符时需要注意下面几点：

- 赋值号（=）左侧只能是变量、数组元素、对象或者对象的成员变量。
- 赋值操作的结果是赋值号右侧表达式的计算结果。
- 赋值操作结束后会改变赋值号左侧的变量、数组元素、对象或对象的成员变量内容。
- 只有在赋值号（=）右侧的表达式计算成功且结果类型也转换成功时才能够完成赋值操作。

（2）复合赋值运算符。

在 Java 语言中，提供了表 1-8 中所列出的 11 种复合赋值运算符。这些运算符具有简单赋值运算符的所有特征，与之不同的是赋值号左侧的变量、数组元素或对象的成员变量作为右侧表达式中的因子参加计算并将计算结果存回赋值符号左侧的变量。

例如，假设定义学生总成绩 int sum;

```
sum += 60;   //等价于 sum = sum + 60;
sum -= 10;   //等价于 sum = sum - 10;
sum /= 5;    //等价于 sum = sum / 5;
```

这些表达式的计算过程是：首先读取复合赋值号左侧变量的内容，然后利用该值计算右侧的表达式，将结果类型转换后存回左侧的变量。

注意：复合赋值号左侧只能是基本数据类型的变量、数组元素和对象的成员变量，而不可以是对象的引用。

3. 关系运算符与关系表达式

在 Java 语言中，提供了 6 个关系运算符：

- <　　小于
- <=　 小于等于
- >　　大于
- >=　 大于等于
- ==　　等于
- !=　　不等于

这些运算符的操作对象只能是数值类型和 char 类型的变量、常量及表达式，计算结果为 boolean 类型。与算术运算类似，当关系运算符的两个运算对象的类型不相同时，占二进制位数少的运算对象将会被转换成占二进制位数较多的那个运算对象的数据类型。

4. 逻辑运算符与逻辑表达式

Java 语言提供了 5 个逻辑运算符，&（非简洁逻辑与）、&&（简洁逻辑与）、|（非简洁逻辑或）、||（简洁逻辑或）、!（逻辑非）和（^）逻辑异或。这些运算符的运算对象只能是 boolean 类型的变量、数组元素和表达式，其计算结果也是 boolean 类型。

所谓简洁运算是指当能通过第一个运算对象确定最终结果时，就不再计算或查看第

二个运算对象,而非简洁运算在任何情况下都需要计算或查看两个运算对象。&&和||是按照"短路"方式求值的。如果第一个操作数已经能够确定表达式的值,第二个就不必计算了。

5. 运算符优先级与结合性

在 Java 程序中,一个表达式可能包含很多种类别的运算符,在没有括号来加以控制的情况下,运算顺序可以通过运算符优先级和结合性来决定。运算符优先级与结合性如表 1-9 所示。

表 1-9　运算符优先级与结合性

运算符	优先级	结合性
[ ] .		左
! - ++ -- +(一元)-(一元) （type）new		右
* / %		左
+ -		左
<< >> >>>		左
< <= > >= instanceof	从高到低	左
== !=		左
&		左
^		左
|		左
&&		左
||		左
? :		左
= += -= *= /= %= &= |= ^= <<= >>= >>>=		右

6. 数学函数与常量

在本任务中会遇到有关求两数最大值和最小值的问题,虽然可以通过编写程序来解决,而实际上,在 Java 中已经提供了一些可供使用的标准函数。本任务中涉及的函数都被封装进了一个叫 Math 的类中。此外,Math 类中还包含了常量 E（E = 2.718 281 284 590 45）和 PI（PI = 3.141 592 653 589 793）。Java 中 Math 类的函数方法如表 1-10 所示。

表 1-10　java.lang.Math 类中的函数方法

函数方法	描述
public static double sin(double a)	正弦函数
public static double cos(double a)	余弦函数
public static double tan(double a)	正切函数
public static double asin(double a)	反正弦函数
public static double acos(double a)	反余弦函数
public static double atan(double a)	反正切函数

续表

函数方法	描　　述
public static double toRadians(double a)	将度转换为弧度
public static double toDegrees(double a)	将弧度转换为度
public static double exp(double a)	e^a
public static double log(double a)	自然对数
public static double sqrt(double a)	开平方
public static double IEEEremainder(double f1, double f2)	两个数相除的余数
public static double ceil(double a)	获取不小于 a 的最小 double 型整数
public static double floor(double a)	获取不大于 a 的最小 double 型整数
public static double rint(double a)	获取最接近 a 的 double 型整数
public static double atan2(double y, double x)	获取纵坐标 y 比横坐标 x 的反正切
public static double pow(double a, double b)	a^b
public static int round(float a)	将 float 型 a 四舍五入取整为 int 型
public static long round(double a)	将 double 型 a 四舍五入取整为 long 型
public static double random(double a)	获取界于 0.0~1.0 之间的 double 型随机数
public static int abs(int a)	取 a 的绝对值
public static long abs(long a)	取 a 的绝对值
public static float abs(float a)	取 a 的绝对值
public static double abs(double a)	取 a 的绝对值
public static int max(int a, int b)	获取 a 与 b 中较大值
public static long max(long a, long b)	获取 a 与 b 中较大值
public static float max(float a, float b)	获取 a 与 b 中较大值
public static double max(double a, double b)	获取 a 与 b 中较大值
public static int min(int a, int b)	获取 a 与 b 中较小值
public static long min(long a, long b)	获取 a 与 b 中较小值
public static float min(float a, float b)	获取 a 与 b 中较小值
public static double min(double a, double b)	获取 a 与 b 中较小值

7．其他的运算符

其他的运算符如表 1-11 所示。

表 1-11　Java 语言中的几个特殊的运算符

运　算　符	运算描述
op1? op2:op3	"条件"运算属于三目运算。其中 op1 必须是 boolean 类型的表达式，op2 和 op3 可以是任何类型的值，但它们两个的类型必须一致。例如： （x＜y）? x : y 比较最小值，如果 x 小于 y，最小值为 x，否则为 y

续表

运算符	运算描述
op1 instanceof sop2	"对象归属"运算属于二目运算。其中op1必须是一个对象或数组，op2是一个引用类型的名称。当op1指示的对象或数组属于op2给出的引用类型时，运算结果返回true；否则返回false。例如： "String" instanceof String 由于所有的字符串都是String的实例，所以运算结果为true。 假设：int[] array = new int[10]; System.out.println(array instanceof int[]); 由于array是int数组类型的实例，所以运算结果为true。 值得注意的是：当op1为null时，运算结果永远为true
.	"对象成员访问"属于二目运算。利用这个运算符引用对象中的成员。例如：Math.PI

[ ]	[]"数组元素访问"属于二目运算。利用这个运算符引用数组中的元素。例如：
	int[] score = new int[10];
	　　float[] average = new float[10];
	score[1]引用数组score中下标为1的元素；
	average[5]引用数组average中下标为5的元素

(type)	强制类型转换。将一种类型强制转换成type类型。因为是以截断小数部分来进行转换，在整型和浮点型类型转换过程中，这种方式可能会造成精度损失或者信息丢失。 例：(int)147.123，结果为147
new	创建对象。在Java语言中，对象声明后，需要应用new运算符进行创建。具体参见项目二

1.3 任务三　学生成绩的输入

问题情境及实现

通过前面两个任务的学习，我们已经能够编写简单的Java应用程序，并进行一些基本的数学计算了。在本任务中，除了之前介绍的求和求平均等基本运算之外，还需要有很多其他的功能。首先，需要一个变量或者存储单元来存放所有的学生信息和成绩，在没有介绍数据库概念之前，本任务将通过一维数组和二维数组的方式完成；其次，在完成总分和平均分的计算之后，还需要对所有分数进行从高到低的排序；最后，需要给这个分析系统设置一个查询功能，输入某个学生的姓名或学号就能打印输出他的全部成绩。

本任务中，将通过边讲边练的方式完成这个系统。

相关知识

1.3.1　字符串

在学生成绩的分析统计系统中，我们用Java提供的字符串类来声明定义系统中需要的学生个人信息和课程信息，例如：

```
    String name = "Elodie";
```

这就是一个将字符串定义和初始化放一行的例子。其中，""括起来的就是字符串，也可以叫字符串直接量；String 是 Java 标准类库中提供的一个预定一类，其中还包含了很多对字符串常量操作的方法，稍后会提到；name 为 String 对象名，这个定义还可以写成：

```
    String name;
```

与定义基本类型变量不同，这里声明的对象实际上只是一个引用，需要使用下列格式创建及初始化。其格式为：

```
    name = string value; string value
```

可以是一个字符串直接量，null 或者另外一个 String 类对象。例如：

```
    String name1, name2, name3;
    name1 = "Elodie";
    name2 = null;
    name3 = name1;
```

如果有如下语句：

```
    name1 = "Nathan";
```

则 name1 将丢弃原来的字符串直接量的引用，改为新字符串直接量的引用。

下面简单介绍 String 类中经常用的方法。

● int length():
返回字符串的长度。

● boolean equals(Object anObject):
字符串与参数带入的 Java 对象进行比较。如果 anObject 不是 String 类对象，方法返回 false；如果是 String 类对象，且两个字符串内容相等，则方法返回 true；否则，返回 false。

● int compareTo(String anotherString):
将字符串与参数带入的另一个字符串 anotherString 比较。如果字符串小于 anotherString，返回负整数；相等，返回 0；大于返回正整数。

● String replace (char oldChar, char newChar)
将字符串中的 oldChar 替换为 newChar，并将替换后的新字符串返回。

● String valueOf(Object obj)
　String valueOf(boolean b)
　String valueOf(char c)
　String valueOf(int i)
　String valueOf(long l)
　String valueOf(float f)
　String valueOf(double d)
将各种类型的值转换成字符串。

1.3.2 流程控制语句

与 C 语言一样，Java 中也有类似的条件语句和循环结构用来控制流程。在本节，先讨论条件语句和循环结构，之后介绍 switch 语句与 break 和 continue 关键字。

▶ 1．块作用域

块（即复合语句）是指由一对花括号括起来的若干条语句，在条件语句和循环结构中经常出现。一个块可以嵌套在另一个块中。下面就是在 main 方法块中嵌套另一个块的示例。

例如：

```
public static void main(String[] args)
   {
      int a;
      {
         int b;
         int c;
      }
   }
```

但是，不能在嵌套的两个块中声明同名的变量。

▶ 2．条件语句

（1）if 语句。

格式：if (condition) statement

或 if 为真时的执行多语句的情况：

```
   if (condition)
{
  statement1
  statement2
   }
```

例如：

```
int a, b;
if(a > b)
   b = a;
```

如果 a＞b 结果为 true，那么将 a 的值赋给 b。

（2）if…else…语句。

格式：if (condition) statement1 else statement2

例如：

```
int a, b;
if (a > b)
   b = a;
else a = b;
```

如果 a＞b 结果为 true，那么将 a 的值赋给 b，否则将 b 的值赋给 a。

(3) if… else if…语句。

重复地交替出现 if else 情况也很多，下面是多分支 if/else if 的流程图。

例如：

```
int max;
int a, b, c;
if (a > max)
    max = a;
else if (b > max)
    max =b;
else if (c > max)
    max = c;
```

上面的例子在 a、b、c 中选出第一个比 max 大的数，然后将值赋给 max。if… else if…语句是 if 语句的一种延伸，上例是其中的一个简单应用。

1.3.3 循环结构

1. while 循环

格式：while (condition) statement

当条件为 true 时，while 循环执行一条语句（或一个语句块）。如果开始循环条件的值就为 false，则 while 循环体一次也不执行。

例如：

```
int a = 0;
while (a < 10)
{
    System.out.print(a);
    a++;
}
```

打印 a 的值，然后 a 自增 1，当 a 加到 10 时程序退出。结果为：0123456789。

2. do while 循环

while 循环语句首先检测循环条件。因此，如果循环条件一开始就是 false 的话，那么后面的语句或语句块就不会被执行。如果希望语句或语句块至少执行一次，那么可以采用 do-while 循环语句。

格式：do statement while (condition);

例如：

```
int a = 9;
do
{
    System.out.print(a);
    a++;
}while (a < 10);
```

程序在执行完 do 后的语句块后，因为 a < 10 结果为 false，程序退出，只执行 1 次 do 后面的语句块。

3. for 循环

for 循环语句是支持迭代的一种通用结构。利用每次迭代之后更新的计数器或类似的变量来控制迭代次数。

格式：for (initialization; termination; iteration)
　　　Statement;

例如：

```
for (int i = 0; i <= 10; i++)
    System.out.println(i);
```

语句的第一部分通常用于计数器的初始化；第二部分给出每次新一轮循环执行前要检测的循环条件，第三部分指示如何更新计数器。

1.3.4 多重选择：switch 语句

在处理多个选项时，使用 if/else 结构显得有些笨拙。Java 有一个与 C/C++完全一样的 switch 语句。

格式：

```
switch (Expression) {
    case value_1: Statement_1;
    case value_2: Statement_2;
    …
    default:      Statement_n;
}
```

其流程如图 1-3 所示。

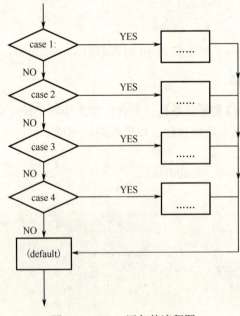

图 1-3　switch 语句的流程图

1. break 语句

break 语句只可以应用在 switch 语句和 3 种循环结构中，主要用来中断循环流程和流程跳转。它的语法格式有两种格式。

格式一：break;

格式二：break Identifier;

其中 Identifier 为语句标志符。

例如：

```
for (int i = 0; i < 10; i++) {
    …
    for (int j = 0; j < 10; j++) {
        …
        break outside;
    }
}
outside:
…
```

程序执行到 break outside;处时会终止循环并跳转到 outside 处，如果没有设置 outside 标志，则会直接终止循环。

2. continue 语句

在循环语句中，使用 break 语句的主要目的是立即结束整个循环语句的执行，而 continue 语句是用来立即结束本次循环，转而开始执行该循环语句的下一次循环。它的语法格式也与 break 类似。

格式一：continue;

格式二：continue Identifier;

例如：

```
for (int i = 1; i < 1000; i++) {
    if (i % 3 != 0) continue;
    System.out.print(i);
}
```

这个程序的功能是输出 1~1000 之间所有能被 3 整除的数值。如果，能被整除则打印出这个数；如果第 i 次不能被整除则执行 continue 语句，继续执行 i + 1 次循环。

1.3.5 数组

根据数据类型的构成方式不同，可以将所有的数据类型分成两个类别：简单数据类型和复合数据类型。数组就属于复合数据类型，它由若干个数据类型相同的元素组成，常用来存放相同性质的数据。在 Java 语言中，数组是一个动态创建且属于 Array 的类对象，因此它又属于引用类型。一个数组可以包含多个元素，所含元素数目称为数组的长度，数组中也可以没有元素，此时称为空数组。实际上，数组中的每个元素都是用属于同一种数据类型的变量表示的，只是这些变量没有名字，在使用的时候需要借助数组的下标来索引。

在没有介绍数据库知识之前,学生成绩的分析统计系统中的各种数据都将用数组来存储,在介绍数据库的时候,这个系统还会重新改写。

1. 一维数组

先以一个学生的情况为例,介绍用数组变量存储数据的方法。在熟练应用一维数组之后,就可以用二维数组来存储全部学生的数据并进行相关分析和计算。

(1) 数组的声明。

在成绩系统中,需要存储的数据有很多,例如,学生姓名、学号、各科成绩、总分、平均分和排名等。为了简单起见,可以将它们分开存储。其中,需要参与计算的为各科成绩、总分和平均分,不妨先建立这样一个一维数组来存储。

声明数组的语法格式为:

elementType arrayName[]; 或 elementType[] arrayName;

在本例中为: float score[]; 或 float[] score;

可以发现,其中 elementType 为数组元素的数据类型,arrayName 为数组变量名称。

注意: 上面声明的只是数组型引用,并没有为数组元素分配存储空间。因此,不能在[]中为数组指定长度。

(2) 数组的创建。

声明之后就可以真正创建数组,可以利用 new 运算符为数组元素动态地分配相应的存储空间,并指出数组的元素数目,即数组长度。

例如:

```
new elementType[number];
```

在本例中,score = new float[7]; //本例中假定科目一共有 5 科,加上总分和平均分,score 数组一共有 7 项元素。

另一种写法:

```
float[] score = new float[7];
```

(3) 一维数组的初始化。

一维数组的初始化方法有很多种,例如:利用花括号统一初始化和利用数组创建时的默认初值。

统一初始化,也就是在创建的同时用初始化的方法来完成 score 数组的定义:

```
float score[] = {80.0, 74.5, 91.0, 66.5, 59.0,0.0,0.0}; //未求总
```
分和平均分的情况

学生个人信息:

```
String[] name = {"Elodie","2011000061"};
```

Java 规定,在使用这种方法的时候,不需要事先创建数组,也不能指出数组元素数目,而是由等号右侧花括号内的初值数目决定。

(4) 一维数组元素的访问。

访问数组元素可以通过数组下标索引的方法进行,在 Java 语言中,元素的下标从 0 开始。以数组 score 为例,它一共有 7 个元素,包括 score[0]、score[1]、score[2]、…、score[6]都是合法的数组元素访问格式。在程序运行时,Java 语言会严格检查每个下标表达式的

取值范围，一旦发生越界现象，就会抛出异常。

【例1-4】 从标准输入流读入学生信息和成绩，并算出总分和平均分。

```java
import java.util.*;

public class example4 {
    public static void main(String[] args) {
        long stu_id;
        String name;
        float score[] = new float[7];
        Scanner in = new Scanner(System.in);

        System.out.println("Input Student ID: Name: ");
        stu_id = in.nextInt();
        name = in.next();
        System.out.println("Input Score1: Score2: Score3: Score4: Score5: ");
        for (int i = 0; i < 5; i++) {
            score[i] = in.nextFloat();
            score[5] += score[i];    //sum
        }
        score[6] = score[5] / 5;
        System.out.println("Student ID: "+stu_id+" Name: "+name);
        for (int i = 0; i <5; i++)
            System.out.print(" Score: "+score[i]);
            System.out.println("Sum:"+score[5]+"Average:"+score[6]);

    }
}
```

```
Input Student ID: Name:
```

从命令行输入：

```
2011100061 Elodie
Input Score1: Score2: Score3: Score4: Score5:
85 78 60 59.5 89
```

程序运行结果：

```
Student ID: 2011100061 Name: Elodie
 Score: 85.0 Score: 78.0 Score: 60.0 Score: 59.5 Score: 89.0 Sum: 371.5 Average: 74.3
```

2. 二维数组

在Java语言中，二维数组的创建和初始化过程与一维数组类似，这里不再赘述。

【例1-5】 查找5科中有2科低于60分的学生，并打印出其序号。

```java
import java.util.*;

public class example5 {
    public static void main(String[] args) {
        float[][] score = new float[5][7];
```

```java
        float[] sum = new float[5];
        Scanner in = new Scanner(System.in);
        for (int i = 0; i < 5; i++) {
            System.out.println("Input Score:");

            for (int j = 0; j < 5; j++) {
                score[i][j] = in.nextFloat();
                score[i][5] += score[i][j];
            }
            sum[i] = score[i][5];
            score[i][6] = score[i][5] / 5;
        }
        Print(score);
        Search(score);
        System.out.println("Max: "+Max(sum));
        System.out.println("Min: "+Min(sum));

    }

    public static float Max(float[] list) {
        float max;

        max = list[0];
        for (int i = 1; i < list.length; i++)
            if (list[i] > max)
                max = list[i];
        return max;
    }

    public static float Min(float[] list) {
        float min;

        min = list[0];
        for (int i = 0; i < list.length; i++)
            if (list[i] < min)
                min = list[i];
        return min;
    }

    public static void Search(float[][] score) {
        int k = 0;
        int key = 60;
        for (int i = 0; i < score.length; i++) {
            for (int j = 0; j < score[i].length; j++) {
                if (score[i][j] < key)
                    k++;
                if (k == 2) {
                    System.out.println("Failed Student Number:"+(i+1));
                    break;
                }
            }
            k = 0;
```

```java
        }
    }
    public static void Print(float[][] score) {
        for (int i = 0; i < score.length; i++) {
            for (int j = 0; j < score[i].length; j++)
                System.out.print(score[i][j]+" ");
            System.out.println();
        }
    }
}
```

以上程序将从标准输入流获得 5 个学生的 5 科成绩，并将它们存储在二维数组内。在【例 1-5】中，Print 函数负责将输入的成绩和求得的总分和平均分输入到屏幕；Search 函数寻找 5 科中有 2 科低于 60 分的学生并打印出他们的序号；Max 和 Min 函数分别求总分的最大和最小。

通过数组 score 的建立，float[][] score = new float[5][7];可以看出二维数组的创建过程简单且与一维数组相似，类似合法的创建语句：

```java
float score[][];
score = new float[5][7];
```

或

```java
float[] score[];
```

并且，在 Java 中根据需要还可以创建数组中每行的一维数组长度不等的二维数组。在初始化二维数组时，同样可以使用花括号的方式将数组内每一个元素的值列举出来或使用 Java 提供的默认值。在访问二维数组的时候，与一维数组类似，需要指明数组的两个下标才能访问。

1.3.6 知识拓展：数组基本操作——排序

【例 1-6】 简单程序片段，对学生总分进行升序排序。

```java
public static void Sort(float[] sum) {

    for (int i = sum.length - 1; i > 0; i--) {
        float currentmax = sum[0];
        int current = 0;

        for(int j = 1; j <= i; j++) {
            if (currentmax < sum[j]) {
                currentmax = sum[j];
                current = j;
            }
        }

        if (current != i) {
            sum[current] = sum[i];
```

```
            sum[i] = currentmax;
        }
    }

    for (int i = 0; i < sum.length; i++)
        System.out.print(sum[i]+" ");
    System.out.println();
}
```

【例 1-6】的功能是对学生总分进行升序排序，这其中涉及一个经常用到的排序方法——选择排序法。选择排序法先找到列表中最大的数并将它放在列表的最后，然后，在剩下的数中找到最大数，放到剩下这些数的最后，这样一直做下去，直到列表中仅剩一个数为止。在函数 Sort 中，我们将存放总分的一维数组作为参数输入给它，函数最后会按升序顺序打印出所有成绩。

1.4 综合实训：二分法查找

进一步来看关于数组的操作。在数组中，进行排序和查找都是十分常见的工作，通过使用选择排序法，我们可以得到一个按升序排列的一维数组，而在本任务的二分查找法中，就正好可以应用这个排好序的数组。

二分查找法是数值列表的一种常见的查找法。使用二分查找法的前提条件是数组元素必须已经排序，假设，数组如【例 1-6】中，已按升序排列。二分查找法先将关键字与数组的中间元素比较，考虑下面三种情况：

- 如果关键字比中间元素小，那么只需在前一半数组元素中查找。
- 如果关键字和中间元素相等，则匹配成功，查找结束。
- 如果关键字比中间元素大，那么只需在后一半数组元素中查找。

【例 1-7】 二分查找法。

```
import java.util.*;

public class example6 {
  public static void main(String[] args) {
    int key;
    int[] list = new int[10];
    Scanner in = new Scanner(System.in);

    System.out.println("Input: ");
    for(int i = 0; i < list.length; i++)
        list[i] = in.nextInt();
    Sort(list);
    System.out.println("Key: ");
    key = in.nextInt();
    Search(list, key);
  }
```

```java
    public static void Sort(int[] list) {

        for (int i = list.length - 1; i > 0; i--) {
            int currentmax = list[0];
            int current = 0;

            for(int j = 1; j <= i; j++) {
                if (currentmax < list[j]) {
                    currentmax = list[j];
                    current = j;
                }
            }

            if (current != i) {
                list[current] = list[i];
                list[i] = currentmax;
            }
        }
        for (int i = 0; i < list.length; i++)
            System.out.print(list[i]+" ");
        System.out.println();
    }

    public static void Search(int[] list, int key) {
        int low = 0;
        int high = list.length - 1;
while (high >= low) {
            int mid = (low + high) / 2;
            if (key < list[mid])
                high = mid - 1;
            else if (key == list[mid]) {
                System.out.println(mid);
                return;
            }
            else
                low = mid + 1;
        }
        System.out.println(-low-1);
        return;
    }
}
```

程序结果：

```
Input:
45 78 96 82 45 91 78 71 70 65
45 45 65 70 71 78 78 82 91 96
Key:
82
7
```

在【例 1-7】中，通过 Sort 函数将输入的 10 个数按升序排序，然后通过 Search 函数从中找出 Key 值的位置（Key 值从标准输入流输入），找到返回该数在数组中的位置（从 0 开始）；如果找不到则返回插入位置加 1 的负数。

1.5 拓展动手练习

试将上述的程序结合起来完成一个完整的学生成绩分析系统，使它能从命令行接收学生个人信息和成绩、算出总分和平均分、找出有两科以上不及格的学生、按总分或平均分排序以及查找某学生的某科成绩。

1.6 习题

1. 解释 Java 关键字的概念，列出本项目中学过的一些关键字。
2. Java 源程序文件的扩展名是什么？字节码文件的扩展名是什么？
3. 找出并改正下列代码中的错误：

```java
public class Test {
    public void main (String[] args) {
        int i;
        int k = 100.0;
        int j = i + 1;

        System.out.println("j is " + j + " and k is " + k);
    }
}
```

4. 写一个布尔表达式，使得变量 num 中存储的数值在 1~100 之间时，表达式值为 true。
5. 假定 x 为 1。以下表达式运算过后，x 的值是什么？

```
(x > 1) & (x ++ > 1)
```

6. 数组下标的类型是什么？最小的下标是多少？
7. 当程序试图用无效下标访问数组的元素时，会发生什么？
8. 已知一个含有 20 个数值的整数序列，编写一个 Java 程序，将这个数列中的所有质数交换到前面，非质数放置在后面，并输出处理后的结果。

Java 面向对象篇

项目二
学生成绩分析统计系统

在项目一中我们通过学习最基础的 Java 语法结构完成了一个学生成绩的分析系统，实际体会到了用 Java 编程的一些优点。然而，在学习和使用 Java 语言的过程中，只会一些简单的语法和函数是远远不够的。Java 程序设计语言是一种纯面向对象语言，它对面向对象概念的完美诠释才是我们最应该掌握的，在项目一中大量篇幅的介绍和讲述就是为接下来的面向对象概念的学习做准备的。在项目二中，我们将要重新用面向对象的知识来完成学生成绩分析统计系统。

2.1 任务一 构建学生类、教师类和成绩类

 问题情境及实现

传统的结构化程序设计语言，例如 C 语言，是通过设计一系列的过程或者说算法来实现所需求的功能的，所以说在结构化程序设计中，算法是首先需要考虑的，其次才是数据结构。这可以在 Pascal 语言的设计者 Niklaus Witrh 的著名程序设计书籍《算法+数据结构=程序》(《Algorithms+Data Structures = Programs, Prentice Hall》, 1975 年出版) 中找到答案。然而面向对象程序设计与其正好相反，它调换了这个顺序，使数据结构被放在第一位，然后再考虑如何操作数据，也就是算法。

在面向对象程序设计中（简称 OOP），程序是由对象组成的。每个对象都包含着对用户公开的特定属性或方法以及隐藏的实现部分。以 Java 语言为例，程序中的很多对象都来自标准库，例如图形化界面 GUI 和数学函数。还有一些是用户自己定义的，例如项目二中会用到的学生对象和成绩对象。究竟是自己定义对象还是使用标准库中的对象或其他外界购买对象完全取决于时间和预算。从根本上说，只要对象能够满足需求，就不必关心它功能的具体实现过程和是否是自己定义的。在 OOP 中，不必关心对象的具体实现，只要能够满足使用的需求即可。

在一个对象中，成员变量是核心，这与结构化程序设计正好相反，所以成员方法自然而然地起到了保护和维护成员变量的作用。在项目二中，经常会见到在类的定义中成员变量的访问控制属性被设置为 private，而与之相关的成员方法的访问属性则是 public。

这意味着，外界如果想要使用或者访问某一个变量，在 OOP 程序中，是无法直接获取它的，而必须通过与之相关的成员方法，进而间接地操作对象的变量或者属性。在这里，成员方法就充当了外部接口的角色，起到了保护属性合法性的作用。例如，在项目二的学生成绩分析统计系统中，如果想要获得某个学生成绩，就不可能像在项目一中那样，直接获取到整个一维数组。这样做的恶性结果很明显，学生成绩变量很容易就会被更改或破坏。而在项目二中，应用 OOP 的概念，想要获得学生成绩只能通过相关方法，而不能触碰到变量本身，避免了项目一中存在的潜在危险。当然，应用 OOP 概念还会为程序员以及修改测试者提供很多便利，比如节省时间和成本等，这里不再赘述。

在项目二中，我们需要利用面向对象程序设计的方法来重新实现学生成绩分析统计系统。在本任务中，我们首先要建立学生类、教师类和成绩类等基本类，来规划和存储原有的数据；其次，设计一些成员方法来实现对成员变量的保护和应用。

相关知识

2.1.1 类的定义

类是构造对象的模型和蓝图，定义类主要有两种方法：一是使用 Java 类库中提供的大量标准类，这些类大部分都是由专业人士设计和开发的，例如项目一中讲到的 Math 数学函数：在使用例如 Math.max(int a, int b)时就是在使用一个 Java 提供的类的对象 Math 中的一个方法 max。这些类一般都具有很强的通用性，可以适应大多数的需求。但是，很多实际情况是，我们在编程时需要定义很多满足特殊条件的类，也就是从现在开始要讲的用户自定义类。这意味着，用户可以自定义一个全新的类或者通过继承已有类，例如编写图形化界面 GUI 的时候，来定义一个更加符合用户需求的类。

要理解如何定义一个类，以及让这个类实例化出一个能适应需求的对象，首先就要来理解什么是封装。封装（有时也称为数据隐藏）是与对象有关的一个重要概念。从形式上看，封装不过是将数据（在类中是属性或变量）和行为（在类中是方法）组合在一个包中，并对对象的使用者隐藏了数据的实现方式。对象中的数据成为属性，操纵数据的过程叫方法。对于每个特定的类的实例化（对象）都有一组特定的属性。这些值的集合就是这个对象的当前状态。无论何时，只要向对象发送一个消息，它的状态就有可能发生改变。

实现封装的关键就是绝对不能让类中的方法能够随意地访问其他类中的属性（变量）。程序中，仅通过对象作为媒介进行数据和信息交换。封装给予对象了"黑盒"特征，这是提高重用性和可靠性的关键。这意味着一个类可以全面地改变存储数据的方式，只要仍旧使用同样的方法操作数据，其他对象就不会知道所发生的变化。

另一点需要说明的是，在 Java 语言中，所有类都是 Object 父类的子类（Object 类稍后就会讲到）。这一点使用户自定义类变得很方便。仔细观察项目一中的所有例子就会发现：所有例子开头都有"class 类名"这一段，却没有"extend"关键字，熟悉面向对象程序设计的人都知道，那是继承的关键字，而之所以没有加这个字段不是因为那些类没有继承任何类，而是因为在 Java 中，任何没有写明其他父类（除 Object 类之外）的类，都会默认是 Object 类的子类。所以只要有"class 类名"字段，这个类就已经具有 Object 父类的一切类的特征了。

在 Java 语言中，最简单的类定义格式为：

```
class ClassName
{
    Classbody  //类体
}
```

其中，class 为类关键字，ClassName 为类名，它同样要符合项目一中对标志符命名规则。ClassBody 为类体，这其中会包括成员变量、成员方法、类、接口、构造方法、静态初始化器等，但其中最主要的还是成员变量和成员方法。成员变量用来描述实体的属性，成员方法用来描述实例完成某个功能所需要的过程。

【例 2-1】 以图 2-1 为例，看看学生成绩分析统计系统中的成绩类需要什么属性和方法。

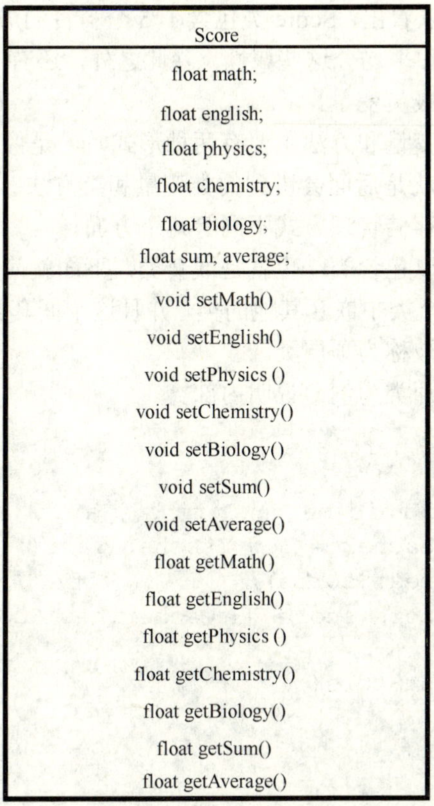

Score
float math; float english; float physics; float chemistry; float biology; float sum, average;
void setMath() void setEnglish() void setPhysics () void setChemistry() void setBiology() void setSum() void setAverage() float getMath() float getEnglish() float getPhysics () float getChemistry() float getBiology() float getSum() float getAverage()

图 2-1 成绩类的 UML 表示

定义成绩类代码如下。

```
public class Score
{
    float math, english, physics, chemistry, biology;
    float sum, average;

    void setMath(float Math) {math = Math;}
    void setEnglish(float English) {english = English;}
    void setPhysics (float Physics) {physics = Physics;}
```

```java
        void setChemistry(float Chemistry) {chemistry = Chemistry;}
        void setBiology(float Biology) {biology = Biology;}
        void setSum(){sum = math + english + physics + chemistry +
                    biology;}
        void setAverage(){average = sum / 5;}

        float getMath() {return math;}
        float getEnglish() {return english;}
        float getPhysics () {return physics;}
        float getChemistry() {return chemistry;}
        float getBiology() {return biology;}
        float getSum(){return sum;}
        float getAverage(){return average;}
    }
```

从图 2-1 和代码中可以看出，Score 类包含了 5 个科目的成绩（math, english, physics, chemistry, biology）、总分和平均分这些属性。除此之外，还有 14 个成员方法，这些成员方法都是用来设置和获取成员变量。

通常，在类中的成员变量和方法主要有两种形式，一是像 Score 类中定义方式的实例变量和实例方法，再有就是后面会讲到的类变量和类方法。它们的区别主要表现在归属不同、创建时机不同、存储管理方式不同等几个方面。

上面还提到类中还可以包含类，也就是嵌套类，下面就简单介绍内部类的概念。

如果需要，可以在一个类中嵌套其他的类，并且这个嵌套类中还可以再嵌套一个类。没有嵌套在任何类中的类被称为顶层类。

下面以一个简单的教师类为例，说明内部类。

```java
public class TeacherClass                               //测试类
{
    public static void main (String[] args) {
        Teacher teacher = new TeacherClass();           //创建外部类对象
        teacher.creatScore();                           //调用创建内部类的成员方法
        Teacher.Score score = teacher.new Score();      //在外部创建
        内部类对象
        score.printScore();
    }

    class Teacher
    {
        int score;
        class Score
        {
            void printScore(){System.out.println("score:"+(++score));}
        }
        void creatScore()
        {
            Score score = new Score();
            score.printScore();
        }
    }
}
```

运行这个程序后，应该得到下列结果：

```
score:1
score:2
```

在这个例子中，外部类的成员方法可以直接地引用内部类名称创建类对象。但如果在该类之外，即使具有引用内部类的权限，也要首先创建一个外部类对象，才能够借助于该对象创建内部类对象。此外，如果内部类没有被声明为静态的（static），则不能含有静态的成员。

另外，同样的情况，Java 允许在一个文件包中定义多个类，但其中最多只能有一个类被声明为 public，对此类的存储方式可以有两种方式：一种是两个类放在同一个文件中；另一种是将两个类分别存放在两个不同的文件中，一个文件命名为 Teacher.java，还有一个文件命名为 Score.java。

2.1.2 成员变量的定义与初始化

前面说过，类中的成员变量是用来描述实体属性的。在程序中，对对象的操作，主要是更改对象属性的状态值和获取对象属性的当前状态值。在 Java 语言中，如果属性没有使用 static 说明就是属于非静态的实例变量，否则就是类变量。

定义格式：

```
Modifiers DataType MemberName;
```

其中，**Modifiers** 是修饰符，它决定了成员变量的存储方式和访问权限，DataType 是成员变量的类型，既可以是 8 种基本数据类型，也可以是数组或类这样的引用类型，MemberName 是成员变量名，它一样要符合 Java 标志符的命名规则。

初始化成员变量的方式主要有 5 种。

（1）利用数据类型的默认的初始值。
（2）如果希望实例变量初始化为其他的值，可以在定义的同时就赋初值。
例如：

```
    Class Score
{
    float maxScore = 100;     //每科成绩的最大值
    float pass = 60;          //每科成绩的及格线

    //其他属性和成员方法
}
```

（3）可以通过一个类中的成员方法来为每个实例变量赋值。例如，【例 2-1】中的 set×××成员方法就能达到这种目的，但是一定要在使用这个属性之前调用这个 set××× 成员方法。

（4）在类的构造方法中实现初始化实例变量的操作，建议使用这种初始化的方式。

（5）利用初始化块对成员变量进行初始化。在 Java 的类定义中可以包含任意数量的初始化块。只要创建了这个类的对象，就会在调用构造方法之前执行这些初始化块。

例如：

```
    Class Score
{
```

```
    float maxScore;
    float pass;
    {
        maxScore = 100;
        pass = 60;
        System.out.println("The max score is" + maxScore + "the pass line is " + pass);
    }
}
```

注意：每当创建一个 Score 对象时，系统将会首先调用初始化块，然后再调用构造方法。

1. 成员方法的定义

在 OOP 程序设计中，成员方法承担了作为操作对象的属性的外部接口任务。程序通过成员方法来访问和操纵对象中包含的属性，而属性一般来讲是对外部隐藏的。基本上，每个对象都会包含一些基本的成员方法，例如：获取对象属性值和设置对象属性值等。与成员变量一样，成员方法一样有实例方法和类方法之分，这里我们先讨论实例方法。

实例方法的定义格式为：

```
Modifiers ResultType MethodName(parameterList)[throws exceptions]
{
    MethodBody
}
```

其中，Modifiers 是修饰符，它决定了该成员方法的访问权限，ResultType 是方法的返回结果类型，MethodName 是方法的名称，与成员变量一样，它同样要遵守前面讲过的 Java 对标志符的定义规则和 Java 命名规则。parameterList 是参数列表，这里列出了调用该成员方法时需要传递的参数格式。在 Java 语言中，方法具有抛出异常的功能，而 throws exceptions 列出了该方法能够抛出的异常种类。下面是一个员工信息类的例子。

```
public class Employee
{
    String name, position;                                  //姓名、职位
    int number;                                             //员工号
    void setEmployee(String n, String p, int num)           //设置员工信息
    {
        name = n;
        position = p;
        number = num;
    }
    int getNumber(){return number;}                         //返回员工号
    String getName(){return name;}                          //返回姓名
    String getPosition(){return position;}                  //返回职位
}
```

在 Employee 类中，定义了 3 个成员变量，4 个成员方法。可以利用这些信息设置或获取员工信息。

在 Java 语言中，使用成员方法需要注意下面几点：
- 如果成员方法没有参数，参数列表是空的，即只有一对圆括号。
- 如果成员方法的返回类型不是 void，则结束成员方法执行的最后一条可执行代码一定是"renturn"，并通过它返回一个与返回类型匹配的表达式值。
- 调用方法时，实际参数表中的参数个数、类型及次序都要与形式参数表一致。Java 会在数据类型上做严格的检查。

2. 成员方法的重载

所谓成员方法的重载是指在一个类中，同一个名称的成员方法可以被定义多次的现象。在 C 语言中，因为标识一个方法或函数的只是方法的名称，所以 C 不允许一个方法被定义多次；而在 Java 中则允许成员方法的重载，是因为 Java 标识一个方法不仅仅依靠成员方法的方法名，还有形式参数以及它的个数、类型和顺序。Java 不允许在同一个作用域中，出现上述条件都一样的两个方法。有重载现象的方法的调用规则为：现在类定义中寻找方法签名（方法名和形式参数）完全匹配的成员方法，如果没有，则继续寻找通过类型的隐式转换可以匹配的成员方法；否则，此次调用失败。

【例 2-2】 Score 类用数组来存储 5 科成绩，类中有两种输入成绩的方法，一种是统一输入所有 5 科成绩，一种是更改某一科目的成绩。在这里，我们就可以应用成员方法重载的概念。

```java
public void setScore(float[] score)
    {
       sco = score;
    }

public void setScore(float score, int id)
    {
       sco[id] = score;
    }
```

3. 构造方法

顾名思义，构造方法是在构造类对象时使用的方法，一种特殊的成员方法，其主要作用也是唯一作用就是初始化成员变量。所以这种方法只能在创建类对象时通过关键字 new 将实例对象初始化为一个所希望的状态，在之后的程序中不能再使用，即不能用它对对象进行重新设置。首先来看看上一节中定义的 Employee 类，我们为它添加一个构造方法。

```java
public class Employee
{
    String name, position;                    //姓名、职位
    int number;                               //员工号
    Employee(String n, String p, int num)     //设置员工信息
    {
        name = n;
        position = p;
        number = num;
```

```
        }
        int getNumber(){return number;}          //返回员工号
        String getName(){return name;}           //返回姓名
        String getPosition(){return position;}   //返回职位
    }
```

在这个程序中可以发现几个小小的不同：一是 Employee 方法与之前的 setEmployee 方法的设计是基本一样的，第二 Employee 方法没有返回类型，也就是 void 关键字。这是一个很普遍的构造方法的设计格式，它与我们之前讲过的普通的成员方法的不同：一是没有返回值，二是不能抛出异常。

【例 2-3】 为【例 2-1】的 Score 类添加一些构造方法。

```
public class Score
{
    float math, english, physics, chemistry, biology;
    float sum, average;

    Score(){…}
    Score(float sum){…}
    Score(float sum, float average){…}
    Score(float math, float english, float physics, float chemistry, float biology){…}
    Score(float math, float english, float physics, float chemistry, float biology, float sum, float average){…}

    void setMath(float Math) {math = Math;}
    void setEnglish(float English) {english = English;}
    void setPhysics (float Physics) {physics = Physics;}
    void setChemistry(float Chemistry) {chemistry = Chemistry;}
    void setBiology(float Biology) {biology = Biology;}
    void setSum(){sum = math + english + physics + chemistry + biology;}
    void setAverage(){average = sum / 5;}

    float getMath() {return math;}
    float getEnglish() {return english;}
    float getPhysics () {return physics;}
    float getChemistry() {return chemistry;}
    float getBiology() {return biology;}
    float getSum(){return sum;}
    float getAverage(){return average;}
}
```

从【例 2-3】我们可以总结出：
- 构造方法与类同名。
- 每个类可以有一个以上的构造方法。
- 构造方法可以有 0 个、1 个或者 1 个以上的参数。
- 构造方法没有返回值。
- 构造方法总是伴随着 new 操作一起调用。

2.1.3 知识拓展：重构类

【例 2-4】 我们已经学习了很多关于类的定义和创建、类属性和方法的知识，本例给出了学生成绩分析统计系统中成绩类和教师类的定义。

● 成绩类

```
public class score {
    private float sco[] = new float[5];
    private float sum;
    private float average;

    public score(){}

    public void setScore(float[] score){}
    public void setScore(float score, int id){}
    public void setSum(){}
    public void setAverage(){}

    public float getScore(int id) {}
    public float[] getScore() {}
    public float getSum() {}
    public float getAverage() {}

    public void print(){}
}
```

在成绩类 Score 中，为了程序的简洁性，省略了各科成绩的分别定义而采用数组存储的方式。类中一共声明了三个属性：成绩数组、总分和平均分，一个空构造函数，以及成绩、总分、平均分的计算和获取方法。

● 教师类

```
public class teacher {
    private int tea_id;
    private String name;
    score Score;

    public teacher(int tea_id, String name)
    {
        this.name = name;
        this.tea_id = tea_id;
        Score = new score();
    }

    public void input(float num, int course ){}
    public void input(float[] score){}
    public void check(){}

    public float getSum(){}
    public float getAverage(){}
}
```

【例 2-4】中，定义了三个属性、六个成员方法以及一个构造方法，tea_id 和 name 分别为教师编号和姓名，声明 score Score 使用来输入和修改成绩。教师类的主要功能为输入、检查成绩以及获得总分和平均分。

请同学按照以上写法编写出学生类。

2.2 任务二 教师输入和分析学生成绩、学生查询成绩、获得成绩单

问题情境及实现

在任务一中我们已经构建了几个简单的类来描述成绩分析系统。在这个系统中，有三个类：教师类、学生类和成绩类。要完成这个系统要清楚每个类的功能，首先教师和学生都是操作者，他们都需要操作成绩；其次是他们各自需要的操作，即教师需要输入所有学生的成绩，需要有添删改查功能，以及一定的分析功能，例如算总分和平均分、计算每科不及格的人数，每个学生有几门课不及格、按总分从高到低给学生排序，最后打印出成绩单，学生的功能就相对比较简单了，只需要能够查询成绩并打印成绩单就可以了。在任务二中，通过学习对象的概念和使用方法来完成这些功能。

相关知识

对象是对现实世界的抽象模拟的结果，解决问题的过程就是对对象的分析、处理的过程。从面向对象的程序设计的角度看，程序都是由有限个对象构成的，对象是程序操作的基本单位。想要使用 OOP，一定要清楚对象的三个主要特性：

- 对象的行为——可以对对象施加哪些操作？或可以对对象施加哪些方法？
- 对象的状态——当施加那些方法时，对象如何响应？
- 对象标识——如何辨别具有相同行为与状态的不同对象？

在理解以上问题后，我们就可以开始创建对象。在定义过类之后，需要通过对类实例化来构造对象。在 Java 语言中，对象属于引用型变量，需要经历声明、创建、初始化、使用和清除几个阶段。

2.2.1 创建对象

对象的声明、创建和初始化几个阶段，既可以分别实现，也可以合并在一起实现，这个过程与前面讲过的定义变量的过程差不多。以【例 2-3】中的 Score 类来说明：

声明对象的语法格式：

```
ClassName objectName[ , objectName];
```

例如：

```
Score score1;
Score score2, score3;
```

以上只是声明了对对象的引用,真正定义需要使用 new 关键字为对象分配存储空间,其格式为:

```
new ClassName(parameterList);
```

其中,ClassName 是类名,parameterList 是创建对象时提供的参数,这取决于使用哪种构造方法。

例如:

```
score1 = new Score();
scoer2 = new Score(79, 90, 88, 69, 86);
```

score1 使用了无参数的构造方法,score2 使用了输入各科成绩的构造方法。

可以将声明和创建对象合并在一起定义:

```
Score score1 = new Score();
Score score2 = new Score(79, 90, 88, 69, 86);
Score score3 = new Score(62, 88, 79, 83, 66);
```

new 运算符主要完成两项操作。一是为对象分配存储空间,从严格意义上讲是为类中每个实例变量分配空间。尽管在逻辑上,每个对象也应该有一套实例方法,但为了节省存储空间,所有对象共享一个成员方法的代码副本,每个对象只保留存储代码区的地址。二是根据提供的参数格式和与之匹配的构造方法,实现初始化成员变量的操作,然后返回本对象的引用。

上述对象 score2 和 score3 的执行结果如图 2-2 所示。

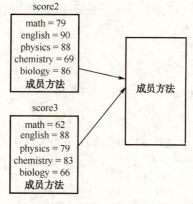

图 2-2 创建对象示意图

2.2.2 对象成员的使用

在对象创建后,就可以在对象间发送消息或相应其他类的消息。所谓发送消息和响应消息就是发出调用自身或其他类对象的成员方法的命令,以及具体地执行上述的调用命令。

在对对象操作时,可能会引用成员变量或调用成员方法,运算符"."用来调用对象包含的属性和方法。它的格式为:

```
objectName.memberVariableName
objectName.memberVariableName(parameterList)
```

对象可以作为数组的元素、类的成员，也可以出现在成员方法的参数表和方法体中。

【例2-5】 教师类对象对成绩类对象的使用范例，此程序会计算出总分、平均分和不及格的科目数。

```java
score.java
public class score {
    private float sco[] = new float[5];
    private float sum;
    private float average;

    public score()
    {

    }

    public void setScore(float[] score)
    {
        sco = score;
    }

    public void setScore(float score, int id)
    {
        sco[id] = score;
    }
    public void setSum()
    {
        for (int i = 0; i < sco.length; i++)
        {
            sum += sco[i];
        }
    }
    public void setAverage(){average = sum / 5;}

    public float getScore(int id) {return sco[id];}
    public float[] getScore() {return sco;}
    public float getSum() {return sum;}
    public float getAverage() {return average;}

    public void print(){
        for (int i = 0; i < sco.length; i++)
            System.out.print(sco[i] + " ");
        System.out.println();
    }
}

teacher.java
public class teacher {
    private int tea_id;
    private String name;
    score Score;
```

```java
        public teacher(int tea_id, String name)
        {
            this.name = name;
            this.tea_id = tea_id;
            Score = new score();
        }

        public void input(float num, int course )
        {
            Score.setScore(num, course);
        }

        public void input(float[] score)
        {
            Score.setScore(score);
        }

        public void check()
        {
            int count = 0;
            for (int i = 0; i < 5; i++)
                if (Score.getScore(i) < 60)
                    count++;
            if (count > 1)
                System.out.println(count + " class failed. By teacher: " + name + " ID: " + tea_id);
        }

        public float getSum()
        {
            Score.setSum();
            return Score.getSum();
        }

        public float getAverage()
        {
            Score.setAverage();
            return Score.getAverage();
        }

        public static void main(String[] args)
        {
            teacher tea = new teacher(2000, "Lady Lee");
            float score[] = {78, 56, 58, 42, 69};
            tea.input(score);
            tea.check();
            System.out.println("Sum: " + tea.getSum() + " Average: " + tea.getAverage());
        }
    }
```

运行文件 Teacher.java 的结果：

```
3 class failed. By teacher: Lady Lee ID: 2000
Sum: 303.0 Average: 60.6
```

2.2.3 对象的清除

创建对象的主要任务是为对象分配存储空间，而清除对象的主要任务是回收存储空间。为了提高系统资源的利用率，Java 语言提供了"自动回收垃圾"机制。即在 Java 程序的运行过程中，系统会周期地监控对象是否还被使用，如果发现某个对象不再被使用，就自动回收为其分配的存储空间。

C++语言被用户诟病的原因之一是大多数 C++编译器不支持垃圾收集机制。通常使用 C++编程的时候，程序员在程序中初始化对象时，会在主机存储器堆栈上分配一块存储器与地址，当不需要此对象时，进行解构或者删除的时候再释放分配的存储器地址。如果对象是在堆栈上分配的，而程序员又忘记进行删除，那么就会造成存储器泄漏（Memory Leak）。长此以往，程序运行的时候可能会生成很多不清除的垃圾，浪费了不必要的存储器空间。如果同一存储器地址被删除两次的话，程序会变得不稳定，甚至崩溃。因此有经验的 C++程序员都会在删除之后将指针重置为 0，然后在删除之前先判断指针是否为 0。

Java 语言则不同，上述的情况被自动垃圾收集功能自动处理。对象的创建和放置都是在存储器堆栈上面进行的。当一个对象没有任何参考的时候，Java 的自动垃圾收集机制就发挥作用，自动删除这个对象所占用的空间，释放存储器以避免存储器泄漏。

finalize()方法是回收对象前系统自动调用的最后一个方法，该方法是 java.lang.Object 类中的一个成员方法。由于在 Java 程序中，任何类都是 Object 类直接或间接的子类，所以，这个方法也会被继承到每个类中。注意程序员不需要修改 finalize()方法，自动垃圾收集也会发生作用。但是存储器泄漏并不是就此避免了，当程序员疏忽大意忘记解除一个对象不应该有的参考时，存储器泄漏仍然不可避免。

2.3 任务三 查询、修改、添加、删除学生成绩

问题情境及实现

在本项目前两个任务中，我们学习了基本的类和对象的概念和使用方法，在任务三中我们将继续学习一些基本的面向对象编程知识来丰富学生成绩分析统计系统。

众所周知，对各种学生系统或者成绩系统来说，学生对象的操作范围相对较小、功能很少，相比之下，教师对象的操作就非常丰富多样。在本任务中，我们来学习编写几个经常用到的功能——查询、修改、添加、删除学生成绩，来完善这个系统。

 相关知识

2.3.1 访问属性控制

在前面的章节中,为了方便本节对于访问控制的讲述,都没有使用到除默认访问属性(即在变量名之前没有任何定义)以外的访问属性。实际上,在 Java 语言中,无论是定义类还是接口,其中的成员变量和成员方法都存在是否可以被他人访问的属性。在 Java 语言中,也正是利用访问属性机制来实现数据隐藏,限制用户对不同包和类的访问权限。

在 Java 语言中,一共有 4 种访问属性,以下是定义它们的成员变量、成员方法和内部类或内部接口的使用范围。

- 默认访问属性:只能被本类和同一个包中的其他类、接口及成员方法引用。
- public 公有访问属性:可以被本类和其他任何类及成员方法引用,包括位于不同包中的类及成员方法。
- private 私有访问属性:只能在本类中被直接引用。
- protected 保护访问属性:可以被本类、本包和其他包中的子类访问。可访问性介于默认和 public 之间。

它们的定义格式是在类、接口、成员变量和成员方法名之前添加其中一种访问属性,其中,默认访问属性可以不写。

下面以【例 2-6】为例,重点讲解常用的 private 私有访问属性。

【例 2-6】 信息注册程序,为了保护重要的客户信息将所用的个人信息都用 private 隐藏起来,需要访问变量值的话只能通过成员方法。

```
public class register {
    private String name;
    private String position;
    private String address;
    private String tel;
    private String email;

    public register() {}
    public register(String n, String p, String a, String t, String e)
    {
        name = n;
        position = p;
        address = a;
        tel = t;
        email = e;
    }
    String getName(){return name;}
    String getPosition() {return position;}
    String getAddress() {return address;}
    String getTel() {return tel;}
    String getEmail() {return email;}

    public String toString()
```

```
            {
                return position + "\t" + name +"\n\n\tTel: " + tel + "\n\tEmail:" + email + "\n\tAddress:" + address;
            }
            public static void main(String[] args)
            {
                register reg = new register("Lady Lee", "Teacher", "Beijing", "139000000", "xxx@163.com");
                System.out.println("+++++++++++++++++++++++++++");
                System.out.println(reg.toString());
                System.out.println("+++++++++++++++++++++++++++");
            }
        }
```

运行结果：

```
+++++++++++++++++++++++++++
Teacher    Lady Lee

    Tel: 139000000
    Email:xxx@163.com
    Address:Beijing
+++++++++++++++++++++++++++
```

上述 4 种不同的访问属性关系如表 2-1 所示。

表 2-1 访问属性

	同一个类	同一个包	不同包中的子类	不同包中的非子类
private	√	×	×	×
默认	√	√	×	×
protected	√	√	√	×
public	√	√	√	√

注：√表示可以访问，×表示不能访问。

2.3.2 静态成员

在 Java 语言中，存在两种类成员：一种是非静态的，也就是我们前面介绍过的实例成员，例如我们自己定义的类 Score 等；一种是静态的，也就是接下来要讲的，也被称为类成员，主要包括类变量和类方法。

▶ 1. 类变量的定义和初始化

要定义类变量（即静态变量）非常简单，只需要在访问类型和数据类型中间加上关键字"static"即可，例如：

```
public static int id;
```

加上标志"static"后，就意味着这个变量是类中的静态变量。相比较于其他的实例变量，静态变量在生成对象时并不进行复制。换句话说，如果有一个实例变量 name 和一个静态变量 id，假若这个类能够生成 1000 个对象，那么就会有 1000 个 name 变量的复本，但是变量 id 却只有一个。即静态变量是相对于类而存在，即使没有生成对象，它依旧存在，它属于类，而不属于任何独立的对象。

静态变量多用于实现在每次创建对象时获得一个新编号的目的。

【例2-7】 本例用于实现自动生成学生学号。

```
public class student {
    private int stu_id;
    private static int nextId = 1000;
    private String name;

    public student(String name)
    {
        this.stu_id = nextId++;
        this.name = name;
    }

    public void print(){
        System.out.println("Student ID: "+ stu_id + " Name: " + name);
    }

    public static void main(String[] args){
        student stu1 = new student("Elodie");
        student stu2 = new student("Nathan");
        student stu3 = new student("Alice");

        stu1.print();
        stu2.print();
        stu3.print();
    }
}
```

运行结果为：

```
Student ID: 1000 Name: Elodie
Student ID: 1001 Name: Nathan
Student ID: 1002 Name: Alice
```

简单介绍一下静态常量，相对于很少使用的静态变量，静态常量用处较多。

```
public class Math
{
    public static final double PI = 3.14159265358979323846;
    …
}
```

在项目一中我们曾经介绍过 Java 的很多标准类中的 Math 数学类，其中定义的很多常量，例如圆周率π就是用这种方法定义的。static 加上 final 标志符就是既声明了变量是公有的，又定义它不可再修改。

▶ 2. 类方法

顾名思义，类方法也同样属于类。它不可以像实例方法那样通过类对象和"."运算符来调用，只能通过类名来直接调用，例如："Math.max 方法"和"System.out.print 方法"，这些方法是绝不能通过生成 Math 函数对象或者 System 对象来使用的。原因很简单，因为静态方法不能操作对象，所以不能在静态方法中访问实例方法或属性。所以在编写静态方法时，也不能在其内部使用或调用非静态方法，但是静态方法可以访问自身类中的静态方法。

在下面两种情况下使用静态方法：

- 一个方法不需要访问对象状态，其所需参数都是通过显示参数提供（例如 Math.abs）。
- 一个方法只需要访问类的静态属性。

这里简单介绍一下 Main 方法，这恐怕是每个 Java 初学者最先会碰到的 Java 类方法。

```
public static void main(String[] args)
{
    …
}
```

main 方法不对任何对象进行操作。事实上，在启动程序时还没有任何一个对象。静态的 main 方法将执行并创建程序所需要的对象，我们一般将它用作测试方法，并不在其他方法中调用它。

其他常用的类方法还有很多种，比如之前使用的数学方法：Math.sin()、Math.cos()等，系统输出函数 System.out.print 等，它们在类中都被定义为类方法，使用时要直接用类名调用。

2.3.3 Object 类和 Class 类

▶ 1. Object 类

Object 类是 Java 中所有类的父类，也称为超类。Java 中每个类都是由它扩展而来的，但是也不需要显式地在程序中让类来继承它。

可以使用 Object 类型的变量引用任何类型的对象：

```
Object obj = new Score();
```

当然，Object 类型的变量只能用于作为各种值的通用持有者。要想对其中的内容进行具体的操作，还需要对象的原始类型，并进行相应的强制类型转换：

```
Score score = (Score) obj;
```

在 Java 中，只有基本类型不是对象，例如：整型、字符和布尔类型都不是对象。所有的数组类型，不管是基本类型的数组还是后面要讲的对象数组都扩展于 Object 类。

如果不指出明确的父类，那么 Object 类就是类的直接父类。由于在 Java 中，每个类都是由 Object 类扩展而来的，所以它们都继承了 Object 类中的一些重要的方法。

（1）Equals 方法。

Object 类中的 equals 方法用于检测一个对象是否等于另外一个对象。在 Object 类中，这个方法将判断两个对象是否具有相同的引用。如果两个对象具有相同的引用，它们一定是相等的。从这点上看，将其作为默认操作也是合乎情理的。当需要检测两个对象状态的相等性，如果两个对象的状态相等，就认为这两个对象是相等的。

其格式为：

```
public boolean equals(Object obj)
```

（2）toString 方法。

在 Object 中还有一个重要的方法，就是 toString 方法，它用于返回表示对象值的字符串。绝大多数的 toString 方法都遵循这样的格式：类的名字，随后是一对方括号括起来的域值。例如：

```
public String toString()
{
    return "Score[name = "+name
    +", stu_id = "+ stu_id
    +", sum = " + sum
    +", average = "+ average+
    +"]";
}
```

toString 方法也可以供子类调用。

在以前的程序示例中，经常可以看到"System.out.println("name: " + name +", id: " + id);"这样的语句，实际上在这里就已经应用了 toString 方法将变量和字符串连接成一个字符串作为参数来调用 println 方法。随处可见 toString 方法的主要原因是：只要对象与一个字符串通过操作符"+"连接起来，Java 编译就会自动地调用 toString 方法，以便获得这个对象的字符串描述。

2. Class 类

Java 语言中的 Class 类的应用其实是属于一种反射机制，在这里先简单介绍一下什么是反射机制。

（1）反射。

反射库提供了一个非常丰富且精心设计的工具集，以便编写能够动态操纵 Java 代码的程序。它的定义是：Java 反射机制是在运行状态中，对于任意一个类，都能够知道这个类的所有属性和方法；对于任意一个对象，都能够调用它的任意一个方法；这种动态获取的信息以及动态调用对象的方法的功能成为 Java 语言的反射机制。

所以，能够分析类的能力的程序就被称为反射，下面简单介绍一个能分析类的能力的方法——Class 类。

（2）Class 类。

在程序运行时，Java 会为每一个运行着的对象保存一个类型标识，也叫类的类足迹。而用于保存这些类型标识的就是 Class 类。它的一些常用方法，如 getName 将返回类的名字。与之相关的方法，如 Object 类中的 getClass()方法将会返回一个 Class 类型的示例。下面的例子是这两种方法的简单应用：

```
Score score;
Class cl = score.getClass();
System.out.println(score.getClass().getSum()+ " " + score.getName());
```

【例 2-8】 这个机制的另一个应用示例。

```java
class Student {
   private String name;

   public Student()
   {
       this.name = "Elodie";
   }

   public String getName() {return name;}
}
class Teacher {
   private String name;

   public Teacher()
   {
       this.name = "Lady Lee";
   }

   public String getName() {return name;}
}
public class reflect {
   public static void main(String[] args)
   {
       Student student = new Student();
       Teacher teacher = new Teacher();

       System.out.println(student.getClass().getName() + " " + student.getName());
       System.out.println(teacher.getClass().getName() + " " + teacher.getName());
   }
}
```

运行结果为类名加姓名：

```
Student Elodie
Teacher Lady Lee
```

2.3.4 final、this 和 null 修饰符

在 Java 语言中，final、this、null 等标志符被赋予了特定的含义。下面分别介绍它们的含义以及主要用途。

▶ 1. final 修饰符

在前面学习静态常量时曾经应用过 final 来帮助定义静态常量，实际上，final 还可以用来修饰类、方法、成员变量和局部变量。

当用 final 修饰某个类时，就意味着这个类不能再作为父类被子类继承，也可以叫做终结类。这一般用在某个类在被设计时不想被扩展或是修改，就会在类名前面加上这个关键字，这样该类就会变成公有并不可修改。

如果用 final 修饰某个方法，就意味着这个方法不能被覆盖，即在子类中不能定义与父类方法签名一样的方法。同定义公有类时一样，这样的方法也不能够再改变。

用 fianl 来修饰成员变量，它的作用类似于常量，在初次赋值之后不能被再次赋值，只能被引用。在修饰局部变量的情况下，也是一样的效果。

2. this 修饰符

this 是对象自身的引用型系统变量，在调用对象的每个示例方法中，系统都会自动赋予一个 this 变量，其内容为这个示例方法所属对象的引用。当在示例方法中引用本类的属性时，编译器会默认在属性前加上 this 作为前缀，虽然可以手动加上，但一般不推荐这样做。但是下面的情况可以例外：

```
public Score(float math, float english, float physics, float chemistry, float biology)
{
    math = math;
    english = english;
    physics = physics;
    chemistry = chemistry;
    biology = biology;
}
```

这个例子是【例 2-1】中类 Score 的其中一个构造方法，其中 math、english、physics、chemsitry 和 biology 都是前面声明过的 Score 类中的属性。它还可以有如下写法：

```
public Score(float math, float english, float physics, float chemistry, float biology)
{
    this.math = math;
    this.english = english;
    this.physics = physics;
    this.chemistry = chemistry;
    this.biology = biology;
}
```

也就是说，通常情况下，我们只在编写构造函数时，才需要写出 this。它多用于构造方法中的参数与类的实例变量名为相同的名称，以及希望在方法中引用实例变量的情况。

3. null 修饰符

在 Java 语言中，null 是一个直接量，表示引用型变量为空的状态，通常用来作为引用型变量的初始值。

例如：

```
Score score = null;
Student stu = null;
```

当想放弃对一个对象的引用时，也可以用这个 null。例如

```
Score score = new Score(79, 90, 88, 69, 86);
score = null;
```

Java 的自动回收机制会在一个适当的时候回收这个对象的存储空间。

2.3.5 对象数组的使用

在项目一关于 Java 基础语法中，我们学习过元素为基本数据类型的数组，其中曾提到过元素为引用类型的数组，这就是对象数组。

顾名思义，对象数组就是元素引用变量——对象的数组，下面的语句声明并创建了一个包含 10 个学生对象的数组：

```
Student[] stuArray = new Student[10];
```

要初始化这个数组，可以用如下的 for 循环：

```
for (int i = 0; i < stuArray.length; i++) {
    stuArray[i] = new Student();
}
```

对象数组的组成示意图如图 2-3 所示。

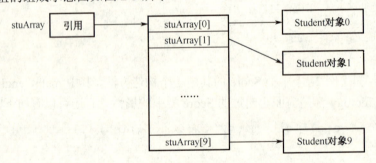

图 2-3 对象数组的组成元素示意图

【例 2-9】 对象数组的应用示例。

```
public class student2 {
    private int stu_id;

    public student2()
    {
        this.stu_id = setId();
    }

    private int setId()
    {
        int num = (int)(Math.random() * 1000);
        return num;
    }

    public void printId()
    {
```

```
            System.out.print(stu_id + " ");
    }

    public static void main(String[] args)
    {
        student2[] stuArray = new student2[10];
        for (int i = 0; i < stuArray.length; i++)
        {
            stuArray[i] = new student2();
            stuArray[i].printId();
        }
    }
}
```

运行结果：

```
403 835 64 452 612 727 749 843 365 420
```

程序会随机得出 1000 以内的 10 个数作为学生学号。

2.4 综合实训：统计各科目合格率

【例 2-10】

```
score.java
public class score {
    private float sco[] = new float[5];
    private float sum;
    private float average;

    public score()
    {

    }

    public void setScore(float[] score)
    {
        sco = score;
    }

    public void setScore(float score, int id)
    {
        sco[id] = score;
    }
    public void setSum()
    {
        for (int i = 0; i < sco.length; i++)
        {
            sum += sco[i];
        }
    }
```

```java
        public void setAverage(){average = sum / 5;}

    public float getScore(int id) {return sco[id];}
    public float[] getScore() {return sco;}
    public float getSum() {return sum;}
    public float getAverage() {return average;}

    public void print(){
        for (int i = 0; i < sco.length; i++)
            System.out.print(sco[i] + " ");
        System.out.println();
    }
}

teacher2.java
public class teacher2 {
    score[] Score;

    public teacher2()
    {
        Score = new score[10];
        for (int i = 0; i < Score.length; i++)
            Score[i] = new score();
    }

    public void input(float[] score, int id)
    {
        Score[id].setScore(score);
    }

    public void check()
    {
        int count;

        for (int i = 0; i < 5; i++)
        {
            count = 0;
            for (int j = 0; j < Score.length; j++)
            {
                if (Score[j].getScore(i) >= 60)
                    count++;
            }
            System.out.println("pass rate of class " + i +" is: " + (count / 10.0)*100 + "%");
        }

    }

    public static void main(String[] args)
    {
        teacher2 teacher = new teacher2();
```

```
            float[][] score = {
                { 45, 56, 88, 96, 78 },
                { 77, 85, 65, 89, 75 },
                { 86, 96, 75, 98, 90 },
                { 52, 78, 95, 45, 25 },
                { 45, 12, 69, 88, 56 },
                { 45, 56, 88, 96, 78 },
                { 77, 85, 65, 89, 75 },
                { 86, 96, 75, 98, 90 },
                { 52, 78, 95, 45, 25 },
                { 45, 12, 69, 88, 56 },
                                   };
            for (int i = 0; i < 10; i++)
            {
                teacher.input(score[i], i);
            }
            teacher.check();

    }
}
```

运行结果：

```
pass rate of class 0 is: 40.0%
pass rate of class 1 is: 60.0%
pass rate of class 2 is: 100.0%
pass rate of class 3 is: 80.0%
pass rate of class 4 is: 60.0%
```

2.5 拓展动手练习

1. 设计一个一元二次方程类 Equation，然后编写一个 Java 应用程序，对该类对象表示的一元二次方程进行创建、显示和求解等操作。

2. 设计一个身份证类 IDcard，其中的出生年月日信息用一个 Date 类成员对象表示，要求具有复制功能。

2.6 习题

1. 阐述 Java 语言是如何支持面向对象的抽象和封装概念。
2. 构造方法和普通方法之间的区别是什么？
3. 在 Java 程序中，可以通过哪几个途径对成员变量初始化？
4. 下列代码有什么错误？

```
class Test
{
    public static void main(String[] args)
    {
```

```
        A a = new A();
        a.print();
    }
}
class A
{
    String s;
    A(String s) {
        this.s = s;
    }
    public void print() {
        System.out.println(s);
    }
}
```

5. 设计一个双向链表类，并实现双向链表的相关操作。

项目三
画图软件

我们已经介绍了基本的对象、类、对象数组、静态成员及 Object 类和 Class 类的应用。在本项目中，我们通过画图软件学习子类的定义、构造方法、成员方法的重载和覆盖、多态性的实现及抽象类、接口、包的应用。另外，还简单介绍了 MVC 设计模式。

3.1 任务一 构建图形类 Shape 类

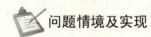问题情境及实现

在 Java 语言中，虽然提供了定义子类、实现面向对象程序的继承性的功能，但它只允许每个子类有且只有一个父类，也就是说 Java 只提供单继承。如果子类想要实现多继承效果，那么只能实现多个接口。在任务一中，我们定义一个父类 Shape 图形类和一个子类 Rectangle 类，子类继承父类中的属性和方法并根据自身特性来完善和扩展那些方法。

相关知识

3.1.1 继承与多态的实现技术

抽象性、封装性、继承性和多态性都是面向对象程序设计（OOP）的核心，任何一种面向对象程序语言都应该提供对以上四种技术的实现。在项目二中，我们已经学习了基本的类和对象的概念，了解了 Java 语言对抽象性和封装性。在项目三——画图软件中，我们将学习 Java 的继承和多态。

继承机制是软件可重用的基石，是提高软件系统的可扩展性和可维护性的主要途径。继承，也称为派生，在 Java 的术语中，就是一个类派生出另一个类。其中，派生的类称为父类、超类或基类，被派生的类叫做子类、扩展类或派生类。子类（对于被派生的类本书以后都称其为子类）从它的父类（对于派生类本书以后都称其为父类）中继承可访问的属性和方法，也可以添加新的属性和方法。项目二讲过的 Object 类就是所有类的父类，也叫做通用父类。图 3-1 为父类与子类的图形符号表示法。

图 3-1 继承关系的 UML 表现

从抽象与现实的角度考虑继承和多态，可以理解为两个类对同一个事务的不同程度的理解或者实例化，即上层的父类的概念更加抽象，位于下层的子类的概念更加具体。所以说，从下往上看，是逐步抽象的过程；从上往下看，是逐步分类的过程。

在 Java 语言中，通过定义子类来实现继承机制。不仅如此，Java 还定义诸如抽象类、接口等概念来达到更高级别的抽象。

多态性是 Java 语言实现动态绑定的一种方法，它有助于增加软件系统的可扩展性、自然性和可维护性。多态性一般都结合继承性一起应用，以达到不同的类对象收到同一个消息能产生完全不同的响应效果的目的。利用多态性，用户可以发送一个通用的消息给各个类对象，而实现细节由接收对象自行决定，这样同一个消息可能会导致调用不同的方法。

在现实中有很多多态性依托继承性例子，如图 3-2 所示。

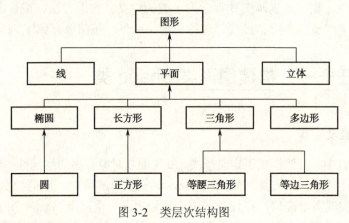

图 3-2 类层次结构图

3.1.2 定义子类

在 Java 中，定义子类的方法很简单，只需要在类名后面加上关键字"extends"并指出它的父类即可。例如：

```
public class son_class extends father_class
{
    ///ClassBody
}
```

需要注意的是，这里继承的父类一定是子类的直接父类，而且如果父类是 Object 类的话，可以不必声明继承关系。

【例 3-1】 关于子类继承的父类可以是用户自定义的类，也可以是 Java 语言中已经存在的类，本例程序里面的类继承了 Applet 类。

```
import java.applet.*;
public JavaApplet extends Applet
{
    public void paint (Graphics graph)
    {
        graph.drawString("This is a son class of Applet class. ", 50, 50);
    }
}
```

读者可以试运行这个程序。

一般情况下，我们都会遇到继承用户自定义父类的情况。以 Shape 类和 Rectangle 类为例。

任何一个图形基本上都会有颜色和原点这两个属性。对于 Shape 类来说这是它的基本属性，每个继承它的子类图形都必须具有这两个属性，对于 Rectangle 类来说，除了要拥有以上两种属性之外，它还有一些特殊要求，比如长和宽，如果它还有继承它的子类，那么这个类不仅要继承它的这些特点，例如正方形，它还会要求长和宽相等。为了更好地描述这种关系，我们采用 UML 图的方法，在图中只写出了类名，没有方法和属性，如图 3-3 所示。

从图中可以观察出继承关系为正方形类继承矩形类，矩形类继承图形类。

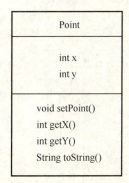

图 3-3 几何图形关系图

Shape 类中需要两个基本属性：一是图形的颜色，它可以包含最基础的三基色：红、绿、蓝，可以通过采用不同量度来确定某一种特定的颜色，因此我们为它定义一个 Color 类；另一个是原点，由坐标轴上的 x、y 的值唯一确定的一点，因此需要一个 Point 类。这两个类的类图描述如图 3-4 所示。

图 3-4 Color 和 Point 类图

【例 3-2】 这两个类的定义。

```
Color.java
public class Color {
    private int red;
    private int green;
    private int blue;
    public Color() {}
    public Color(int red, int blue, int green)
    {
        if (red < 0 || red > 255) this.red = 0;
        else this.red = red;
        if (blue < 0 || blue > 255) this.blue = 0;
        else this.blue = blue;
        if (green < 0 || green > 255) this.green = 0;
        else this.green =green;
```

```java
    }
        public void setColor(int red, int green, int blue)
        {
            if (red < 0 || red > 255) this.red = 0;
            else this.red = red;
            if (blue < 0 || blue > 255) this.blue = 0;
            else this.blue = blue;
            if (green < 0 || green > 255) this.green = 0;
            else this.green =green;
        }

        public int getRed()
        {
            return red;
        }
        public int getBlue()
        {
            return blue;
        }
        public int getGreen()
        {
            return green;
        }
        public String toString()
        {
            return "Red: " + red + " ,Green: " + green + ", Blue: " + blue;
        }

}

Point.java
public class Point {
    private int x, y;

    public Point()
    {
        x = 0;
        y = 0;
    }
    public Point(int x, int y)
    {
        this.x = x;
        this.y = y;
    }
    public Point(Point point)
    {
        x = point.x;
        y = point.y;
    }

    public int getX()
```

```
    {
        return x;
    }
    public int getY()
    {
        return y;
    }
    public void setPoint(int x, int y)
    {
        this.x = x < 0? 0 : x;
        this.y = y < 0? 0 : y;
    }
    public String toString()
    {
        return "(" + x + "," + y + ")";
    }
}
```

有了 Color 类和 Point 类的定义,下面来看 Shape 类,如图 3-5 所示。

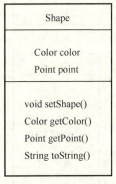

图 3-5 Shape 类图

【例 3-3】 Shape 类的定义。

```
Shape.java
public class Shape {
    private Color color;
    private Point point;
    public Shape()
    {
        this.color = new Color();
        this.point = new Point();
    }
    public Shape(Color color, Point point)
    {
        this.color = color;
        this.point = point;
    }
    public void setShape(Color c, Point p)
    {
        color = c;
        point = p;
```

```
    }
    public Color getColor()
    {
        return color;
    }
    public Point getPoint()
    {
        return point;
    }
    public String toString()
    {
        return color.toString() + "\n" + point.toString();
    }
}
```

当一个类要继承另一个类时，只需要通过"extends"关键字而不需要改动父类中的任何东西。在矩形类的例子中，我们只需要再添加一些矩形所特有的属性和方法即可。

下面是 Rectangle 类的类图描述，如图 3-6 所示。

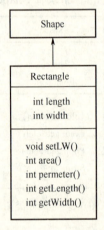

图 3-6　Rectangle 类图

【例 3-4】　Rectangle 类的定义。

```
Rectangle.java
public class Rectangle extends Shape{
    private int length;
    private int width;
    public Rectangle()
    {
        super();    //调用父类的构造函数
        this.length = 0;
        this.width = 0;
    }
    public Rectangle(Color c, Point p, int l, int w)
    {
        super(c, p);
        this.length = l;
        this.width = w;
    }
```

```java
public void setLW(int l, int w)
{
    length = l;
    width = w;
}
public int area()
{
    return length * width;
}
public int permeter()
{
    return 2 * (length + width);
}
public int getLength()
{
    return length;
}
public int getWidth()
{
    return width;
}
}
```

下面介绍正方形类的定义。它继承了矩形类，与矩形类唯一不同的是它只需要输入一条边就能计算周长和面积，所以只需要添加一些适合正方形的成员方法或更改一些成员方法的接口格式即可。看过矩形类的写法后不难写出正方形类。

【例 3-5】 Square 类。

```java
Square.java
public class Square extends Rectangle{
    public Square()
    {
        super();
    }
    public Square(Color c, Point p, int side)
    {
        super(c, p, side, side);
    }

    public void setSide(int side)
    {
        setLW(side, side);
    }
    public int getSide()
    {
        return getLength();
    }
}
```

从以上这些例子可以看出，子类是父类概念的一种特例，也就是说，父类较子类更加抽象，子类较父类更加具体。在 Java 语言中，子类将继承父类的成员，但子类对象对父类成员的可访问性却由访问属性控制。如果子类与父类在同一个包中，子类可以直接访问父类具有 public、protected 和默认访问属性的成员。如果子类和父类不在同一个包中，子类只能够直接访问父类具有 public、protected 访问属性的成员，而具有 private 和默认访问属性的成员需要通过具有 public 或 protected 访问属性的成员方法才能实现访问目的。

当然，对于子类不能直接访问的那部分父类成员变量，不意味着它们没有用，而是需要通过父类提供的访问接口对它们进行操作。

3.1.3 子类的构造方法

在 Java 语言中，子类不负责调用父类中带参数的构造方法。若要在创建子类对象的时候同时初始化父类中的成员变量的话，就要在子类的构造方法中利用 super() 调用父类的构造方法，并且必须将它设置为子类构造方法中的第一条语句。如果第一条语句不是 super() 方法，那么系统会默认调用父类中的默认构造方法。由于默认构造方法不带参数，如果父类中已经有了带参数的构造方法并且没有定义不带参数的构造方法，编译时系统就会报错，所以建议大家在写构造方法的时候一定要同时定义一个不带参数的构造方法。

【例 3-6】和【例 3-7】分别是一个父类和一个子类，父类为文学类 literature，子类为小说类 novel，注意子类构造方法的写法。

【例 3-6】

```
literature.java
public class literature {
    private String genre;
    public literature(){}
    public literature(String genre)
    {
        this.genre = new String(genre);
    }

    public String getGenre()
    {
        return "This is a " + genre + ".";
    }
}
```

【例 3-7】

```
novel.java
public class novel extends literature{
    private String title;
    private String writer;
    public novel(String title)
    {
        super("novel");
        this.title = title;
        this.writer = "Unknow";
    }
    public novel(String title, String writer)
    {
```

```
        super("novel");
        this.title = title;
        this.writer = writer;
    }

    public String getInfo()
    {
        return getGenre() + " \nTitle: " + title + " \nWriter: " + writer;
    }

    public static void main(String[] args)
    {
        novel n = new novel("The devil wears prada", "Lauren Weisberger");
        System.out.println(n.getInfo());
    }
}
```

运行 novel.java 的结果为：

```
This is a novel.
Title: The devil wears prada
Writer: Lauren Weisberger
```

1. super 关键字

super 是 Java 语言的关键字，用来表示直接父类的引用。如前一节所述，如果想在子类中使用父类的构造方法就需要这个 super()方法。另外，如果在子类中，希望使用父类中那些被子类覆盖的成员，也需要利用 super 实现。

2. 通用父类 Object

Object 通用父类的概念在项目二中已经重点介绍过了，表 3-1 罗列了一些经常用到的 Object 类中的一些 public 属性的成员方法。

表 3-1　Object 类中的 public 的成员方法

成员方法	描述
getClass()	该成员方法返回一个 Class 对象，该对象内部包含了一些能够标志当前对象的信息
hashCode()	该成员方法计算一个对象的哈希码，并将其返回。在每一次运行 Java 程序时，都要为每个对象计算一个哈希码，这是对象的唯一标志
notify()	该成员方法可以唤醒一个与当前对象关联的线程
notifyAll()	该成员方法可以唤醒与当前对象关联的所有线程
wait()	该成员方法将导致线程等待一个指定的时间间隔，或等待另一个线程调用当前对象的 notify()或 notifyAll()方法
clone()	创建并返回对象的一个副本
finalize()	当垃圾回收器确定不存在对该对象的更多引用时，由对象的垃圾回收器调用此方法

3.2 任务二 构建三角形类、长方形类和椭圆形类

问题情境及实现

本任务主要是构建三角形类、长方形类和椭圆形类。从上一任务我们知道，这些类都是 Shape 类的子类，但是这一任务里构造的子类并不是通过继承 Shape 类的一些属性和方法来完成，而是通过利用隐藏和多态性技术来实现系统的灵活性、理解性和扩展性。

3.2.1 成员变量的继承与隐藏

在 Java 语言中，子类将继承父类中除私有访问属性的所有成员变量，除此之外还可以再自定义一些成员变量。这些自定义的成员变量有时根据需求（为了扩展父类的描述细节）可能会被定义成与父类中的成员变量一样的名字，这时新定义的成员变量就会将父类中同名的成员变量隐藏起来，使之更适用于描述特定的对象类型。

当然，这种情况在实际编程中出现的并不多，一般不建议这样设置。

3.2.2 成员方法的重载和覆盖

在项目二中，我们曾经讲过成员方法重载的概念。这里为了区分学习，我们将两种概念都罗列如下。

重载：子类中定义的某个成员方法只是与父类中的某个成员方法的名字相同，称为成员方法的重载。重载的目的主要是扩展父类中某项操作的接口形式，使之更加适用于子类对象的操作，提高系统操作的方便性和灵活性。

覆盖：子类中定义与父类具有相同签名（即形参表完全相同）的成员方法。这些方法起到了覆盖父类相应成员方法的作用，因此又称为成员方法的覆盖。如果在子类定义的方法体中，首先调用父类的相应成员方法，然后再添加一些处理，这是对父类相应成员方法功能的补充和增强。如果在子类定义的方法体中，没有调用父类中相应的成员方法，而是直接重写了整个方法体，则是对父类中相应的成员方法的单纯覆盖。

【例 3-8】 成员方法重载和覆盖的对比例子，注意它们的不同和结果。

程序 A：

```java
public class Test {
    public static void main(String[] args)
    {
        A a = new A();
        a.p(10);
    }
}

class B {
```

```java
        public void p(int i) {
        }
    }

    class A extends B {
        public void p(int i) {
            System.out.println(i);
        }
    }
```

运行结果：

10

程序 B：

```java
    public class Test {
        public static void main(String[] args)
        {
            A a = new A();
            a.p(10);
        }
    }

    class B {
        public void p(int i) {
        }
    }

    class A extends B {
        public void p(double i) {
            System.out.println(i);
        }
    }
```

运行结果：
什么都不显示。

3.2.3 多态性的实现

1. 动态绑定

在 Java 语言中，多态性的实现是完全建立在继承机制之上的。对于同一个消息，不同的类对象可以产生出不同结果的现象就是多态性。在 Java 语言中，多态性是指不同类对象调用同一个签名的成员方法，却执行不同的代码段的现象。在程序设计阶段，它指的是一个给定类型的变量可以引用不同类型的对象，并且能够自动地调用变量所引用的对象类型的特定成员方法，这就是针对某个成员方法的调用，将根据应用这个调用的对象类型得到不同的操作行为。在 Java 程序中，实现这种处理机制的方法是利用指向父类对象的引用可以指向其子类对象的特征，使用该引用调用成员方法，并根据该父类引用所指的当前对象类型，确定调用哪个成员方法。由于直到程序执行时才会知道该父类引用所指对象的类型,因此选择执行哪一个成员方法,只有在程序执行时才能够动态地确定,而在程序编译时不能确定,这种连接机制称为动态绑定。

【例 3-9】 利用多态性构建的三角形类、长方形类和椭圆形类。Shape 图形类是所有图形的一个抽象的总称,具体来讲有三角形、长方形和椭圆形,在这些类中,都有一个 type()方法用来返回图形的自身特点。

```
import java.util.Random;
class Shape
{
    protected Color color;
    protected Point point;

    public Shape (Color color, Point point)
    {
        this.color = color;
        this.point = point;
    }

    public String Type(){return " ";}
}

class Rectangle extends Shape
{
    public Rectangle (Color color, Point point)
    {
        super(color, point);
    }

    public String Type()
    {
        return "Rectangle";
    }
}

class Triangle extends Shape
{
    public Triangle (Color color, Point point)
    {
        super(color, point);
    }

    public String Type()
    {
        return "Triangle";
    }
}

class Eclipse extends Shape
{
    public Eclipse (Color color, Point point)
    {
```

```
            super(color, point);
        }

        public String Type()
        {
            return "Eclipse";
        }
    }

    public class ShapeTest {
        public static void main(String[] args)
        {
            Color color = new Color(50, 100, 150);
            Point point = new Point(50, 50);
            Shape[] theShape = {
                new Rectangle(color, point),
                new Triangle(color, point),
                new Eclipse(color, point)
            };

            Shape shapechoice;
            Random select = new Random();
            for (int i = 0; i < 10; i++)
            {
                shapechoice = theShape[select.nextInt(theShape.length)];
                System.out.println("The " + (i + 1) +" type you chose is: " + shapechoice.Type());
            }
        }
    }
```

运行结果：

```
The 1 type you chose is: Triangle
The 2 type you chose is: Eclipse
The 3 type you chose is: Rectangle
The 4 type you chose is: Rectangle
The 5 type you chose is: Rectangle
The 6 type you chose is: Rectangle
The 7 type you chose is: Triangle
The 8 type you chose is: Rectangle
The 9 type you chose is: Triangle
The 10 type you chose is: Rectangle
```

2. 多态性的实现原理

【例 3-10】 仔细观察本例的类结构和运行结果。

```
public class ObjectDemo {
    public static void main(String[] main)
    {
        demo(new GraduateStudent());
        demo(new Student());
```

```java
        demo(new Person());
        demo(new Object());
    }

    public static void demo(Object x)
    {
        System.out.println(x.toString());
    }
}

class GraduateStudent extends Student {

}

class Student extends Person {
    public String toString()
    {
        return "Student";
    }
}

class Person extends Object {
    public String toString()
    {
        return "Person";
    }
}
```

运行结果:

```
Student
Student
Person
java.lang.Object@b1406b
```

前面讲过的多态性和覆盖都是以两个类为例讲述的，实际上，在多个类连续继承的情况下也是仍然成立的。动态绑定工作机制如下：假设对象 obj 是类 C_1, C_2, …, C_{n-1}, C_n 的实例，其中 C_1 是 C_2 的子类，C_2 是 C_3 的子类…C_{n-1} 是 C_n 的子类，如图 3-7 所示。也就是说，C_n 是最一般的类，C_1 是最特殊的类。在 Java 中，C_n 就是 Object 类。如果对象 obj 调用一个方法 p，Java 虚拟机依次在类 C_1, C_2, …, C_{n-1}, C_n 中查找方法 p 的实现，直到找到为止。一旦找到一个实现，停止查找并调用这个第一次找到的实现。

多态性一般允许方法使用范围更广的对象参数，这称为一般程序设计。如果一个方法的参数类型是父类，可以向该方法传递这个参数子类的任何对象。当在一个方法中使用一个对象时，动态地决定调用该对象方法的具体实现。

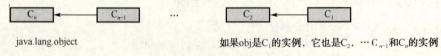

图 3-7 被调用的方法在运行时动态绑定

3.3 任务三 构建正方形类和圆形类

问题情境及实现

前面我们已经学习过继承和多态，知道子类可以继承父类，并根据自身特点再添加或改变一些属性和方法。例如正方形类是矩形类的子类，它的每条边都是一样长，而矩形又是图形类的子类，它有具体的长和宽，圆的情形也一样。在面向对象程序设计中，通过对正方形的特征分析，可以抽象出正方形类；对矩形的特征分析，可以抽象出矩形类；而对它们的进一步分析可以抽象出图形类。实际上，图形类只是一个抽象的概念，任何一个图形，例如正方形或矩形都可以称为图形，它不能实例化，但却拥有所有图形的共性。在本任务中，将会讲述如何设计和建立抽象类、接口以及包。

相关知识

3.3.1 抽象类

如果自下而上仰视类的继承层次结构，位于上层的类更具有通用性，甚至可能更加抽象。从某种角度来看，祖先类更加通用，人们只将它作为派生其他类的基类，而不作为想使用的特定的实例类。回想一下【例 3-9】的 Shape 类的层次扩展。一个矩形是一个类，一个三角形也是一个类，然而为什么还要花费精力来设计 Shape 类呢？每个图形类中都有 Color 类对象和 Point 类对象，因此可以将这些属性相关的 get 和 set 方法放置到更高层的通用超类中。在 Shape 类中还有一个 Type()方法，它用来返回一个简短的对于一个图形的描述。

例如，

三角形：Triangle

矩形：Rectangle

在矩形类或者三角形类中很容易就能完成这个方法，但是 Shape 类是没有具体的图形描述的，它本身就是所有图形的一个抽象概念，所以我们就将它以及 Type()方法设定为一种抽象形式：

抽象类定义：

```
public abstract class Shape
{
//成员变量和方法
}
```

抽象方法定义：

```
public abstract void Type();          //注意，这里没有方法体
```

抽象方法充当着占位的角色，它们的具体实现在子类。扩展抽象类可以有两种选择。一种是在子类中定义部分抽象方法或抽象方法也不定义，这样就必须将子类也标记为抽

象类;另一种是定义全部的抽象方法,这样一来,子类就不是抽象的了。

例如,通过扩展 Shape 类,并实现 Type()方法来定义 Rectangle 类,由于在 Rectangle 类中不再有抽象方法,所以不必将这个类声明为抽象类。

类即使不含抽象方法,也可以将这个类声明为抽象的。

抽象类不能被实例化。也就是说,如果将一个类声明为 abstract,就不能创建这个类的对象。

例如:

```
new Shape(color, point);
```

就是错的,但可以创建一个具体子类的对象。

需要注意,可以定义一个抽象类的对象变量,但是它只能引用非抽象子类的对象。
例如:

```
Shape shape = new Rectangle(color, point);
```

Shape 是一个抽象类对象,它引用了一个非抽象子类 Rectangle 的对象。

【例 3-11】 抽象类示例。

```
package shapeAbs;

import java.util.Random;

abstract class Shape {
    protected Color color;
    protected Point point;

    public Shape (Color color, Point point)
    {
        this.color = color;
        this.point = point;
    }

    public abstract String Type();
}

class Rectangle extends Shape
{
    public Rectangle (Color color, Point point)
    {
        super(color, point);
    }

    public String Type()
    {
        return "Rectangle";
    }
}

class Triangle extends Shape
```

```java
{
    public Triangle (Color color, Point point)
    {
        super(color, point);
    }

    public String Type()
    {
        return "Triangle";
    }
}

class Eclipse extends Shape
{
    public Eclipse (Color color, Point point)
    {
        super(color, point);
    }

    public String Type()
    {
        return "Eclipse";
    }
}

public class ShapeTest {
    public static void main(String[] args) {
        Color color = new Color(50, 100, 150);
        Point point = new Point(50, 50);
        Shape[] theShape = {
            new Rectangle(color, point),
            new Triangle(color, point),
            new Eclipse(color, point)
        };

        Shape shapechoice;
        Random select = new Random();
        for (int i = 0; i < 10; i++)
        {
            shapechoice = theShape[select.nextInt(theShape.length)];
            System.out.println("The " + (i + 1) +" type you chose is: " + shapechoice.Type());
        }
    }
}
```

运行结果:

```
The 1 type you chose is: Rectangle
The 2 type you chose is: Eclipse
The 3 type you chose is: Triangle
The 4 type you chose is: Eclipse
```

```
The 5 type you chose is: Rectangle
The 6 type you chose is: Eclipse
The 7 type you chose is: Eclipse
The 8 type you chose is: Eclipse
The 9 type you chose is: Eclipse
The 10 type you chose is: Triangle
```

3.3.2 接口

1. 概念

Java 语言中提供的接口是一种特殊的抽象类，其内部只允许包含常量和抽象方法。使用接口的主要目的是规范公共的操作接口，而不是具体描述每个操作的实现细节。接口在许多方面与抽象类相近，但是抽象类除了包含常量和抽象方法外，还可以包含变量和具体方法。

在 Java 中，接口被认为是特殊的类，每个接口编译为独立的字节码文件。与抽象类一样，接口不能使用 new 操作符创建接口的实例对象，但是在大多数情况下，使用接口就像使用抽象类一样，唯一不同是，一个类只能继承一个抽象类，但可以实现多个接口，实现多态性，这些父接口之间需要使用逗号隔开。与类一样，接口也可以继承，即在已有的接口基础上，定义子接口。

在实现接口时需要注意：如果在类定义时，指明实现某个接口，但在类中并没有覆盖接口中的所有抽象方法，则这个类就必须被声明成抽象类，即在 class 关键字之前加上 abstract。如果没有这样做就会产生编译错误。

2. 接口的声明和实现

接口的声明格式为：

```
[public] interface interfacename
{
    常量声明;
    抽象方法声明;
}
```

本小节将创建一个自定义接口。假如要描述一件艺术品可以卖多少钱，则可以声明一个价钱接口 Price 如下：

```
public interface Price {
    public String howmuch();
}
```

为了说明一件艺术品的价值，就需要对象的类必须实现接口 Price。下面创建两个类。

【例 3-12】 创建了一个名为 Artist（艺术家）的类和它的子类 Master（大师）、Professor（教授）、Student（艺校学生）。由于大师和教授制作的艺术品都可以估价，而学生的还不能，所以让 Master 类和 Professor 类实现接口 Price。

```
class Artist{
}
```

```java
class Master extends Artist implements Price {
    protected String degree;
    protected String experience;

    public Master () {}

    public Master (String degree, String experience)
    {
        this.degree = degree;
        this.experience = experience;
    }

    public String howmuch()
    {
        return "Standard of a master is: 200 000$.";
    }
}

class ArtStudent extends Artist {
}
```

【例 3-13】 创建了一个名为 Art（艺术品）的类和它的子类 Stone（石器艺术品）和 Porcelain（瓷器艺术品）。由于所有种类的艺术品都可以估价，所以 Art 艺术品类实现 Price 接口。Art 类是抽象类，因为当不知道艺术品具体是什么种类时，无法实现 howmuch() 方法，所以在具体的 Stone 类和 Porcelain 类中给出具体的实现方法。

```java
abstract class Art implements Price {
}

class Stone extends Art {
    public String howmuch()
    {
        return "Standard of a Stone art is: 100 000$.";
    }
}

class Porcelain extends Art {
    public String howmuch()
    {
        return "Standard of a Porcelain art is: 300 000$.";
    }
}
```

【例 3-14】 测试程序。

```java
public class TestPrice {
    public static void main(String[] args) {
        Object[] objects = {new Master(), new ArtStudent(), new Stone(), new Porcelain()};
        for (int i = 0; i < objects.length; i++)
            showResult(objects[i]);
```

```
        }
        public static void showResult(Object obj)
        {
            if (obj instanceof Price)
                System.out.println(((Price)obj).howmuch());
        }
}
```

3.3.3 包

在 Java 语言中,包是类和接口的集合。将所有的类和接口按功能分别放置在不同的包中有两点好处:一是便于将若干个已存在的类或者接口整体地加载到程序中;二是避免出现类名冲突的现象。Java 语言规定,在一个包中不允许有相同名称的类文件,但对于不同包中的类文件却没有这种限制。这是因为加载每个类时,必须指明该类所在的包名,以此区别不同包中的类。

▶1. 创建包

在 Java 中,包的概念是通过创建目录实现的。所谓创建一个包就是用包的名字在文件系统下创建一个目录,在这个目录下将存储所有需要的类文件和接口文件,也可以在其中创建子包。

创建包且将类文件放入其中的语法格式:

```
package 包名;
```

例如:

```
package shapeTest;
```

包语句必须是文件中的第一条语句。如果在一个类文件中,包含了这样一条语句,系统就会自动地在指定路径下寻找有这个名字的目录。如果不存在,则会立即创建该目录,并将文件放置其中。当然可以在一个文件中引用来自不同包的类或者接口,这些类和接口都定义在不同包的不同文件中。

一个类文件也可以定义在一个子包中,其定义格式为:

```
package userPackage1.userPackage2.userPackage3;
```

其中,userPackage2 是 userPackage1 的子包,userPackage3 是 userPackage2 的子包,类文件就定义在 userPackage3 中。

默认情况下,大部分代码都没有使用包语句来确定放置位置,在 Java 语言中,这些类文件都将放置在一个无名的包中。

▶2. 加载包

对于包中具有 public 访问属性的类或者接口,可以通过导入语句 import 将其加载到程序代码中,并通过类名或接口名引用这些类或者接口。一般情况下,不建议直接将类名和所在包的路径写在一起,例如:

```
java.util.Date today = new java.util.Date();
```

以上写法并不提倡,最好用导入语句将类 Date 引入程序中,例如:

```
import java.util.Date;
```

或者

```
import java.util.*;
…
Date today = new Date();
```

加载的时候,可以用"*"代替所要引入的类或者接口,并将包内所有的类和接口全部引入。也可以指明想要引入的类或者接口。

例如:

```
import java.io.*;
```

和

```
import java.lang.Math;
```

表 3-2 是一张标准包的清单。

表 3-2 标准包

包 名	描 述
java.lang	包含 Java 语言所使用的基础类。例如,Math 类。对于所有的类文件,系统自动地将这个包加载进去,而不需要使用导入语句
java.io	包含支持输入/输出操作的所有标准类
java.awt	包含支持 Java 的图形用户接口 GUI 的标准类
javax.swing	提供支持 Swing 的 GUI 组件的类。它较之 java.awt 中提供的类更灵活、更易用,功能更强大
javax.swing.border	支持生成 Swing 组件的边框类
javax.swing.event	支持 Swing 组件的事件处理类
java.awt.event	包括支持事件处理的类
java.awt.geom	包含用二维图元绘图的类
java.awt.image	包含支持图像处理的类
java.applet	包含编写 Applet 程序的类
java.util	包括支持管理数据集合、访问数据和时间信息,以及分析字符串的类
java.util.zip	包含支持建立 .Jar 文件的类
java.sql	包含支持使用标准 SQL 对数据库访问的类

3.3.4 知识拓展:MVC 设计模式

MVC 英文为 Model-View-Controller,即把一个应用的输入、处理、输出流程按照 Model、View、Controller 的方式进行分离,这样一个应用被分成三个层——模型层、视图层、控制层。

1. 视图

视图（View）代表用户交互界面，对于 Web 应用来说，可以概括为 HTML 界面，但有可能为 XHTML、XML 和 Applet。随着应用的复杂性和规模性，界面的处理也变得具有挑战性。一个应用可能有很多不同的视图，MVC 设计模式对于视图的处理仅限于视图上数据的采集和处理，以及用户的请求，而不包括在视图上的业务流程的处理。业务流程的处理交予模型（Model）处理。比如一个订单的视图只接受来自模型的数据并显示给用户，以及将用户界面的输入数据和请求传递给控制和模型。

2. 模型

模型（Model）就是业务流程/状态的处理以及业务规则的制定。业务流程的处理过程对其他层来说是黑箱操作，模型接受视图请求的数据，并返回最终的处理结果。业务模型的设计可以说是 MVC 最主要的核心。目前流行的 EJB 模型就是一个典型的应用例子，它从应用技术实现的角度对模型做了进一步的划分，以便充分利用现有的组件，但它不能作为应用设计模型的框架。它仅仅告诉你按这种模型设计就可以利用某些技术组件，从而减少了技术上的困难。对一个开发者来说，就可以专注于业务模型的设计。MVC 设计模式告诉我们，把应用的模型按一定的规则抽取出来，抽取的层次很重要，这也是判断开发人员是否优秀的设计依据。抽象与具体不能隔得太远，也不能太近。MVC 并没有提供模型的设计方法，而只告诉你应该组织管理这些模型，以便于模型的重构和提高重用性。我们可以用对象编程来做比喻，MVC 定义了一个顶级类，告诉它的子类你只能做这些，但没法限制你能做这些。这点对编程的开发人员非常重要。

业务模型还有一个很重要的模型，那就是数据模型。数据模型主要指实体对象的数据保存（持续化）。比如将一张订单保存到数据库，从数据库获取订单。我们可以将这个模型单独列出，所有有关数据库的操作只限制在该模型中。

3. 控制

控制（Controller）可以理解为从用户接收请求，将模型与视图匹配在一起，共同完成用户的请求。划分控制层的作用也很明显，它清楚地告诉你，它就是一个分发器，选择什么样的模型，选择什么样的视图，可以完成什么样的用户请求。控制层并不做任何的数据处理。例如，用户点击一个链接，控制层接受请求后，并不处理业务信息，它只把用户的信息传递给模型，告诉模型做什么，选择符合要求的视图返回给用户。因此，一个模型可能对应多个视图，一个视图可能对应多个模型。

3.4 综合实训：构建多边形类

多边形与矩形和圆形不同，不能靠边长或半径确定周长和面积。多边形是通过一系列有序的点连接成线而确定图形的，所以 Point 类是最重要的。

【例 3-15】 设计一个链表用来存储所有的节点。

```java
Point.java
public class Point implements Cloneable{
    private int x, y;

    public Point()
    {
        x = 0;
        y = 0;
    }
    public Point(int x, int y)
    {
        this.x = x;
        this.y = y;
    }
    public Point(Point point)
    {
        x = point.x;
        y = point.y;
    }

    public int getX()
    {
        return x;
    }
    public int getY()
    {
        return y;
    }
    public void setPoint(int x, int y)
    {
        this.x = x < 0? 0 : x;
        this.y = y < 0? 0 : y;
    }

    public String toString()
    {
        return "(" + x + "," + y + ")";
    }

    public Object clone() throws CloneNotSupportedException
    {
        return super.clone();
    }
}

Node.java
public class Node implements Cloneable{
    private Point point;
    private Node next;
```

```java
    public Node (Point point)
    {
        this.point = point;
        this.next = null;
    }

    public void setNext(Node node)
    {
        next = node;
    }
    public Node getNext()
    {
        return next;
    }
    public String toString()
    {
        return point.toString();
    }
    public Object clone() throws CloneNotSupportedException
    {
        Node c = (Node)super.clone();
        c.point = (Point)point.clone();
        c.next = (Node)next.clone();
        return c;
    }
}

Ploygen.java
public class Ploygen implements Cloneable{
    private Node start;
    private Node end;

    public Ploygen(Point[] points)
    {
        if (points != null)
            start = new Node(points[0]);
        end = start;
        for (int i = 1; i < points.length; i++)
            addPoint(points[i]);

    }

    public void addPoint(Point point)
    {
        Node newEnd = new Node(point);
        if (start == null)
            start = newEnd;
        else
            end.setNext(newEnd);
        end = newEnd;
    }
```

```java
    public void addPoint(int x, int y)
    {
        addPoint(new Point(x, y));
    }

    public String toString()
    {
        StringBuffer str = new StringBuffer("Ploygen point: ");
        Node next = start;
        while (next != null)
        {
            str.append(" " + next);
            next = next.getNext();
        }
        return str.toString();
    }

    public Object clone() throws CloneNotSupportedException
    {
        Node pre_c, next_c;
        Ploygen shape = (Ploygen)super.clone();
        if (start != null)
        {
            shape.start = (Node)start.clone();
            pre_c = shape.start;
            Node p = start.getNext();
            while (p != null)
            {
                next_c = (Node)p.clone();
                pre_c.setNext(next_c);
                pre_c = next_c;
                p = p.getNext();
            }
            if (end != null)
            {
                shape.end = (Node)end.clone();
                pre_c.setNext(shape.end);
            }
        }
        return shape;
    }
    public static void main (String[] args)
    {
        Point[] points = new Point[10];
        for (int i = 0; i < 10; i++)
            points[i] = new Point(i, i + 1);
        Ploygen ploy = new Ploygen(points);
        System.out.println(ploy);
        ploy.addPoint(12, 12);
        System.out.println(ploy);
    }
}
```

运行结果：
```
    Ploygen point:   (0,1) (1,2) (2,3) (3,4) (4,5) (5,6) (6,7) (7,8) (8,9) (9,10)
    Ploygen point:   (0,1) (1,2) (2,3) (3,4) (4,5) (5,6) (6,7) (7,8) (8,9) (9,10) (12,12)
```

3.5 拓展动手练习

1．试定义一个线性表类，然后在此基础上再定义一个有序线性表类。
2．请为学校中教师的工作证和学生的学生卡设计一个类体系结构，尽可能保证代码的重用率。

3.6 习题

1．Java 语言是如何实现继承和多态机制的？
2．子类继承了父类的哪些成员？什么情况属于子类重载父类的成员方法？什么情况属于子类覆盖父类的成员方法？它们分别有什么主要步骤？
3．简述 Java 程序实现多态性的主要步骤。
4．什么是接口？接口有何用途？如何实现接口？
5．为排序操作设计一个接口，并让顺序结构和链式结构实现这个接口。

项目四
面向对象软件开发

在前面几个项目中,我们已经介绍了基本的对象、类、类的继承和接口这些面向对象程序设计的主要内容。在本项目中,我们将主要介绍如何利用前面的知识开发一个面向对象软件系统,以及在开发这个系统中都要考虑哪些问题。在熟练掌握基本的面向对象编程基础上,解决了这些问题才能使开发的软件系统和开发技术更加成熟化、科学化和人性化。

在本项目中,将简要介绍软件开发过程的主要概念,并着重阐述面向对象的软件开发方法。

4.1 任务一 软件开发过程

开发软件项目是一个设计和实施项目的过程。无论大小,软件产品都有类似的开发步骤:需求规范、系统分析、设计、实现、测试、部署和维护。不同的软件开发商,针对不同的开发项目可能会采用不同的方式组织和实施上述的步骤,而且每个步骤投入的精力和花费也可能不同。软件开发模型正是针对不同的开发过程、活动和任务的抽象描述。选择合适的软件开发模型会有利于整个软件开发过程的效率、软件产品的质量,以及日后的维护工作。

4.1.1 软件开发的主要问题

"软件工程"一词来源于北大西洋公约组织(NATO)在 1968 年举办的首次软件工程学术会议,会中提出了"软件工程"来界定软件开发所需相关知识,并建议"软件开发应该是类似工程的活动"。软件工程自 1968 年正式提出至今,积累了大量的研究成果,广泛地进行大量的技术实践,借由学术界和产业界的共同努力,软件工程正逐渐发展成为一门专业学科。

软件工程的定义:
- 创立与使用健全的工程原则,以便经济地获得可靠且高效率的软件。
- 应用系统化,遵从原则,可被计量的方法来发展、操作及维护软件;也就是把工程应用到软件上。
- 与开发、管理及更新软件产品有关的理论、方法及工具。
- 一种知识或学科(discipline),目标是生产品质良好、准时交货、符合预算,并满足用户所需的软件。

- 实际应用科学知识在设计、建构电脑程式，与随之产生的文件，以及后续的操作和维护上。
- 使用与系统化生产和维护软件产品有关之技术与管理的知识，使软件开发与修改可在有限的时间与费用下进行。
- 建立由工程师团队所开发之大型软件系统有关的知识学科。
- 对软件分析、设计、实施及维护的一种系统化方法。
- 系统化地应用工具和技术于开发以计算机为主的应用。
- 软件工程是关于设计和开发优质软件。

软件工程定义了软件开发的具体过程、要求交付的文档资料等一些与软件开发有关的规则，为更加有效地应用软件工程方法和软件工具，开发高质量的软件产品提供了可靠的保证。

虽然现在已经出现了各种功能强大的优秀软件工具，但它也只能用来辅助和支援软件开发和维护，使用它只能自动地或半自动地生成部分软件产品内容。目前，软件开发主要面临以下几个问题。

1. 软件可靠性

软件可靠性是指软件系统能否在既定环境下运行并达到预期的结果。软件产品能够正确运行，并在任何状况下不会对系统产生破坏是至关重要的。尽管通过对软件进行测试和调试能够减少很大一部分的错误，也没有人能够保证开发出来的软件产品没有错误，就是知名公司开发出的系统软件也不例外。但可以通过选择好的开发方法，规范开发过程，来减少开发过程中可能出现的错误，提高软件产品的可靠性。

2. 软件生产率

计算机硬件的迅猛发展，带动了人们对软件需求的急剧增长。与计算机硬件的发展速度相比，软件的生产效率极其低下。通常，从开始投入人力、物力分析用户的需求，到软件投入使用，少则需要一两年，多则需要四五年，由此带来了很多的难题。比如，软件开发周期过长，增加了在软件开发上的投入，但随着时间变化，用户的需求也在不断变化，最终变得跟原始需求大相径庭，这时开发出来的软件早已经不能够满足客户要求了，产品也只能被废弃。这严重地挫伤了广大用户应用计算机的热情。

3. 软件重用性

计算机硬件与应用目的无关，即不管使用计算机开发软件，还是利用计算机玩游戏、上网浏览信息还是制作动画、图像处理，计算机硬件都不会随之变化，即不会有专门的为某一功能而生产的硬件。但软件则正好相反，不同的应用领域要开发不同的应用软件，而在同一领域还因为部门和分工等方面的差异，软件的需求也会有很多不同。所以，能否模仿计算机硬件的制造模式，将软件制作成标准构件，然后根据用户的需求将它们组装起来，使软件开发从语句级编写到构建级组装，从无规范状态到规范化生产，这将是每个从事软件开发人士的愿望。如果上述真的能够实现，那么以后软件开发者只需要处理和分析客户需求的问题，明白客户要求后，按照要求到市场上寻找合适的软件构件包，购买这些软件构件包后，再根据客户要求将它们组装起来，就像自己组装机器一样简单，这样就会大大缩短软件的开发周期,提高生产效率。另外,由于这些软件构件都是由专业人士按照一系列规范开发的,通常都会通过严格的测试,所以自然会降低软件产品的出错频率,为保证质量创造了良好的条件。

4. 软件维护性

多么优秀的开发团队或是多么著名的软件开发公司也都无法声明保证自己开发的软件在用户使用过程中不会出现任何错误,这是软件产品区别于其他商品的地方,你无法为一个软件设定三包或者 7 天退换。自然,日后的维护工作就显得格外重要,然而在修改或者完善软件产品的过程中一样不可避免会出现新的错误或漏洞,这些也是软件维护阶段需要面对的问题。越是通用性强的软件产品,维护需求就越大,成本也越高。良好的软件开发方法可以降低维护的复杂度,延长软件使用的生命期。

软件工程化的目的就是要很好地解决上述几个问题,规范软件开发的各个阶段工作,使软件开发行业逐步工业化,并沿着这个轨道健康有序地向前发展。

4.1.2 软件开发的生命周期

软件工程是按照工程化的方法组织和管理软件的开发过程。它将软件开发过程划分成若干个阶段,每个阶段按照指定的规范标准完成相应的任务。软件的生命周期是指从提出需求开始到具体开发过程最后到这个软件被废弃的整个过程。具体来说,整个过程包括:需求规范、系统分析、系统设计、实现、测试、部署和维护,如图 4-1 所示。

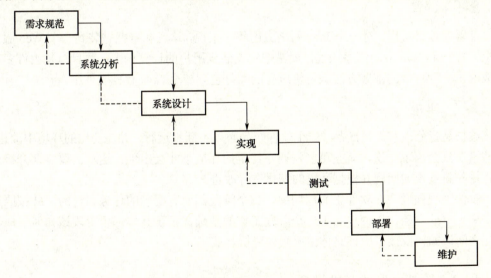

图 4-1　软件的生命周期

1. 需求规范

这是一个寻求理解问题、以文档详细说明软件系统需要做什么的形式过程。这一阶段需要用户和开发者密切交流。本书中的例子都很简单,它们的需求都已经很明显。然而,在现实世界中,问题没有明确定义,需要仔细与客户密切研究的问题还有很多。

2. 系统分析

系统分析是根据数据流分析业务流程，并确认系统的输入/输出。分析的部分工作是建立系统行为的模型，这个模型要捕捉系统的基本元素并定义系统的服务。

3. 系统设计

系统设计是整个软件项目开发的核心阶段，主要由系统设计员承担。在这个阶段中，软件设计人员需要根据软件需求规格说明书，设计出系统的总体结构，划分好模块，并确定各个模式之间的相互关系以及每个模块所应该完成的任务。如果说需求分析阶段主要的任务是确定系统应该"做什么？"，那么系统设计阶段就是要确定系统应该"如何做？"。

4. 实现

这是将系统设计翻译成程序的过程。为每个构件编制相对独立的程序，将它们组合起来协调工作。这个阶段需要使用程序设计语言，例如 Java 语言或者 C++语言。实现包括编码、测试和调试。

5. 测试

测试能够确保代码符合需求规范并且排除错误。通常由一组不参与设计和实现、与项目无关的软件工程师进行测试。

6. 部署

部署使项目可用。对一个 Java 网络应用程序来说，这意味着把它装到一个 Web 服务器上。对一个 Java 应用程序来说，就是把它安装到用户的计算机上。项目总是由许多类组成的，一种有效的部署方法就是将所有的类打包到一个 Java 存档文件中。

7. 维护

维护是指修改和改进产品。一个软件产品必须不断地运行，并在变化的环境中改进。有些错误只会出现一次，有些可能需要在特定的环境下才会出现，这就需要定期升级产品，排除新发现的问题并根据环境的变化进行改进。

软件工程强调，在软件生命周期中，每个阶段都要有明确的任务和目的，并按照规范产生一定的文档，以便作为下一个阶段工作的基础，至于具体每个阶段该如何完成，彼此之间该如何衔接，应该具体情况具体分析。

4.1.3 软件开发的开发模型

软件开发模型是指软件开发全部过程、活动和任务的结构框架。软件开发模型能够清晰、直观地表达软件开发的全过程，明确规定了要完成的主要活动和任务，用来作为软件项目工作的基础，并起到指导和规范化开发过程的作用。对不同的软件系统，可以采用不同的开发方法和开发模式。比较有代表性的有瀑布模型、演化模型、喷泉模型、螺旋模型、原型开发模型和基于构件的开发模型。

1. 瀑布模型

1970年温斯顿·罗伊斯（Winston Royce）提出了著名的"瀑布模型"，直到20世纪80年代早期，它一直是唯一被广泛采用的软件开发模型。瀑布模型核心思想是按工序将问题化简，将功能的实现与设计分开，便于分工协作，即采用结构化的分析与设计方法将逻辑实现与物理实现分开。将软件生命周期划分为制订计划、需求分析、软件设计、程序编写、软件测试和运行维护等六个基本活动，并且规定了它们自上而下、相互衔接的固定次序，如同瀑布流水，逐级下落。瀑布模型是最早出现的软件开发模型，在软件工程中占有重要的地位，它提供了软件开发的基本框架。其过程是从上一项活动接收该项活动的工作对象作为输入，利用这一输入实施该项活动应完成的内容给出该项活动的工作成果，并作为输出传给下一项活动。同时评审该项活动的实施，若确认，则继续下一项活动；否则返回前面，甚至更前面的活动。对于经常变化的项目而言，瀑布模型毫无价值。

2. 演化模型

演化模型是一种全局的软件（或产品）生存周期模型，属于迭代开发方法。

该模型可以表示为：第一次迭代（需求→设计→实现→测试→集成）→反馈→第二次迭代（需求→设计→实现→测试→集成）→反馈→……

即根据用户的基本需求，通过快速分析构造出该软件的一个初始可运行版本，这个初始的软件通常称之为原型，然后根据用户在使用原型的过程中提出的意见和建议对原型进行改进，获得原型的新版本。重复这一过程，最终可得到令用户满意的软件产品。采用演化模型的开发过程，实际上就是从初始的原型逐步演化成最终软件产品的过程。演化模型特别适用于对软件需求缺乏准确认识的情况。

演化模型主要针对事先不能完整定义需求的软件开发。用户可以给出待开发系统的核心需求，并且当看到核心需求实现后，能够有效地提出反馈，以支持系统的最终设计和实现。软件开发人员根据用户的需求，首先开发核心系统。当该核心系统投入运行后，用户试用之，完成他们的工作，并提出精化系统、增强系统能力的需求。软件开发人员根据用户的反馈，实施开发的迭代过程。第一迭代过程均由需求、设计、编码、测试、集成等阶段组成，为整个系统增加一个可定义的、可管理的子集。在开发模式上采取分批循环开发的办法，每循环开发一部分的功能，它们成为这个产品原型的新增功能。于是，设计就不断地演化出新的系统。 实际上，这个模型可看作是重复执行的多个瀑布模型。

演化模型要求开发人员有能力把项目的产品需求分解为不同组，以便分批循环开发。这种分组并不是绝对随意性的，而是要根据功能的重要性及对总体设计的基础结构的影响而作出判断。有经验指出，每个开发循环以六周到八周为适当的长度。

3. 喷泉模型

喷泉模型是一种以用户需求为动力，以对象为驱动的模型，主要用于采用对象技术的软件开发项目。该模型认为软件开发过程自下而上周期的各阶段是相互迭代和无间隙的特性。软件的某个部分常常被重复工作多次，相关对象在每次迭代中随之加入渐进的软件成分。无间隙指在各项活动之间无明显边界，如分析和设计活动之间没有明显的界限，由于对象概念的引入，表达分析、设计、实现等活动只用对象类和关系，从而可以较为容易地实现活动的迭代和无间隙，开发人员可以同步进行开发，从而提高软件项目开发效率，节省开发时间。

喷泉模型不像瀑布模型那样，需要分析活动结束后才开始设计活动，设计活动结束后才开始编码活动。该模型的各个阶段没有明显的界限，开发人员可以同步进行开发。其优点是可以提高软件项目开发效率，节省开发时间，适应于面向对象的软件开发过程。由于喷泉模型在各个开发阶段是重叠的，在开发过程中需要大量的开发人员，因此不利于项目的管理。此外这种模型要求严格管理文档，使得审核的难度加大，尤其是面对可能随时加入各种信息、需求与资料的情况。

4. 螺旋模型

螺旋模型是一种演化软件开发过程模型，它兼顾了快速原型的迭代特征以及瀑布模型的系统化与严格监控。螺旋模型最大的特点在于引入了其他模型不具备的风险分析，使软件在无法排除重大风险时有机会停止，以减小损失。同时，在每个迭代阶段构建原型是螺旋模型用以减小风险的途径。螺旋模型更适合大型的昂贵的系统级的软件应用。

一个典型的螺旋模型应该由以下的步骤构成：
（1）明确本迭代阶段的目标、备选方案以及应用备选方案的限制。
（2）对备选方案进行评估，明确并解决存在的风险，建立原型。
（3）当风险得到很好的分析与解决后，应用瀑布模型进行本阶段的开发与测试。
（4）对下一阶段进行计划与部署。
（5）与客户一起对本阶段进行评审。

5. 原型开发模型

原型开发模型是一种比较容易被人接受的软件开发方式。所谓原型即为"样品"，其开发过程是首先根据用户提出的基本需求，借助程序自动生成工具或软件工程支持环境，尽快地构造一个能够反映用户基本需求的、可见的简化版模型系统作为样品。通过向用户提供原型获取用户的反馈，使开发出的软件能够真正反映用户的需求。同时，原型模型采用逐步求精的方式完善原型，使得原型能够快速开发，避免像瀑布模型一样在冗长的开发过程中难以应对用户多变的需求，而影响软件的发布和使用。如图 4-2 所示为原型模型开发示意图，原型开发模型将软件开发分为需求分析、构造原型、运行原型、评价原型和修改原型几个阶段，并且不断重复直到用户满意为止。

图 4-2　原型模型开发示意图

6. 基于构件的开发模型

基于构件的开发模型是一种基于分布面向对象技术、强调通过可复用构件设计与构造软件系统的软件复用途径。基于构件的软件系统中的构件可以是COTS（Commercial-Off-the-Shelf）构件，也可以是通过其他途径获得的构件（如自行开发），将软件开发的重点从程序编写转移到了基于已有构件的组装，可以更快地构造系统，减轻用来支持和升级大型系统所需要的维护负担，从而降低软件开发的费用，提高了开发效率。基于构件的开发模型融合了螺旋模型的许多特征，它本质上是演化型的，要求软件创建的迭代方法。但是由于过分依赖于构件，构件库的质量必然影响着产品质量。

4.2 任务二 面向对象的软件开发过程

简单地讲，面向对象设计是一种程序设计技术，它将重点放在数据（也就是对象）和接口上。用木匠打一个比方，一个"面向对象的"木匠始终关注的是所制作的椅子，第二位才是所使用的工具；一个"非面向对象的"木匠首先考虑的是所用的工具。在本质上，Java 的面向对象能力与 C++是一样的。

在现代社会，面向对象概念已经逐渐证明了自己的地位。一种现代的编程语言不使用面向对象技术简直让人难以置信。无论是Java、C++还是PHP都已经将这种概念渗透到自身深处。与C++和其他语言不同，Java没有多继承的概念，取而代之的是接口概念，不仅避免了多继承带来的复杂性而且还增加了自身语言的灵活性。

4.2.1 面向对象技术

面向对象方法在 20 世纪 60 年代提出，后来被应用于程序设计过程中，为了提高编程的效率和保证程序质量做出了巨大的贡献。后来，人们逐渐开始对这种方法有了更加深刻的认识，认为它不仅仅是在程序编写过程中被完善的技术，在整个软件项目的开发过程中同样应得到应用和重视。最终它演化出了我们今天所熟知的面向对象分析(OOA)、面向对象设计（OOD）、面相对象程序设计（OOP）和面向对象测试（OOT），一套比较成熟的体系结构。面向对象技术强调的是在软件开发过程中面向客观世界或问题域中的事务，采用人类在认识客观世界过程中普遍采用的思维方式，直观、自然地描述客观世界中的各种事务。实践证明，面向对象技术适用于各种领域，并在各种领域中都十分得心应手。

面向对象的技术核心是对象，对象可以用描述或代表现实生活中的各种事务，例如：一个学生、一名雇员、一台设备、一个用户界面或是一种数据结构。它是现实世界事务或概念的软件模型，任何一种事务都可以经过一定的步骤转化为对象。在软件系统中，对象由一组属性和行为组成。属性用来描述对象（或者客体事务）的状态，它是一种静态描述；行为是用来表示对对象属性的一组有效操作，其中可以包括设置属性值、获取属性值等方法。一般情况下，外界只能通过这个行为，即外部接口，来间接地访问对象的内部属性，这体现了对象的封装性对属性安全的保护。

类与对象是两个完全不同的概念，但它们之间又有密不可分的关系。类是对一组属性和行为都相同的事务的抽象，而对象则是事务的代表，它是类的实例化结果。类与对象是面向对象程序设计中的重要组成部分，在设计类时需要注意以下几个原则。

1. 内聚性

类应该描述一个实体，类的所有操作应该在逻辑上相互配合，支持一个共同的目标。例如，可以设置一个学生类，但不应该将职工类同时混入到一个类中，因为它们有各自不同的操作。

如果某个实体具有太多的责任，可以按职责分成几个类。例如，String 类、StringBuffer 类和 StringBuilder 类都用来处理字符串，但是它们各自按职责分成不同的类。String 类处理不可变字符串，StringBuilder 类是创建不可变字符串的，除 StringBuffer 类包含更新字符串的同步方法外，StringBuffer 与 StringBuilder 很相似。

Date、Calendar 和 GregorianCalender 类都是处理日期和时间的，但它们有不同的职责。Date 类表示具体的时间，Calendar 类是从具体时间中获得详细日历信息的抽象类，GregorianCalender 类实现具体的日历系统。

2. 一致性

遵循标准的 Java 编程风格和命名规则。给类、属性和方法选择有意义的名字。建议将数据的声明置于构造方法之前，将构造方法置于方法之前。

选择名字要一致。给相似的操作选择不同的名字并非好的习惯。例如，length()方法返回 String、StringBuilder 和 StringBuffer 的大小，而 size()方法用来返回 Collection 和 Map 的大小，最好使用相同的名字以确保一致性。

一般来说，为构造默认实例，应一致地提供一个公用无参构造方法。如果一个类不支持无参构造方法，解释其原因。如果没有显示定义的构造方法，系统就假定一个公用的默认无参构造方法。如果构造方法没有调用重载的构造方法或者它父类的构造方法，构造方法会调用父类默认的无参构造方法。

如果不想让用户创建类的对象，可以在类中声明私有的构造方法，就像 Math 类所做的一样。抽象类的构造方法总是声明为 protected。

3. 封装性

类应该使用 private 修饰符隐藏其数据，以免用户直接访问它，这使得类容易维护。

如果想让属性是可读的，只需提供 get 方法。如果想让属性是可更新的，应该提供 set 方法。例如，一些不可变类，为属性提供了 get 方法，但是不提供 set 方法。

一个类也应该隐藏不打算让用户使用的方法。例如，在前几个项目中，讲到的类的例子中定义了一些私有方法，这些方法只是在同一个类中被其他公有方法引用，并不作为可被用户使用的方法。

一个类可以提供两种合约：一种是对类的使用者，一种是对类的扩展者。如果是为了类的使用者，应该将属性都设置为 private 私有，将访问方法 get 和修改方法 set 都设置成 public 公有。如果是为了类的扩展者，应该将属性或方法都设为保护的 protected。扩展者的合约包含使用者的合约。扩展类可能将实例方法的可见性从保护的增加为公用的，或者可以修改它的实现，但是绝不能违反合约去修改实现。

4. 清晰性

为使设计清晰，内聚性、一致性和封装性是很好的设计原则，另外，类应该有一个很清晰的合约，易于解释和理解。

用户可以在多种不同的组合、以不同的顺序和在不同的环境中联合使用类。因此，所设计的类应该对用户没有使用时间和使用目的的限制，属性应该容许用户按值的任何顺序和任何组合来设置，所设计的方法应该与它们出现的顺序无关。可以按照任何顺序来设置这些属性的值。

方法应凭直觉定义，但不能产生混淆。

不能声明能从其他属性导出的属性。假设，Person 类中有两个属性：age 和 birthday，由于 age 可以从 birthday 算出，所以 age 不应该被声明为属性。

5. 完整性

类经常是为了多种不同用户的使用而设计的。为了能在广阔的应用范围内使用，类应该通过属性和方法提供多种方案以适应不同用户的不同需求。例如，为满足不同的应用要求，String 类包含了 50 多种方法，Calendar 类定义了很多时间属性并将其作为常量，Date 类有很多种不同格式的方法，用来响应不同的日期时间反馈要求。

6. 继承和聚集

继承与聚集之间的区别就是"是一个"关系与"有一个"关系之间的区别。例如，瓷器是一种艺术品，那么应该用继承来模拟瓷器类 Porcelain 与艺术品类 Art 之间的关系。一个人有一个名字，那么，应该用聚集来模拟人的类 Person 与名字类 Name 之间的关系。

7. 多态性

多态性是面向对象系统最终表现出来的基本特征，它是指在类的继承结构中，通过子类覆盖父类中的行为方法所得到的一种响应消息的重要机制，即同一个消息由不同类别的对象接收后会产生不同的结果，从而使得软件系统更加容易扩充，为用户提供的操作接口更加规范。

4.2.2 面向对象分析

面向对象分析（Object-Oriented Analysis，OOA）是软件开发的初始阶段，任务中心是实现需求分析和系统分析。分析问题域的特征，确定问题的解决方案，并为目标系统寻找对象，明确对象的属性和行为以及对象之间的关系，以便为最终的软件系统建立一个分析模型。面向对象分析阶段的最终目标是开发分析模型，使将要开发的软件系统按照这个模型实现以满足用户需求。

所谓"模型"是指对复杂事务的简化描述。按照描述对象的不同，可以将模型分为两个主要类别，一个是业务模型，及描述问题域所对应的业务特征；另一个是系统模型，即将开发的软件系统的模型。通过建立模型，可以帮助系统开发人员深刻了解问题域，准确地抽取业务流程，理顺各个业务实体之间的关系，为能够开发出用户满意的软件系统提供可靠的保证，这是软件开发过程中很重要的一步。

目前，根据不同的市场需求已经出现了很多种的 OOA 方法，大致归纳起来有以下主要的几个过程：
- 分析问题域，明确用户需求。
- 标识业务活动中的业务规则和任务。
- 识别对象，并通过抽象确定候选类。
- 标识对象的属性和行为。
- 定义类之间的关系。
- 用户界面需求。

4.2.3 面向对象设计

面向对象设计（Object-Oriented Design，OOD）的主要任务是在 OOA 模型的基础之上，考虑与软件实现有关的各种因素，确定系统的体系结构和完成对象的设计。OOD 以分析模型作为输入，根据构造目标系统的要求对分析模型进行必要的修改、细化和充实，以形成设计模型，它将作为软件构造的蓝图。如果说分析阶段的主要任务是明确目标系统应该做什么，那么设计阶段的主要任务就是确定目标系统应该如何实现它。

与 OOA 方法一样，自从面向对象的软件开发方法形成以来，已经出现了许多种类的 OOD 方法，它们都规定了各自建模的概念、原则以及表示方法，并包含各自不同的过程步骤。然而不管应用哪一种方法，OOD 的整体过程基本是一致的。概括起来，面向对象设计阶段应该包括下列主要过程步骤：
- 系统分解与分层。
- 确定任务管理策略和控制驱动机制。
- 设计人机交互界面。
- 确定实现数据管理的策略。
- 对象设计。
- 评审设计模型，在必要的时候此过程可以给予迭代。

传统的软件设计主要包含概要设计和详细设计两个阶段。与之对应，OOD 主要包括高层设计（系统设计）和低层设计（对象设计）。

高层设计又称系统设计，其主要目标是描述软件体系结构，系统设计过程主要包含上述描述中的前 4 项活动。

低层设计的任务是对象设计，即上述过程描述中的第 5 项活动。这里的对象设计着重于对象及其相互之间交互的描述，并对每个类的属性和方法作进一步的详细设计。

4.2.4 面向对象程序设计

面向对象程序设计（Object-Oriented Programming，OOP）的目标是根据分析阶段和设计阶段的成果，选用一种支持面向对象程序设计思想的程序设计语言，如 Java 或 C++ 来编写应用系统的程序代码，最终完成一个可供测试的应用系统源代码。

设计模型是程序设计阶段的主要依据，它指导着整个源代码的开发过程。在这个过程中，源代码的编写将不断地与类图、状态图、协作图和界面原型进行交互，以及相互磨合。设计与编写源代码是一个高度相关的迭代过程，编码依赖于设计模型，随着编码过程的不断深入，能够很快地发现设计过程中的一些不容易发现的弱点，并及时给予纠正，最终才能得到更加合理的目标系统。

下面对以上提到的三种图作简要说明。

- 类图：是设计模型中的一个重要组成部分，在 Java 程序中可以用类、抽象类和接口表示类图中出现的各个类成分。
- 状态图：描述了对象的状态及状态间的转移。Java 程序中，对象的状态由类成员变量的值决定，要改变一个对象的状态就需要调用相应的成员方法。
- 协作图：用来描述类实例、它们之间的相互关系以及它们之间的消息传递。对象之间的成员方法互相调用是实现对象之间信息交互的主要方式，在这个过程中就会发生协作。

4.2.5 面向对象测试

面向对象测试（Object-Oriented Testing，OOT）的整体目标与传统结构化测试的目标一致，即发现尽可能多的软件错误，保证软件的质量。面向对象软件的测试过程与传统软件测试一样，也是从单元测试开始，然后经集成测试，最后进入确认测试与系统测试。

除此以外，面向对象软件的测试还需要注意下面 3 个问题：

（1）扩大测试的视角，即包括 OOA 测试、OOD 测试和 OOP 测试。
（2）单元测试和集成测试的策略必须有很大的改变。
（3）测试用例的设计必须考虑面向对象软件的特征。

4.3 习题

1. 什么是软件工程？它主要包含哪些内容？
2. 简述软件生命周期所包含的主要阶段及每个阶段的主要任务。
3. 简述常见的软件开发模型。
4. 简述 OOA、OOD、OOP 和 OOT 的主要任务。
5. 设计类时应注意哪些原则？
6. 什么是封装性？
7. 什么是多态性？

项目五
图书管理系统

在 Java 语言提供的工具类和数据接口中包含了大量的标准类，我们可以直接使用它们，而不必从头做起，这是面向对象程序设计开发方法倡导的软件重用的具体体现，也是缩短软件开发周期的主要途径。

在项目五中，我们将要重点介绍 Java 语言提供的集合构架的 API，学习如何使用集合构架中的类和接口。本项目主要通过图书管理系统来学习 Collection 接口、List 接口、Set 接口及 Map 接口的使用，更好地了解 ArrayList 类、LinkedList 类、TreeSet、TreeMap 类、HashMap 类的定义及成员方法的使用。

5.1 任务一 创建和处理教师信息

 问题情境及实现

教师信息包括教师姓名和编号等基本信息，处理这样有特点的实体，最好的方法就是建立一个教师类。然而，在统一处理和使用这些信息时，用数组来存储所有的教师类对象就会遇到一些屏障，例如突然增加了一位教师，或者突然转走了一位教师。在任务一中，我们将利用线性集 List 在处理这类事情的优点来完成这个例子。

任务一的主要内容是 List 接口，在前面我们已经介绍了它有两个常用的子类：ArrayList 和 LinkedList。在任务一中，我们会重点介绍 List 线性集的概念和使用方法，并分别用 ArrayList 和 LinkedList 举例说明。

相关知识

5.1.1 基本的数据结构接口——Collection 接口

集合（Collection）就是一个存储一组对象的容器对象，一般将这些对象称为集合的元素（Element）。Java 集合架构支持三种类型的集合：规则集（Set）、线性集（List）和图（Map），它们分别定义在接口 Set、List 和 Map 中。Set 的实例存储一组互不相同的元素，List 的实例存储一组顺序排列的元素，Map 的实例存储一组对象，每个对象都有一个关联的键。Java 集合构架中主要接口和类的关系如图 5-1 和图 5-2 所示，这些接口和类提供一组完整的 API，可以有效地存储和处理对象构成的集合。在随后的任务中，将分别介绍如何使用这三种接口。

在图 5-1 中，虚线框表示接口，实线框表示类，虚线表示实现接口，实线表示继承

关系。可以看出，Collection 是集合类结构的顶层接口。在这个接口中声明了对集合和链表操作的 15 个成员方法，这些方法都是抽象的需要在集合类或者链表类中加以具体实现。

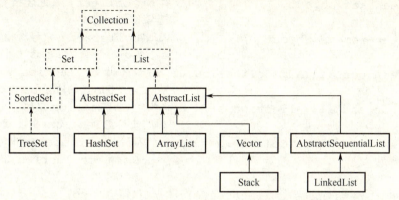

图 5-1　Set 和 List 接口是 Collection 接口的子接口

Set 只继承了 Collection 接口，其中并没有声明任何新的成员方法。List 表示顺序集合，所以它在继承 Collection 接口的基础上，还增加了几个与顺序有关的方法。SortedSet 继承了接口 Set，并增加了一些与排序有关的成员方法。AbstractSet、AbstractList 和 AbstractSequentialList 作为抽象类，分别实现了部分接口或抽象类中的成员方法，以减轻子类实现接口所有成员方法的负担。底层的几个类就是经常使用的几种数据结构类。

Map 是映像接口，所谓映像就是"键—值"对，而"键—值"对的集合就构成了映像结构，利用这种方式存储数据的最大好处就是检索速度快。与 Map 接口的类关系如图 5-2 所示。

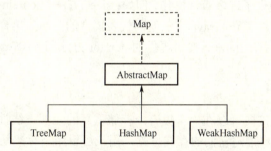

图 5-2　与 Map 接口有关的类关系图

Collection 接口声明内容如下：

```
package java.util;
public interface Collection {
    int size();                         //返回此 collection 中的元素数
    boolean isEmpty();                  //如果此 collection 不包含元素，则返
                                        //  回 true
    boolean contains(Object o);         //如果此 collection 包含指定的元素，
                                        //  则返回 true
    Iterator iterator();                //返回在此 collection 的元素上进行迭
                                        //  代的迭代器
    Object[] toArray();                 //返回包含此 collection 中所有元素
                                        //  的数组
    Object[] toArray(Object a[]);       //返回包含此 collection 中所有元素
```

```
                                        的数组；返回数组的运行时类型与指定
                                        数组的运行时类型相同
boolean add(Object o);                  //确保此 collection 包含指定的元素(可
                                        选操作)
boolean remove(Object o);               //从此 collection 中移除指定元素的
                                        单个实例，如果存在的话（可选操作）
boolean containsAll(Collection c);      //如果此 collection 包含指定
                                        collection 中的所有元素，则返回 true
boolean addAll(Collection c);           //将指定 collection 中的所有元素都添
                                        加到此 collection 中（可选操作）
boolean removeAll(Collection c);        //移除此 collection 中那些也包含
                                        在指定 collection 中的所有元
                                        素（可选操作）
boolean retainAll(Collection c);        //仅保留此 collection 中那些也包
                                        含在指定 collection 的元素（可
                                        选操作）
void clear();                           //移除此 collection 中的所有元素（可选操作）
boolean equals(Object o);               //比较此 collection 与指定对象是否相等
int hashCode();                         //返回此 collection 的哈希码值
}
```

Collection 接口提供在集合中添加与删除元素的基本操作。以 add 或者 remove 打头的方法可以按照输入参数的不同分别对指定元素或者整个元素集合进行添加或者删除操作。这些方法都返回布尔值，如果方法的执行改变了该集合，则返回 true。

Collection 接口提供了许多查询操作，例如：size()方法、contains()方法以及 isEmpty()方法。Collection 还提供了 toArray()方法返回代表集合的数组。集合可以是规则集或者线性表。可用的遍历方法有 Iterator 接口提供的 iterator 方法和 hasNext()方法。

5.1.2 List 接口

使用线性表 List 接口可以在一个集合中存储重复的元素。线性表不仅支持重复元素的存储，而且支持用户指定它们的存储位置，用户可以用下标来访问元素。线性表接口扩展 Collection 接口，定义一个支持元素重复的有序集合。List 接口添加面向位置的操作，并且添加能够双向遍历线性表的新列表迭代器。

▶ 1. ArrayList 类

ArrayList 类和 LinkedList 类是实现 List 接口的两个具体类。ArrayList 将元素存储在一个数组中，该数组在动态创建超过数组的容量时，会创建一个更大的数组并将当前数组中的所有元素复制到新数组中。LinkedList 将元素存储在链表中。选用这两种类中的哪一个，依赖于特定的需求。如果需要使用下标随机访问元素，并且除了在末尾之外，不在其他位置上插入或是删除元素，则 ArrayList 提供了效率最高的集合结构。反过来，如果程序需要在任何位置上插入或删除元素，就应该选择 LinkedList 类。线性表的大小是可以动态伸缩的。数组的大小在创建时就已经确定了，如不要求在线性表中随机插入或是删除元素，数组性质的 ArrayList 类是最好的选择。

ArrayList 是一个实现 List 接口的大小可变的数组。除了实现 List 接口的方法外，该类还提供了一些方法，用于管理存储线性表内部数组的大小。每个 ArrayList 实例都有一个容量，这代表存储线性表中元素数组的大小，它一定不小于所存储的线性表大小。

表 5-1 为 ArrayList 类提供的部分常用成员方法。

表 5-1 ArrayList 类的常用成员方法

成员方法	描 述
public ArrayList()	无参数的构造方法
public ArrayList(int initialCapacity)	带参数的构造方法，initialCapacity 是最初创建的链表容量
public ArrayList(Collection c)	带参数的构造方法，将集合 c 作为 ArrayList 对象的初始值
public Object clone()	覆盖复本方法
public void ensureCapacity(int minCapacity)	重定义 ArrayList 对象存放链表元素的最小容量
public void trimToSize()	将 ArrayList 对象中多余的空间释放

2. LinkedList 类

LinkedList 是实现 List 接口的一个链表。除了实现 List 接口的方法外，该类还提供从线性表两端提取、插入和删除元素的方法。LinkedList 可以用它的无参构造方法或 LinkedList（Collection）创建。ArrayList 和 LinkedList 的操作类似，它们最主要的不同在于内部实现，这导致了它们的运行效率不同。若要提取元素以及在线性表的尾部插入和删除元素，ArrayList 是高效的；若要在线性表的任意位置上插入和删除元素，LinkedList 的运行效率高一些。

表 5-2 为 LinkedList 类提供的部分常用成员方法。

表 5-2 LinkedList 类的成员方法

成员方法	描 述
public LinkedList()	无参数的构造方法
public LinkedList(Collection c)	带参数的构造方法，将集合 c 作为该 ArrayList 对象的初始值
public void addFirst(Object o)	将对象 o 添加在链表的最前面
public void addLast(Object o)	将对象 o 添加在链表的最后面
public Object getFirst()	返回链表的第一个对象元素
public Object getLast()	返回链表的最后一个对象元素
public Object removeFirst()	删除链表中的第一个对象元素，并将其返回
public Object removeLast()	删除链表中的最后一个对象元素，并将其返回
public Object clone()	覆盖复本方法

【例 5-1】 利用 ArrayList 类处理教师信息。程序首先建立一个教师类来存储教师信息，然后用数组性质的 ArrayList 来存储教师类对象，并可以随时添加或删除一个教师类对象。

Teacher.java

```java
public class Teacher {
    private String name;
    private int t_id;

    public Teacher() {}
    public Teacher(String name, int t_id)
    {
        this.name = name;
        this.t_id = t_id;
    }
    public Teacher(Teacher teacher)
    {
        this.name = teacher.name;
        this.t_id = teacher.t_id;
    }

    public void setName(String n)
    {
        name = n;
    }
    public void setID(int id)
    {
        t_id = id;
    }
    public String getName()
    {
        return name;
    }
    public int getID()
    {
        return t_id;
    }
    public String toString()
    {
        return "Teacher ID: " + t_id + " Name: " + name;
    }

}

ArrayListTest.java
import java.util.*;

public class ArrayListTest {
    public static void main(String[] args)
    {
        ArrayList list = new ArrayList(5);
        Teacher t1 = new Teacher("Lady Lee", 10220);
        list.add(t1);          //add one element into ArrayList list
        Teacher[] teacher = new Teacher[5];
        String[] name = {"Elodie", "Nathan", "Elva", "Gill", "Flora"};
        for (int i = 0; i < teacher.length; i++)
        //add five elements into list, and it's capacity up
```

```java
        {
            teacher[i] = new Teacher(name[i], 10221 + i);
            list.add(teacher[i]);
        }
        Teacher t2 = new Teacher(t1);
        t2.setID((int)(Math.random() * 10000));
        list.add(t2);
        for(int i = 0; i < list.size(); i++)
            System.out.println(((Teacher)list.get(i)).toString());
        System.out.println();
        list.remove(list.size() - 1);
        //remove the last two elements from list
        list.remove(list.size() - 1);
        for(int i = 0; i < list.size(); i++)
            System.out.println(((Teacher)list.get(i)).toString());
    }
}
```

运行结果:

```
Teacher ID: 10220 Name: Lady Lee
Teacher ID: 10221 Name: Elodie
Teacher ID: 10222 Name: Nathan
Teacher ID: 10223 Name: Elva
Teacher ID: 10224 Name: Gill
Teacher ID: 10225 Name: Flora
Teacher ID: 2322 Name: Lady Lee

Teacher ID: 10220 Name: Lady Lee
Teacher ID: 10221 Name: Elodie
Teacher ID: 10222 Name: Nathan
Teacher ID: 10223 Name: Elva
Teacher ID: 10224 Name: Gill
```

【例 5-2】 一个简单的 LinkedList 的例子。

```java
import java.util.*;
class Birth
{
    int year;
    int month;
    int day;
    public Birth(int y, int m, int d)
    {
        this.year = y;
        this.month = m;
        this.day = d;
    }

    public int getYear()
    {
        return year;
    }
```

```java
        public int getMonth()
        {
            return month;
        }
        public int getDay()
        {
            return day;
        }
        public String toString()
        {
            return "Year: " + year + " Month: " + month + " Day: " + day;
        }

        public static Birth BirthEntry()
        {
            Scanner in = new Scanner(System.in);
            System.out.println("Input Birthday, Year: Month: Day: ");
            int year = in.nextInt();
            int month = in.nextInt();
            int day = in.nextInt();
            return new Birth(year, month, day);
        }

        public int compareTo(Birth birth)
        {
            int result;

            if(year > birth.year)
                result = 1;
            else if(year < birth.year)
                result = -1;
            else if (month > birth.month)
                result = 1;
            else if(month < birth.month)
                result = -1;
            else if(day > birth.day)
                result = 1;
            else if(day < birth.day)
                result = -1;
            else
                result = 0;
            return result;
        }
    }

    public class LinkedListTest {
        public static void main(String[] args)
        {
            Birth[] birth = new Birth[10];
            LinkedList list = new LinkedList();
            for(int i = 0; i < 10; i++)
            {
```

```
            birth[i] = Birth.BirthEntry();
            list.add(birth[i]);
        }
        Print(list);
        list = LinkedSort(list);
        Print(list);
    }

    public static LinkedList LinkedSort(LinkedList list)
    {
        for(int k = 1; k < list.size(); k++)
            for (int i = 0; i < list.size() - k; i++)
            {
                if (((Birth)list.get(i)).compareTo(((Birth)list.
                   get(i + 1))) > 0)
                {
                    Birth birth = (Birth)list.get(i);
                    list.set(i, (Birth)list.get(i + 1));
                    list.set(i + 1, birth);
                }
            }
        return list;
    }

    public static void Print(LinkedList list)
    {
        Iterator it = list.iterator();
        System.out.println("------------------------------");
        while(it.hasNext())
        {
            System.out.println(it.next().toString());
        }
        System.out.println("------------------------------");
    }
}
```

运行结果：

```
Input Birthday, Year: Month: Day:
1988 12 23
Input Birthday, Year: Month: Day:
1988 11 23
Input Birthday, Year: Month: Day:
1987 12 23
Input Birthday, Year: Month: Day:
1988 4 5
Input Birthday, Year: Month: Day:
1887 5 6
Input Birthday, Year: Month: Day:
2010 1 2
Input Birthday, Year: Month: Day:
2000 5 5
```

```
Input Birthday, Year: Month: Day:
1999 8 2
Input Birthday, Year: Month: Day:
2000 5 6
Input Birthday, Year: Month: Day:
1984 12 5
------------------------------
Year: 1988 Month: 12 Day: 23
Year: 1988 Month: 11 Day: 23
Year: 1987 Month: 12 Day: 23
Year: 1988 Month: 4 Day: 5
Year: 1887 Month: 5 Day: 6
Year: 2010 Month: 1 Day: 2
Year: 2000 Month: 5 Day: 5
Year: 1999 Month: 8 Day: 2
Year: 2000 Month: 5 Day: 6
Year: 1984 Month: 12 Day: 5
------------------------------
------------------------------
Year: 1887 Month: 5 Day: 6
Year: 1984 Month: 12 Day: 5
Year: 1987 Month: 12 Day: 23
Year: 1988 Month: 4 Day: 5
Year: 1988 Month: 11 Day: 23
Year: 1988 Month: 12 Day: 23
Year: 1999 Month: 8 Day: 2
Year: 2000 Month: 5 Day: 5
Year: 2000 Month: 5 Day: 6
Year: 2010 Month: 1 Day: 2
------------------------------
```

5.2 任务二 随机产生质数的问题（Set 接口）

问题情境及实现

质数是指一个只能被 1 和其自身整除的数，质数的范围从 2 开始。在任务二中，我们将通过讲述 Set 接口和它的子接口和子类——SortedSet 和 TreeSet 来完成一个随机产生质数的任务。

相关知识

Set 接口扩展 Collection 接口。它没有引入新的方法或常量，只是规定它的实例不能包括相同的元素。实现 Set 接口的具体类必须保证不能向它添加重复的元素，也就是说，在一个规则集中，一定不存在元素 e1、e2 使得 e1.equals(e2)的返回值是 true。

AbstractSet 类是一个便利类，它扩展 AbstractCollection 类并实现了 Set 接口。AbstractSet 类提供 equals 方法和 hashCode 方法的具体实现。一个规则集的散列码是这个集合中所有元素散列码的和。由于 AbstractSet 类没有实现 size 方法和 iterator 方法,所以,AbstractSet 类是一个抽象类。

Set 接口的三个具体类是 HashSet、LinkedHashSet 和 TreeSet。

1. SortedSet 接口

SortedSet 是 Set 的一个子接口,它保证规则集中的元素是有序的。另外,它还提供方法 first()和 last()返回规则集中的第一个和最后一个元素,以及方法 headSet 和 tailSet 返回规则集中元素小于 toElement 和大于 fromElement 的那一部分。

2. TreeSet 类

TreeSet 是实现 SortedSet 接口的一个具体类,可以用其无参构造方法来创建 TreeSet 对象,也可以用 new TreeSet(Collection)来创建。

【例 5-3】 利用 TreeSet 类在 1000 内随机生成质数。

```java
import java.util.*;
public class TreeSetTest {
  public static void main(String[] args)
  {
      Random value = new Random();
      TreeSet tree = new TreeSet();
      int date, count = 0;
      for ( int i = 0; i < 100; i++)
      {
          date = new Integer(value.nextInt(1000));
          if (date > 1 && prime(date) != -1)
              tree.add(date);
      }

      Iterator it = tree.iterator();
      while(it.hasNext())
      {
          if (count % 6 == 0)
              System.out.println();
          System.out.print(it.next() + " ");
          count++;
      }

  }

  public static int prime(int number)
  {
      int i;
      for(i = 2; i <= Math.rint(Math.sqrt(number)); i++)
          if(number % i == 0) break;
      if (i > Math.rint(Math.sqrt(number)))
          return number;
      return -1;
  }
}
```

运行结果：
第一次：

```
23  127 131 173 193 199
281 397 421 521 587 631
769 823 953
```

第二次：

```
3   13  43  79  107 229
269 307 311 353 379 503
509 523 571 631 653 769
953
```

运行结果的数目和内容每次都会不同，程序将会随机生成 0～1000 内的 100 个数，然后找出其中的质数。

5.3 任务三　图书管理系统

问题情境及实现

在任务三中我们将实现一个简单的图书管理系统。为了学会如何使用 Map 接口和它的子类，我们将图书管理系统的内容简化，变成一个只有图书书名和图书编号的简化系统，并添加输入图书信息和查询图书信息的功能。在本任务中还涉及到了一些串行化的问题，在项目七文本编辑器中会详细介绍。

相关知识

5.3.1　Map 接口

Collection 接口表示存储在一个规则集或一个线性表中元素的集合。Map 接口建立元素和键的映射关系。Map 接口中的键就像 List 接口中的下标，只不过在 List 线性表中，下标一定是从 0 开始的整数，而 Map 接口的键可以是整数，也可以是字符串或任意类型的对象。存储在 Map 图中的元素值可以是任意值（包括空值）。但是值对应的键必须是不重复的，所以可以把键的集合想象成一个规则集（Set 接口），也就是说，每个 Map 图中，不能有重复的键，每个键对应一个值。Map 接口提供对一个值的集合与一个键的规则集进行查询、更新和读取等方法。

Map 接口的定义如下：

```
public interface Map
{
    int size();
    boolean isEmpty();
    boolean containsKey(Object key);
    boolean containsValue(Object value);
    Object get(Object key);
```

```
        Object put(Object key, Object value);
        Object remove(Object key);
        void putAll(Map t);
        void clear();
        Set keySet();
        Collection values();
        Set entrySet();
        interface Entry {
            Object getKey();
            Object getValue();
            Object setValue(Object value);
            boolean equals(Object o);
            int hashCode();
        }
        boolean equals(Object o);
        int hashCode();
    }
```

5.3.2 TreeMap 类

TreeMap 类实现 SortedMap 接口，很适合按照键排好的顺序遍历图。键可以使用 Comparable 接口或 Comparator 接口来排序。如果使用无参构造方法创建 TreeMap 对象，并且元素的类实现 Comparable 接口，则可以使用 Comparable 接口中的方法 compareTo 来对集合内的元素进行比较。要使用比较器，需要使用构造方法 TreeMap（Comparator comparator）来创建有序图，这样，该图中的元素就能使用比较器中的 compare 方法按键进行排序。

5.3.3 HashMap 类

散列表 HashMap 类描述一个映像。它允许存储空对象，但由于键必须是唯一的，所以只能有一个空键值。

表 5-3 和表 5-4 中列出了 HashMap 类提供的构造方法和常用的处理元素方法。

表 5-3　HashMap 类提供的构造方法

构造方法	描　　述
HashMap()	构造一个具有默认初始容量（16）和默认加载因子（0.75）的空 HashMap
HashMap(int capacity)	构造一个带指定初始容量和默认加载因子（0.75）的空 HashMap
HashMap(int capacity, float loadFactor)	构造一个带指定初始容量和加载因子的空 HashMap
HashMap(Map map)	构造一个映射关系与指定 Map 相同的新 HashMap

散列表中的容量就是指它能够存储的元素数量。当对象的存储元素数目超过容量乘以填装因子时，容量将会自动增加到原来容量的 2 倍加 1（加 1 的目的是确保散列表的容量为质数或奇数）。

表 5-4 HashMap 类提供的有关处理元素的方法

方法	描述
put(Object key, Object value)	在此映射中关联指定值与指定键
putAll(Map map)	将指定映射的所有映射关系复制到此映射中，这些映射关系将替换此映射目前针对指定映射中所有键的所有映射关系
get(Object key)	返回指定键所映射的值；如果对于该键来说，此映射不包含任何映射关系，则返回 null
remove(Object key)	从此映射中移除指定键的映射关系（如果存在）
KeySet()	返回此映射中所包含的键的 Set 对象
entrySet()	返回此映射所包含的映射关系的 Set 对象
values()	返回此映射所包含的值的 Collection 对象
getKey()	返回 Map.Entry 对象的键值
getValue()	返回 Map.Entry 所对应的对象
setValue(Object new)	将 Map.Entry 对象设置为 new

因为是"键—值"对应集合，所以在 HashMap 类对象中，做存储、检索和删除对象操作将非常容易和快速。

【例 5-4】 利用 HashMap 类创建一个简单的图书管理系统。

```java
import java.util.*;

class BookName
{
    private String title;
    private String type;

    public BookName(String title, String type)
    {
        this.title = title;
        this.type = type;
    }

    public String getTitle()
    {
        return title;
    }
    public String getType()
    {
        return type;
    }
    public String toString()
    {
        return title + " (" + type + ")";
    }

    public static BookName enterName()
```

```java
        {
            Scanner in = new Scanner(System.in);
            System.out.println("Input Book name: ");
            String title = in.nextLine();
            System.out.println("Input Book type: ");
            String type = in.nextLine();
            return new BookName(title, type);
        }
    }

    class BookID
    {
        private String b_id;

        public BookID(String b_id)
        {
            this.b_id = b_id;
        }

        public String getID()
        {
            return b_id;
        }
        public String toString()
        {
            return b_id;
        }
        public static BookID enterID()
        {
            Scanner in = new Scanner(System.in);
            System.out.println("Input Book ID: ");
            String b_id = in.nextLine();
            return new BookID(b_id);
        }
    }

    class Writer
    {
        private String firstname;
        private String surname;
        public Writer(String firstname, String surname)
        {
            this.firstname = firstname;
            this.surname = surname;
        }

        public String getFirstname()
        {
            return firstname;
        }
        public String getSurname()
        {
```

```java
        return surname;
    }
    public String toString()
    {
        return surname + " " + firstname;
    }
    public static Writer enterWriter()
    {
        Scanner in = new Scanner(System.in);
        System.out.println("Input firstname: ");
        String firstname = in.nextLine();
        System.out.println("Input surname: ");
        String surname = in.nextLine();
        return new Writer(firstname, surname);
    }
}

class BookEntry
{
    private BookName bname;
    private Writer wname;
    private BookID b_id;

    public BookEntry(BookName bname, Writer wname, BookID b_id)
    {
        this.bname = bname;
        this.wname = wname;
        this.b_id = b_id;
    }

    public BookName getBname()
    {
        return bname;
    }
    public Writer getWname()
    {
        return wname;
    }
    public BookID getID()
    {
        return b_id;
    }
    public String toString()
    {
        return bname.toString() + " " + wname.toString() + " " + b_id.toString();
    }

    public static BookEntry enterBE()
    {
        BookName bname = BookName.enterName();
        Writer wname = Writer.enterWriter();
```

```java
            BookID b_id = BookID.enterID();
            return new BookEntry(bname, wname, b_id);
    }
}

class Library
{
    private HashMap library = new HashMap();

    public void addBE(BookEntry entry)
    {
        library.put(entry.getBname().getTitle(), entry);
    }

    public BookEntry getBE(String title)
    {
        return (BookEntry)library.get(title);
    }

    public Writer getWriter(String title)
    {
        return (Writer)getBE(title).getWname();
    }

    public BookName getBookName(String title)
    {
        return (BookName)getBE(title).getBname();
    }

    public BookID getBookID(String title)
    {
        return (BookID)getBE(title).getID();
    }
}

public class HashMapTest1 {
    public static void main(String[] args)
    {
        Library library = new Library();
        Scanner in = new Scanner(System.in);
        BookName bname;
        BookEntry entry;
        for(;;)
        {
            System.out.println("Enter 1 to enter a new Book item: \n"
                    + "Enter 2 to find the writer of a book: \n"
                    + "Enter 3 to find the book id of a Book: \n"
                    + "Enter 0 to quit."
                    );
            int number = in.nextInt();
            switch(number)
            {
```

```
            case 1:
                library.addBE(BookEntry.enterBE());
                break;
            case 2:
                bname = BookName.enterName();
                entry = library.getBE(bname.getTitle());
                if (entry == null)
                    System.out.println("The information of " + bname
                        + " wasn't found.");
                else
                    System.out.println("The Writer of " + bname +"
                        is " + library.getWriter(bname.getTitle()));
                break;
            case 3:
                bname = BookName.enterName();
                entry = library.getBE(bname.getTitle());
                if (entry == null)
                    System.out.println("The information of " + bname
                        + " wasn't found.");
                else
                    System.out.println("The BookID of " + bname + "
                        is " + library.getBookID(bname.getTitle()));
                break;
            case 0:
                System.out.println("End.");return;
            default:
                System.out.println("Invalid input item!");break;
            }
        }
    }
}
```

读者可以试运行这个程序,并观察结果。

5.3.4 知识拓展：Collections 和 Arrays 工具类的使用介绍

1. Arrays 类

为实现数组的排序和查找、数组比较和填充数组元素,Java.util.Arrays 类包括各种静态方法,这些方法是对所有基本类型的重载。

下面简单介绍一下其中主要的成员方法。

（1）排序。

可以使用 sort 方法对整个数组或部分数组进行排序。例如：

```
int[] numbers = {6, 8, 2, 5, 20, 11, 34};
java.util.Arrays.sort(number);
```

或者

```
java.util.Arrays.sort(number, 1, 5);
```

以上分别对数组 number 的全部元素进行升序排序和对 int[1]到 int[5-1]的部分进行升序排序。

（2）查找。

可以采用二分查找法在数组中查找关键字，数组必须提前按增序排列好，如果数组中不存在关键字，方法返回插入点加1的负数。例如：

```
int[] numbers = {2, 5, 6, 8, 11, 20, 34};
System.out.println("The index: " + java.util.Arrays.binarySearch(numbers, 8));
```

运行结果：

```
The index 3
```

（3）相等。

可以采用 equals 方法判断两个数组是否相等，如果它们有相同的内容，两个数组相等。例如：

```
int[] list1 = {1, 2, 3, 4};
int[] list2 = {1, 2, 3, 4};
int[] list3 = {1, 5, 3, 4};
System.out.println(java.util.Arrays.equals(list1, list2));
System.out.println(java.util.Arrays.equals(list1, list3));
```

运行结果将返回 true 和 false。

（4）填充。

可以采用 fill 方法填充整个数组或部分数组。例如：

```
int[] list1 = {1, 2, 4, 5};
int[] list2 = {1, 3, 5, 7};
java.util.Arrays.fill(list1, 3);
java.util.Arrays.fill(list2, 1, 3, 9);
```

运行结果将把 3 填充到 list1 数组中，把 9 填充到元素 list2[1]和 list2[3-1]中。

2. Collections 类

java.util.Collections 类完全由在 Collection 上进行操作或返回 Collection（集合）的静态方法组成。它包含在 Collection 上操作的多态算法，即"包装器"，包装器返回由指定 Collection 支持的新 Collection，以及少数其他内容。

下面介绍 Collections 类的一些主要方法。

（1）排序。

使用 sort 方法可以根据元素的自然顺序对指定列表按升序进行排序。列表中的所有元素都必须实现 Comparable 接口。此列表中的所有元素都必须是可以使用指定比较器可相互比较的。

例如：

```
LinkedList list = new LinkedList();
for (int i = 0; i < 10; i++)
    list.add(Math.random() * 100);
Collections.sort(list);
for(int i = 0; i < 10; i++)
    System.out.println(list.get(i));
```

(2) 混排。

混排算法所做的正好与 sort 相反：它打乱在一个 List 中可能有的任何排列的踪迹。shuffle()方法可以使用默认随机源或指定随机源对指定列表进行置换。

例如：

```
LinkedList list = new LinkedList();
for (int i = 0; i < 10; i++)
    list.add(Math.random() * 100);
Collections.shuffle(list);
for(int i = 0; i < 10; i++)
    System.out.println(list.get(i));
```

(3) 反转。

使用 Reverse 方法可以根据元素的自然顺序对指定列表按降序进行排序。

例如：

```
LinkedList list = new LinkedList();
for (int i = 0; i < 10; i++)
    list.add(Math.random() * 100);
for(int i = 0; i < 10; i++)
    System.out.println(list.get(i));
Collections.reverse(list);
for(int i = 0; i < 10; i++)
    System.out.println(list.get(i));
```

(4) 替换。

使用指定元素替换指定列表中的所有元素。

例如：

```
String str[] = {"aa", "bb", "cc", "ee"};
LinkedList list = new LinkedList();
for(int i = 0; i < str.length; i ++)
    list.add(str[i]);
Collections.fill(list, "dd");
for(int i = 0; i < list.size(); i++)
    System.out.println(list.get(i));
```

(5) 复制。

用两个参数，一个目标 List 和一个源 List，将源的元素复制到目标，并覆盖它的内容。

例如：

```
LinkedList list1 = new LinkedList();
LinkedList list1 = new LinkedList();
Collections.copy(list1, list2);
```

(6) 返回 Collections 中最小元素。

例如：

```
int array[] = {88, 78, 90, 34, 98};
LinkedList list = new LinkedList();
```

```
for(int i = 0; i < array.length; i++)
   list.add(array[i]);
Collections.min(list);
```

（7）返回 Collections 中最大元素。

例如：

```
int array[] = {88, 78, 90, 34, 98};
LinkedList list = new LinkedList();
for(int i = 0; i < array.length; i++)
   list.add(array[i]);
Collections.max(list);
```

5.4 综合实训：日期计算

【例 5-5】 编写程序，输出今后 10 年中，每年元旦、国际劳动节、国庆节分别是星期几。

```
public class YearTest {
   public static void main(String[] args)
   {
       int[] date = new int[10];
       date = J(2010, 4);
       M(2010, date);
       O(2010, date);

   }
   public static int[] J(int year, int day)
   {
       int[] date = new int[10];

       date[0] = day;
       for(int i = 1; i < 10; i++)
       {
          if (((year + i - 1) % 4 == 0) && ((year + i - 1) % 100) != 0)
              date[i] = (date[i-1] + 366) % 7;
          else
              date[i] = (date[i-1] + 365) % 7;
       }
       System.out.println("January: ");
       for (int i = 0; i < 10; i++)
       {
          System.out.print(date[i] + 1 + " ");
       }
       return date;
   }

   public static int[] M(int year, int[] day)
   {
       int[] date = new int[10];
```

```java
        for(int i = 0; i < 10; i++)
        {
            if (((year + i) % 4 == 0) && ((year + i) % 100) != 0)
                date[i] = (day[i] + 121) % 7;
            else
                date[i] = (day[i] + 120) % 7;
        }
        System.out.println("\nMay: ");
        for (int i = 0; i < 10; i++)
        {
            System.out.print(date[i] + 1 + " ");
        }
        return date;
    }

    public static int[] O(int year, int[] day)
    {
        int[] date = new int[10];
        for(int i = 0; i < 10; i++)
        {
            if (((year + i) % 4 == 0) && ((year + i) % 100) != 0)
                date[i] = (day[i] + 274) % 7;
            else
                date[i] = (day[i] + 273) % 7;
        }
        System.out.println("\nOctober: ");
        for (int i = 0; i < 10; i++)
        {
            System.out.print(date[i] + 1 + " ");
        }
        return date;
    }
}
```

运行结果:

```
January:
5 6 7 2 3 4 5 7 1 2
May:
6 7 2 3 4 5 7 1 2 3
October:
5 6 1 2 3 4 6 7 1 2
```

5.5 拓展动手练习

1. 编写程序，存储 40 个学生的姓名和出生日期，并按年龄从小到大排序。输出排序结果。

2．利用 HashMap 类对象存储一本小型词典的信息，并编写程序，对于给定的单词，输出该单词的全部注释。

5.6 习题

1．描述链表、栈和树的概念。
2．描述 Collection 和 Collections 的区别。
3．利用 LinkedList 类创建一个存储所有教师信息的对象，并编写程序，给定教师姓名，查找相应教师的全部信息。
4．利用 ArrayList 类创建一个存储几何图形的对象，并编写程序，将 ArrayList 类对象中存储的所有图形绘制到窗口中。
5．利用随机数类产生 20 个 0～100 之间的整数，并找出其中的所有质数。

项目六 异常处理

6.1 任务一 异常概述

在前面几个项目的介绍中都没有提到异常和类似出错处理,一直在一种很理想的环境中分析和解决问题。但在现实中,哪怕很简单的问题编写成程序,在编译或者运行过程中也会遇到各种各样的错误。因为在这之前我们还没有讲完类和继承的概念和用法,所以不得不留到这里来讲。

本项目主要是处理在编译或者运行过程中遇到的各种错误,了解 Java 中的异常类,并学会抛出异常、捕获异常、处理异常,培养异常处理的能力。

Java 语言将很多异常信息以及处理方式封装成了类,掌握它们需要具有类和继承的基本知识。在学习了有关类和继承的概念和用法后,我们已经具备了学习异常处理机制的能力,因此在本任务中将系统地讨论 Java 语言的异常处理。

6.1.1 异常的概念

传统的程序设计方法并没有专门为处理异常提供良好的处理机制,如果想要控制异常就需要程序员有相当丰富的经验并且十分谨慎有耐心,即使这样也要花费相当大的精力。这就为编写程序带来相当大的阻力。

(1)处理异常的代码量大。由于要在所有可能会出现异常的地方都进行异常检查,而且异常的种类繁多,所以需要大范围的代码覆盖面积才能够截获绝大多数异常。

(2)影响程序的可读性。将大量检测和处理异常的代码混入正常的程序代码中,严重影响了程序的正常结构,降低了可读性。

(3)缺乏异常处理的规范性。如果在一个应用系统中,处理异常的代码片段有专门的机制负责,并能系统化规范化它的处理过程,这样不仅有利于在用户遇到异常时给予正确的提示,而且还能给之后维护和更新系统的程序员以正确的指导。一般来讲,自行随意创造的异常处理机制很难做到这一点。

为了解决上述问题,Java 语言提供了良好的异常处理机制。

编程语言中主要有三种错误:语法错误、运行错误和逻辑错误。出现语法错误的原因是没有遵循语言的规则,它们可以由编译器检查发现。在程序运行过程中,如果运行环境发现一个不可能执行的操作,就会出现运行错误。如果程序没有按照预期的方案执行,就会发生逻辑错误。一般来说,语法错误容易发现并予以纠正,因为编译器会指出出错位置和出错原因,有的编程 IDE 软件可以在编写程序的过程中就指出语法错误。对于逻辑错误,可以采用一些调试技巧来定位查找。在本项目中,主要处理的是运行错误。

运行错误会引起异常。没有异常捕获和处理代码的程序会非正常终止，并可能引起严重问题。例如，程序正准备从一个用户的网络账户将钱转到另一个网络账户，但是，由于运行错误，当钱从网络账户提出但还没有到达另一个网络账户时程序就突然终止，用户就有可能会损失掉这笔钱。

在 Java 语言中，所谓异常是指那些影响程序正常运行的错误，而并不包括导致程序运行结果不正确的逻辑错误，因此用户需要在每次得到运行结果的时候，自己分析它的正确性并找到解决办法。

产生异常的原因有很多。比如，用户可能输入无效的值，或者，程序可能试图打开一个不存在或者不够访问级别的文件，或者网络传输突然出现问题，又或者程序访问了一个越界的数组元素等。

异常的类型也有很多，我们在前面的程序例子中也能经常遇到。例如：数组元素下标越界会产生 ArrayIndexOutOfBoundsException 异常、调用依赖于值为 null 的引用变量的方法时，会产生一个 NullPointerException 异常、一些基本的 I/O 操作也很容易抛出异常。

当产生一个异常时，正常的程序执行流程就会中断。Java 语言中提供了系统化的异常处理功能。利用这种称为异常处理的功能，能够开发用于重要计算的稳定程序。

6.1.2 Java 中的异常类

在 Java 语言中，对很多可能出现的异常都进行了标准化，将它们封装成了各种类，并统一称为异常类。当程序在运行过程中出现异常类时，Java 虚拟机就会自动地创建一个相应的异常对象类，并将该对象作为参数抛给处理异常的方法。在这些异常类中，主要包含了异常的属性信息、跟踪信息等。图 6-1 为 Java 语言中异常类结构。

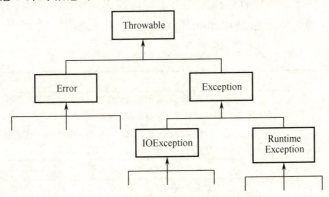

图 6-1 Java 中的异常类层次结构

在 Java 程序设计语言中，异常对象都是派生于 Throwable 类的一个实例。如果 Java 中内置的异常类不能够满足需求，用户还可以创建自己的异常类，在任务三中，我们还会详细介绍如何创建用户自定义异常类。

需要注意的是，所有的异常都是由 Throwable 继承而来，但在下一层立即分解为两个分支：Error 和 Exception。

Error 类层次结构描述了 Java 运行时系统的内部错误和资源耗尽错误，应用程序不应该抛出这种类型的对象。如果出现了这样的内部错误，除了通告给用户，并尽力使程序安全地终止之外，再也无能为力了，但这种情况很少见。

在设计和使用 Java 程序时，需要着重关注 Exception 层次结构。这个层次结构又分解为两个分支：一个分支派生于 RuntimeException；另一个分支包含其他异常（见图 6-1）。划分两个分支的规则是：由程序错误导致的异常属于 RuntimeException；而程序本身没有问题，但由于像 I/O 错误这类问题引起的异常则属于其他类异常。

派生于 RuntimeException 的异常包含下面几种情况：
- 错误的类型转换。
- 数组访问越界。
- 访问空指针。

不是派生于 RuntimeException 的异常包括：
- 试图在文件尾部后面读取数据。
- 试图打开一个错误格式的 URL。
- 试图根据给定的字符串查找 Class 对象，而这个字符串表示的类并不存在。

有如下一句相当有道理的规则：
"如果出现 RuntimeException 异常，那么就一定是你的问题。"

出现以上情况的话可以采取一些手段来避免，例如：可以通过检测数组下标是否越界来避免 ArrayIndexOutOfBoundsException 异常，或者通过在使用变量之前检测是否为空来杜绝 NullPointerException 异常的发生。

Java 语言规范将派生于 Error 类或 RuntimeException 类的所有异常称为未检查异常（有的书也称其为免检异常），所有其他的异常称为已检查异常。编译器将检查是否为所有的已检查异常提供了异常处理器。

可以说，属于 RuntimeException 类的异常都是由程序本身所致，因此需要对这部分错误进行尽可能多的了解，只有这样才能够准确地找出错误产生的原因，以便修改程序。表 6-1 提供了 java.lang 标准包中 RuntimeException 类中的常用异常子类。

表 6-1　RuntimeException 类中的常用子类

类　　名	描　　述
ArithmeticException	如果进行非法的算术运算就会产生这类异常。例如，试图用一个整数除以 0 或者用一个整数与 0 取模
IndexOutOfBoundsException	在访问 String 或 Vector 对象的内容时，如果出现了下标越界就会产生这类异常
NegativeArraySizeException	如果在创建数组时，将数组的维数指定为负值就会产生这类异常
NullPointerException	如果试图访问 null 对象的成员变量或成员方法就会产生这类异常
ArrayStroeException	如果试图在数组中存入一个数组元素类型不允许的对象就会产生这类异常
ClassCastException	如果无法将一个对象转换成指定类型的变量就会产生这类异常
IllegalArgumentException	如果传递给成员方法的实际参数的类型与形式参数的类型不一致就会产生这类异常
SecurityException	如果程序执行了一个有可能破坏安全的非法操作就会产生这类异常。比如，在 Applet 应用程序中读取本地机器上的一个文件
IllegalStateException	如果非法调用成员方法就会产生这类异常
UnsupportedOperationException	如果请求执行一个不支持的操作就会产生这类异常

6.2 任务二 异常处理机制

Java 语言不仅为各种异常现象进行了划分，还提供了系统的处理异常机制。如果在程序运行过程中出现了异常，比较理想的情况下应该遵循以下三个步骤处理异常：

（1）通知用户发现异常。
（2）保存当前程序运行状态。
（3）允许用户安全地退出应用程序。

Java 语言处理异常机制正是遵循以上三步来实施的。

在 Java 程序中，处理异常要经历三个主要阶段：抛出异常、捕获异常和处理异常。当一个异常被抛出并捕获后：既可以就地自行处理，也就是在抛出异常的方法中处理；也可以调用相应异常类的成员方法加以处理；还可以抛给调用该方法的成员发放处理，也就是我们在前面的例子中经常看到的加在类名后的 throws 关键字，使用这个关键字就能将可能出现的某类异常抛出给调用成员方法的方法来处理，或者也可以继续向上抛出。

下面分别介绍抛出异常、捕获异常和处理异常的基本方法。

6.2.1 抛出异常

所谓抛出异常是指在程序运行过程当中，一旦发生了一个可识别的异常或者错误，就立即创建一个与该错误相对应的异常类对象，并将其作为参数抛给处理该异常的代码块的过程。通常抛出异常的具体方式与异常类型有关。如果产生的异常是系统可标志的标准异常，即上面提到的免检异常 Error 或 RuntimeException 的子类异常，则抛出异常的工作就由系统自动地完成；如果产生的异常是用户自定义的异常，就需要用户程序自行创建异常类对象，并借助 throw 语句将其抛出。其具体过程如下：

（1）创建到一个合适的异常类。
（2）创建这个类的一个对象。
（3）将对象抛出。

6.2.2 捕获异常

▶ 1. try-catch 语句捕获异常

一段高质量的代码应该能够在运行时及时捕获所有会出现的异常，不然很难有效地控制程序的运行。所谓捕获异常是指某个负责处理异常的代码块捕捉或截获被抛出的异常对象的过程。如果某个异常发生时没有得到及时捕获，那程序就会在发生异常的地方终止执行，并在控制台（命令行）上打印出异常信息，其中包括异常的类型和堆栈信息。对于图形界面程序来说，捕获异常后，也会打印出堆栈和异常的信息，但程序将返回到用户界面的处理循环中。也就是说，该异常可以被有效控制，应用程序虽然终止了当前的流程，但会转而执行专门处理异常的过程，或者有效地结束程序的执行。

要想正确捕获异常可以使用 try-catch 语句来实现：

```
try
{
    Java code
    code
}
catch(ExceptionType e)
{
    handle for the exception type
}
```

如果在 try 语句块中的任何代码抛出了一个在 catch 子句中说明的异常类，那么：
（1）程序将跳过 try 语句块的其余代码。
（2）程序将执行 catch 子句中的处理异常的代码。
如果在 try 语句块中没有抛出任何类型的异常，那么程序将跳过 catch 子句。
如果方法中的任何代码抛出了一个在 catch 子句中没有声明的异常类型，那么这个方法就会立刻退出执行。

【例6-1】 为了演示捕获异常的过程，请仔细观察本例。

```java
public class TryCatchTest {
    public static void main(String[] args)
    {
        int[] array = new int[5];
        try
        {
            System.out.println("Try to make a index out of bounds error.");
            for (int i = 0; i <= 5; i++)
            {
                array[i] = i;
            }
        }
        catch (IndexOutOfBoundsException e)
        {
            System.out.println("Index Out Of Bounds exception caught.");
            System.out.println(e.getMessage());
        }
        System.out.println("Test Ending.");
    }
}
```

运行结果：

```
Try to make a index out of bounds error.
Index Out Of Bounds exception caught.
5
Test Ending.
```

在上面这个程序中，为了能够让 try 语句块产生异常，定义了一个数组 array，长度为 5。在 for 循环中为数组中的每个元素赋值，并让循环次数大于数组长度导致数组下标越界。在 Java 语言中数组下标越界会产生 IndexOutOfBoundsException 异常，这个异常是系统定义的标准异常，所以系统会自动地创建一个 IndexOutOfBoundsException 类对象，并作为参数抛给 catch 子句，随后 catch 子句根据抛出的对象类型决定是否截获这个异常。在【例 6-1】中，抛出的异常类型与 catch 子句能够捕获的异常类型一致，所以异常顺利地被 catch 语句捕获到。执行完其中的语句后，try 语句就结束了，然后继续执行 try 语句块之后的语句，即打印出字符串 "Test Ending."。

在编程的时候通常应该捕获那些知道如何处理的异常，而将那些不知道怎样处理的异常传递出去。如果想将异常传递出去，就必须在方法的首部或者类的首部添加一个 throws 说明符，以便告知调用者这个方法可能会抛出一个不会被处理的异常。

▶2. 多 catch 语句捕获多个异常

在一个 try 语句块中有时可能会出现不止一种类型的异常，根据程序的运行情况可能每次遇到的异常类型也都不尽相同，所以就需要提前对所有可能出现的异常做出不同的处理。可以按照下列方法为每个异常类型都使用一个单独的 catch 子句：

```
try
{
    code
    code
}
catch (IOException e1)
{
    handle action for exception e1
}
catch (NullPointerException e2)
{
    handle action for exception e2
}
catch (ArithmeticException e3)
{
    handle action for exception e3
}
```

异常对象 e1，e2，e3 可能包含着与异常本身有关的信息，如果想获取这些信息，可以使用方法：

```
e1.getMessage()
```

来得到详细的错误信息。

【例 6-2】　一个简单的说明例子。

```java
import java.util.*;
public class CatchTest {
    public static void main(String[] args)
    {
        int x = 1;
        int y = 0;
        String str = null;

        for (;;)
        {
            try
            {
                System.out.println("Input your order: ");
                Scanner in = new Scanner(System.in);
                int test = in.nextInt();
                switch (test){
                case 1:
                        System.out.println("throw arithmetic exception.");
                        x = x / y;
                        break;
                case 2:
                        System.out.println("throw null pointer exception");
                        str.length();
                        break;
                case 3:
                        System.out.println("throw negative array size exception.");
                        int[] array = new int[-5];
                default:
                        System.out.println("Invalid input.");
                        return;
```

```java
            }
        }
        catch (ArithmeticException e)
        {
            System.out.println("Arithmetic exception caught.");
        }
        catch (NullPointerException e)
        {
            System.out.println("Null pointer exception caught.");
        }
        catch (NegativeArraySizeException e)
        {
            System.out.println("Negative array size exception caught.");
        }

    }
  }
}
```

运行结果：

```
Input your order:
1
throw arithmetic exception.
Arithmetic exception caught.
Input your order:
2
throw null pointer exception
Null pointer exception caught.
Input your order:
3
throw negative array size exception.
Negative array size exception caught.
Input your order:
5
Invalid input.
```

上述程序分别输入 1、2、3 可以产生并捕获三种不同的异常，输入其他数字则会退出程序。程序创造出可能出现三种不同异常的情况，用多 catch 子句的办法来分别捕获它们。这三种异常分别是：算术异常，无指针异常，数组维数为负异常。

3. finally 子句

当代码抛出一个异常时，就会终止方法中正在执行的剩余代码的处理，并退出这个方法的执行。如果方法获得了一些本地资源，并且只有这个方法自己知道，又如果这些资源必须在退出方法之前被回收，那么就会产生回收资源的问题。一种解决方案是捕获并重新抛出所有的异常。但是，这种解决方法不是很理想，因为它需要在两个地方清除所分配资源。一个在正常使用的代码中，另一个在异常代码中。

而 Java 有一个更好的解决方案，那就是 finally 子句。例如：

```
try
{
    code
    code
}
catch (IOException e1)
{
    handle action for exception e1
}
catch (NullPointerException e2)
{
    handle action for exception e2
}
catch (ArithmeticException e3)
{
    handle action for exception e3
}
finally
{
    handle action for unknown exception
}
```

在上面这段代码中，有三种情况会执行 finally 子句：

（1）代码中没有抛出任何异常。在这种情况下，程序首先执行所有的 try 语句块中的代码，然后执行 finally 子句中的代码。随后在执行 try 语句块之后的语句。

（2）抛出一个在 catch 子句中捕获的异常。假如抛出了一个 IOException 异常。在这种情况下，程序会执行 try 语句块直到发生该异常位置。此时，程序跳过 try 语句块中的剩余代码，转去与该异常匹配的 catch 子句中的代码，最后执行 finally 子句中的代码。如果 catch 子句没有抛出异常，则程序会执行 try 语句块之后的代码。

（3）代码抛出了一个异常，但这个异常不能被所有 try 语句的 catch 子句捕获。在这种情况下，程序将执行 try 语句块中的所有代码直到异常被抛出为止。此时，将跳过 try 语句块中的剩余代码，然后执行 finally 子句中的语句，并将异常抛出给这个方法的调用者。这情况非常适用于有效回收本地资源的情况，例如：关闭文件流或者关闭与数据库的链接。

try 语句也可以没有 catch 子句，只有 finally 子句。例如：

```
try
{
    code
    code
}
finally
{
    handle action for unknown exception
}
```

【例 6-3】 事实上，我们认为在需要关闭资源时，用这种方式使用 finally 子句是一种不错的选择，如本例。

```java
import java.io.*;

public class TryCatchFinallyTest {
    public static void main(String[] args)
    {
        PrintWriter output = null;
        try
        {
            output = new PrintWriter("Text.txt");

            output.println("IOException catch.");
        }
        catch (IOException e)
        {
            System.out.println(e.getMessage());
        }
        finally
        {
            if (output != null)
                output.close();
        }
    }
}
```

在 try 语句块中，分别创建一个文件和向文件中格式输入一个字符串。在对文件的操作中可能会出现 IOException，因此，将它们放入 try 语句块中。在 finally 块中，output.close() 语句关闭 PrintWriter 对象输出。不管 try 块中是否出现异常，fianlly 中的语句都会被执行。

4. 如何使用异常

try 语句块包含的代码是在正常情况下执行的。catch 块包含的代码是在异常情况下执行的。异常处理可以将错误代码从正常的编程任务中分离出来，这样，可以使程序容易阅读和修改。然而应该注意，由于异常处理需要初始化新的异常对象，并重新返回调用堆栈，同时通过方法调用链传播异常，以便搜索异常处理器，所以，通常情况下处理异常要花费更多的时间和资源。

一个方法出现异常时，如果想让该方法的调用者处理异常，应该创建一个异常对象并将其抛出。如果可以在发生异常的地方处理，那么就不需要使用抛出或使用异常。

一般来说，项目中多个类发生的共同异常应该考虑为异常类。发生在个别方法中的简单错误最好进行局部处理，不要抛出异常。

6.2.3　处理异常

前面讲过，在捕获到异常后，就需要对异常进行处理。在 Java 语言中，处理异常主要有两种方式：

（1）在产生异常的方法中处理异常。

（2）将异常抛给调用该方法的代码段。

前面讲过的 try-catch-finally 语句就是第一种方式。运行系统将对 try 语句块中的代码进行检测，如果发现异常则终止当前剩余代码的执行，并在 catch 子句中寻找可匹配的异常类型，如果找到了则实现异常捕获的任务，找不到则继续在其他的 catch 子句中寻找，都找不到的话就执行 finally 子句。

或者也可以使用第二种方式，将异常抛出给调用方法的方法。抛出的方式也有两种，一种是利用关键字 throws，例如：

```
public void function() throws IOException
{
    code
}
```

如果在执行方法的过程中出现了 IOException 异常，则系统会把这个异常抛出给调用这个方法的方法来处理。

一种方式是利用方法体内的 throw 语句，这种方式可以在出现异常的方法内先对异常做一定的处理然后再抛出刚给调用方法者。例如：

```
public void function() throws IOException
{
    try
    {
        code
```

```
}
catch(IOException e)
{
    handle for the exception I/O
    throw e;
}
}
```

请注意这两种方式的不同,throws 关键字用于将异常抛出并且不对异常做任何处理,throw 关键字将异常显示抛出,可以在抛出之前对异常进行一些处理。

6.3 任务三 设计和使用自定义异常类

Java 提供了相当多的异常类,所以尽量使用它们而不要创建自定义异常类。然而,有时也会遇到异常类不能恰当描述问题的时候,此时,Java 也允许用户自定义异常类。

Java 语言要求,任何异常都必须是 Throwable 类的子类,即 Throwable 是所有异常类的公共父类。在这个类中,声明了两个构造方法,一个是默认的构造方法,另一个是具有一个 String 类参数的构造方法,该 String 参数将带入有关异常的描述信息。Throwable 类中主要包含了由构造方法初始化的异常信息和创建异常对象时堆栈的情况记录,它记载了调用每个成员方法的全过程。如果希望访问这些信息,可以通过 Throwable 类提供的方法。如表 6-2 所示。

表 6-2 Throwable 类提供的成员方法

成员方法	描述
getMessage()	返回当前异常的描述信息,其中主要包括异常类的名称以及有关异常类的简单描述
printStackTrace()	将堆栈的跟踪信息输出到标准的输出流中。在命令行方式下,标准输出流指屏幕
printStackTrack(PrintStream s)	将堆栈的跟踪信息通过参数 s 返回
fillInstackTrack()	填写跟踪信息

除了自定义异常类必须是 Throwable 类的子类之外,最好将其定义为 Exception 类的子类,这样 Java 编译器将可以跟踪程序中抛出的异常位置。

【例 6-4】 一个简单的自定义异常类。

```
class UserException extends Exception
{
    private int number;

    public UserException(int number)
    {
        super("Invalid number: " + number);
```

```java
        }
    }

public class UserExTest {
    public static void main(String[] args)
    {
        try
        {
            method(0);
        }
        catch(Exception e)
        {
            System.out.println("Catch a " + e.getClass() + "\n with
            message: " + e.getMessage());
        }
    }

    public static int method(int number) throws UserException
    {
        try
        {
            throw new UserException(number);
        }
        finally
        {
            System.out.println("method function end.");
        }
    }
}
```

运行结果:

```
method function end.
Catch a class UserException
 with message: Invalid number: 0
```

程序中自定义的异常类 UserException 类是 Exception 类的子类,所以当调用 method() 方法时,异常会被抛给 main() 方法。自定义异常类也可以被 catch 子句捕获。但是与标准异常类不同的是,产生标准异常时,系统将自动地创建相应的类对象并将其抛出,但用户自定义的异常类必须由用户自行创建异常类对象,并利用 throw 语句将其抛出。

6.4 习题

1. 简述 Java 异常处理机制。
2. 简述抛出异常、捕获异常和处理异常的基本过程。
3. 如何自定义异常类，自定义异常类时要注意哪些问题？
4. 设计一个程序，其中包括一个用户自定义异常类，再设计一个类用于测试自定义异常类的使用。
5. 编写一个异常类，用于检查一个字符串是否属于字符串。

Java 高级编程应用篇

项目七
文本编辑器

本项目主要是通过文本编辑器的制作，学习从文件读出、写入数据，以串行化读入/读出文件内容，掌握 Java 语言中输入/输出流库，文件的创建与管理、字符流、对象的串行化处理等。

7.1 任务一 从文件读出数据

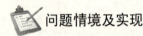问题情境及实现

一个文本编辑器最基本的功能是：
（1）将编辑到文本剪辑器中的文本存入到一个存储介质中，可以是文件或者数据库。
（2）可以从文件或者数据库中提出曾经编辑过的文本数据。

在还没有接触数据库概念之前，我们先假设所有数据文件全部存储在文件系统中。在任务一中，通过学习实现字节流的输入/输出类来完成把数据从文件中读出的任务。

相关知识

7.1.1 流式输入/输出处理机制

输入/输出是每个计算机应用程序都必备的基本功能，之前例子中我们常用的 System.out.println()方法和 Scanner 类中的方法，都只是 Java 语言提供的输入/输出功能的冰山一角。了解 Java 语言如何操作磁盘文件十分重要，在项目七中，我们将介绍 Java 语言流式输入/输出的基本概念，并应用这个原理来完成一个文本编译器。

任何一个应用程序都必须拥有数据的输入和输出渠道，这是一个应用软件最基本的与外界交换信息的方式，也是系统获取用户信息和数据以及用户向系统反馈结果的主要方式。例如通过键盘输入用户信息、利用显示器反馈程序运行结果或者将结果存储到磁盘文件等。在 Java 语言中，所有的输入/输出操作都采用流式处理机制。流指的是具有数据源和数据目标的字节序列的抽象表示。程序可以将数据写入流，也可以将数据从流中

读出，流中存放着以字节序列形式表示的准备流入程序或者流出程序的数据。

在 Java 应用程序中，可以从其中读入一个字节序列的对象就称作输入流，而可以向其中写入一个字节序列的对象称作输出流。这些字节序列的来源地和目的地可以是文件，并且通常都是文件，也可以是网络连接，甚至内存块。我们会分别在任务一和任务二中讲到 Java 语言对输入/输出机制的两种不同处理方式：字节流和字符流。在这里我们先简单介绍一下它们。

抽象类 InputStream 和 OutputStream 构成了有层次结构的输入/输出（I/O）类的基础。在它们之下的子类全都是以字节为基本单位来构成不同目的的输入/输出流。它们以二进制字节序列的形式写数据，写到流中的数据与内存中的形式完全一样。

因为面向字节的流不便于处理以 Unicode 形式存储的信息，所以从抽象类 Reader 和 Writer 中继承出来的专门用于处理 Unicode 字符的类构成了一个单独的层次结构。这些类是 Java 语言中的另一种流类型——字符流，它与字节流的主要区别在存码方式。这些类拥有的读入和写出操作都是基于两字节的 Unicode 码元的，而不是基于单字节的字符。所以，这两种类型的流类型是绝对不可以混用的，即 OutputStream 类的子类读入的数据，不能用 Reader 类的子类来读出。

字节流输入/输出不要求转化。如果使用字节流 I/O 向文件写入数值，就是将内存中的确切值赋值到文件中。例如，一个 byte 类型的数值 199 在内存中表示为 0x97，并且在文件中也是以 0x97 形式出现，使用字节流读取字节时，就是从输入流中读取一个字节的数值。

而字符流型输入/输出则是在字节流输入/输出上的一层抽象，它封装字符的编码和解码过程。在写入字符时，Java 虚拟机将统一码转化为文件指定的编码，在读取字符时，将文件指定的编码转化为统一码。而编码方式根据国家和地区会有所不同。如图 7-1 所示为两种流类型对比。

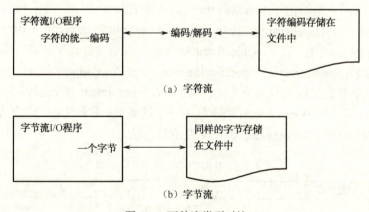

图 7-1 两种流类型对比

一般来说，对于文本编译器或者文本输出程序创建的文件，应该使用文本输入，即字符流来读取，对于 Java 二进制输出程序创建的文件，应该使用二进制输入，即字节流来读取。

由于字节流输入/输出不需要编码和解码过程，所以，比字符流输入/输出效率高。二进制文件与主机的编码方式无关，因而是可移植的，所以，Java 程序可以在任何机器上访问 Java 程序创建的二进制文件。这也是把 Java 的类文件存储为字节码文件的原因，所以，Java 类文件可以在任何具有 Java 虚拟机的机器上运行。

7.1.2 Java 的输入/输出流库

在 Java 语言中提供了很多标准类用于支持字节流输入/输出操作。上面所提到的 InputStream 和 OutputStream 两个抽象类中就封装了有关字节流特性和操作行为的内容。而 InputStream 和 OutputStream 类的子类则根据不同的方向和需求来实现所有具体的操作方法。

▶ 1. 字节输入流 InputStream

字节流是以字节序列的形式读写数据的方式。从输入设备或文件中读取数据使用的字节流称为输入流。InputStream 是这种输入字节流的父类，它拥有所有输入字节流的公共方法，是一个抽象类。而所有它的子类，在继承并且实现那些公共方法的同时，根据输入源的不同，又实现了不同的特殊方法。InputStream 类和子类的关系如图 7-2 所示。

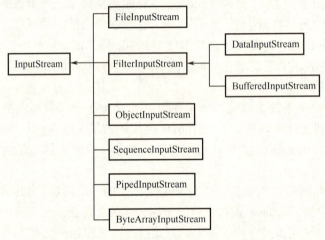

图 7-2 InputStream 类和子类关系图

在图 7-2 中，我们给出了 InputStream 类的 6 个直接子类，它们是 FileInputStream、FilterInputStream、ObjectInputStream、SequenceInputStream、PipedInputStream 和 ByteArrayInputStream 类。其中，ObjectInputStream 类用来负责直接从输入流中读取数据，其他子类中的 FileInputStream、PipedInputStream、ByteArrayInputStream 类分别用来定义文件、管道和字节数组输入源的输入流，SequenceInputStream 类可以将多个输入流连接到一个输入流，而 FilterInputStream 类本身是一个过滤流，它和它的子类扩展了数据的输入方法。表 7-1 列举了 InputStream 类的主要成员方法。

表 7-1 InputStream 类的主要成员方法

成员方法	描 述
read()	从输入流中读取数据的下一个字节，并以 int 类型的形式返回
read(byte[] buffer)	从输入流中读取一定数量的字节，并将其存储在缓冲区数组 buffer 中。以 int 类型的形式返回读取字节
read(byte buffer[], int offset, int length)	从输入流中读取 length 个字节或到达流的尾部结束，并将读取的内容存放到字节数组 buffer 中，其起始位置为 offset。以 int 类型的形式返回读取字节
skip(long n)	从输入流中跳过 n 个字节，或者达到流的尾部。以 long 类型的形式返回跳过的字节数目
close()	关闭此输入流并释放与该流关联的所有系统资源

2. 字节输出流 OutputStream

与 InputStream 类一样，OutputStream 类一样是一个抽象类。它作为所有字节流输出类的父类，拥有所有的公共操作，而特殊操作则由子类来分别完成，如图 7-3 所示。

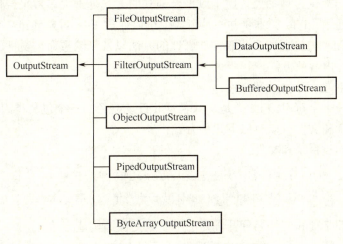

图 7-3 OutputStream 类和子类关系图

OutputStream 类有 5 个直接子类：FileOutputStream、FilterOutputStream、ObjectOutputStream、PipedOutputStream、ByteArrayOutputStream 类。与输入流一样，ObjectOutputStream 类用于将数据直接写入输出流，FileOutputStream、PipedOutputStream、ByteArrayOutputStream 类的数据目标分别是文件、管道和字节数组。FilterOutputStream 类和它的子类扩展了输出流方式，我们习惯使用的 System.out 中的 print()和 printlf()方法就是它其中一个子类 PrintStream 中的方法。表 7-2 为 OutputStream 类的主要成员方法。

表 7-2 OutputStream 类的主要成员方法

成员方法	描　述
write(int b)	将指定字节写入输出流
write(byte[] buffer)	将字节数组 buffer 的内容写入输出流
write(byte[] buffer, int offset, int length)	将字节数组 buffer 中从偏移量 offset 位置开始的 length 个字节写入输出流
flush()	刷新此输出流并强制写出所有缓冲的输出字节
close()	关闭此输出流并释放与此流有关的所有系统资源

7.1.3 文件的创建与管理

利用文件和目录项来存储管理数据是一种最常见的数据管理方式，事实上，任何一种系统的根基也离不开文件系统。作为一种流行的高级语言，Java 提供了丰富的文件系统操作方式，在这一部分，我们将重点介绍两种方式：顺序文件操作——File 类和随机文件操作——RandomAccessFile 类。

1. 文件和目录项的创建

在文件系统中，每个文件都存放在一个目录下。绝对文件名是由文件名和完全路径与驱动器字母组成的，例如：C:/java_book/ch7/file.txt 是文件 file.txt 在 Windows 操作系统上的绝对文件名,其中的 C:/java_book/ch7 是它的目录路径。绝对文件名是平台依赖的,也就是说,换个系统这个路径名可能就会失效。例如,在 Linux 系统上路径名可能是 /usr/local/java_book/file.txt,在这里 /usr/local/java_book/ 就是文件 file.txt 的路径名。

File 类专门提供一种抽象,用于以平台独立的方式处理大多数平台依赖的、复杂的文件和路径名问题。File 类本身并不是流,但可以通过 File 对象创建一个对应于特定文件的流对象。File 类包含许多获取文件属性的方法以及删除重命名文件的方法,但是并不包含读写文件内容的方法。

用 File 类创建一个目录和文件:

文件名是一个字符串。File 类是文件名及其目录路径的一个包装类。例如在 Windows 系统下创建目录和文件可以有以下几种方式:

(1) 分别创建目录和文件。

```
File dir = new File("C:/java_book/ch7/");
File file = new File("C:/java_book/ch7/file.txt");
```

(2) 将文件路径和文件名分开作为两个参数提供给构造方法。

```
File file = new File("C:/java_book/ch7/ ", "file.txt");
```

(3) 先创建一个目录,然后将描述目录的对象作为参数传递给 File 对象的构造方法。

```
File dir = new File("C:/java_book/ch7/");
File file = new File(dir, "file.txt");
```

注意: 在程序中,最好不要直接使用绝对文件名,因为这可能造成你的程序无法在其他机器上正常运行。可以尝试使用相对路径的方法,即使用 File file = new File("file.txt"); 的方法,程序就可以在当前系统运行目录下创建 file.txt 文件。这样创建的文件与目录路径无关,在 Windows 或 Linux 等其他系统上都可以运行。

File 类还提供了很多有关检测文件对象的方法,例如 isDirectory()方法用来判断一个对象是否是一个目录,isFile()方法用来检测一个对象是否是文件。表 7-3 为其检测方法。

表 7-3　File 类中的有关检测 File 对象的成员方法

成员方法	描述
exists()	成员方法将检测 File 对象所描述的文件或目录是否存在,如果存在,返回 true,否则返回 fasle
isDirectory()	成员方法将检测 File 对象是否为目录,如果是目录,返回 true,否则返回 fasle
isFile()	成员方法将检测 File 对象是否为文件,如果是文件,返回 true,否则返回 fasle
isHidden()	成员方法将检测 File 对象是否为隐藏文件,如果是隐藏文件,返回 true,否则返回 fasle
canRead()	成员方法将检测 File 对象所描述的文件或目录是否可读,如果可读,返回 true,否则返回 fasle
canWrite()	成员方法将检测 File 对象所描述的文件或目录是否可写,如果可写,返回 true,否则返回 fasle
equals(Object obj)	这个成员方法可以检测 File 对象描述的绝对路径与 obj 的绝对路径是否相等,如果相等则返回 true,否则返回 false

【例 7-1】 一个简单的 File 类应用程序,用来检测文件属性。

```
import java.io.*;
import java.util.*;
```

```java
public class FileTest {
    public static void main(String[] args)
    {
        File file = new File("file.txt");
        System.out.println("------------------------");
        System.out.println("File: " + file.getAbsolutePath());
        System.out.println("Does it exist? " + file.exists());
        System.out.println("Can it be read? " + file.canRead());
        System.out.println("Can it be written?"+file.canWrite());
        System.out.println("Is it a directory?"+file.isDirectory());
        System.out.println("Is it absolute? " + file.isAbsolute());
        System.out.println("Is it hidden? " + file.isHidden());
        System.out.println("Its directory is:"+file.getParent());
        System.out.println("Last modified on"+new Date(file.lastModified()));
        System.out.println("------------------------");
    }
}
```

运行结果如图 7-4 所示。

图 7-4 运行结果

程序在当前文件夹下为文件 file.txt 创建一个 File 类对象，获取它的相关信息，例如，文件的绝对路径是否存在，是否可读写等一些基本属性。lastModified()方法将返回文件最后修改的日期和时间，使用 Date 类以易读懂的方式对它进行显示。

在 File 类中，还提供了其他用于获取文件信息和修改 File 对象的成员方法。见表 7-4 和表 7-5，以及【例 7-2】。

表 7-4 File 类中获取文件信息的成员方法

成员方法	描　述
getName()	返回由此抽象路径名表示的文件或目录的名称
getPath()	将此抽象路径名转换为一个路径名字符串
getAbsolutePath()	返回此抽象路径名的绝对路径名字符串
getParent()	返回此抽象路径名父目录的路径名字符串；如果此路径名没有指定父目录，则返回 null
list()	返回一个字符串数组，这些字符串指定此抽象路径名表示的目录中的文件和目录
listFiles()	返回一个抽象路径名数组，这些路径名表示此抽象路径名表示的目录中的文件
length()	返回由此抽象路径名表示的文件的长度
lastModified()	返回此抽象路径名表示的文件最后一次被修改的时间
toString()	返回此抽象路径名的路径名字符串
hashCode()	计算此抽象路径名的哈希码

表 7-5 File 类中修改文件的成员方法

成员方法	描　述
renameTo(File path)	用 path 重新命名此抽象路径名表示的文件
setReadOnly()	标记此抽象路径名指定的文件或目录，从而只能对其进行读操作
mkdir()	创建此抽象路径名指定的目录
mkdirs()	创建此抽象路径名指定的目录，包括所有必需但不存在的父目录
createNewFile()	当且仅当不存在具有此抽象路径名指定名称的文件时，不可分地创建一个新的空文件
delete()	删除此抽象路径名表示的文件或目录。该方法不能删除非空的目录

【例 7-2】

```
FileTest2.java
import java.io.*;

public class FileTest2 {
    public static void main(String[] args)
    {
        System.out.println(args.length);
        if (args.length != 1)
            args[0] = "..";


        File dir = new File(args[0]);

        try
        {
            String[] files = dir.list();

            for (int i = 0; i < files.length; i++)
            {
```

```
            File f = new File(dir.getPath(), files[i]);

            if (f.isDirectory())
            {
                System.out.println(f.getCanonicalPath());
                main(new String[] {f.getPath()});
            }
            else
                System.out.println(f.getName());
        }
    }
    catch(Exception e)
    {
        e.printStackTrace();
    }
}
```

运行结果如图 7-5 所示。

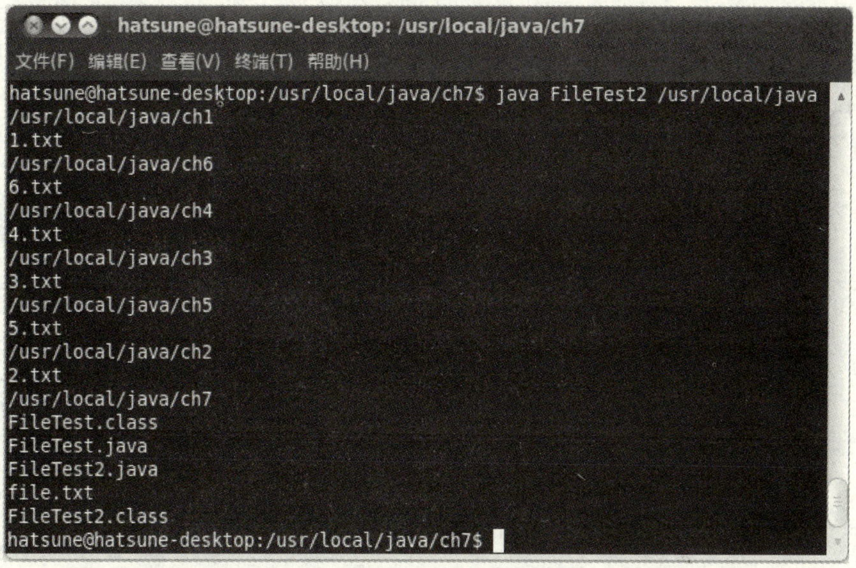

图 7-5 运行结果

在命令行中编译上述程序,在本书中程序命名为 FileTest2.java,编译后得到 FileTest2.class,在命令行中输入 "java FileTest2 /usr/local/java" 后得到如图 7-5 所示结果。"/usr/localjava" 为本书存放 Java 程序的目录,这里还可以换成其他已存在的目录。

2. 如何写文件

利用 File 类创建的文件是顺序文件，因此该文件只能顺序读取。在 Java 语言中，FileOutputStream 流可以用来写文件。这一部分，我们主要介绍两种用来写文件的流：FileOutputStream 类和 DataOutputStream 类。

（1）FileOutputStream 类。

FileOutputStream 类是抽象类 OutputStream 类的子类，所以它继承了 OutputStream 类的所有方法，并且实现了抽象方法 write()，它的数据目标为磁盘文件。表 7-6 为它的四种构造方法。

表 7-6 FileOutputStream 类的构造方法

构造方法	描 述
FileOutputStream(String name)	为 name 指定的文件创建一个输出流，文件现有的内容将被重写。如果不能打开这个文件，将抛出一个 IOException 异常
FileOutputStream(String name, boolean append)	为 name 指定的文件创建一个输出流。如果 append 为 true，新写入文件的数据将追加在文件现有内容之后。如果不能打开这个文件，将抛出一个 IOException 异常
FileOutputStream(File file)	为 file 描述的文件创建一个输出流。如果不能打开这个文件，将抛出一个 IOException 异常
FileOutputStream(File file, boolean append)	为 file 描述的文件创建一个输出流。如果 append 为 true，新写入文件的数据将追加在文件现有内容之后。如果不能打开这个文件，将抛出一个 IOException 异常

通过上面四种构造方法，可以将一个磁盘文件与输出流连接起来，之后就可以利用 FileOutputStream 类中的方法向输出流中写入数据。

【例 7-3】 向文件中写入数据。

```java
import java.io.*;

public class FileInputTest {
    public static void main(String[] args)
    {
        String filename = "text.txt";
        byte[] number = {3, 5, 7, 11, 13};

        try
        {
            File file = new File(filename);
            if (!file.createNewFile())
                System.out.println("creat file " + file.getName() + "failed.");
            FileOutputStream output = new FileOutputStream(file);
```

```java
            for(int i = 1; i <= 20; i++)
            {
                output.write(i);
                if (i % 4 == 0)
                    output.write(number[i / 4 - 1]);
            }
            output.close();
        }
        catch(IOException e)
        {
            System.out.println("IOException occurred.");
            e.printStackTrace();
        }

    }
}
```

这个程序向文件中顺序写入 1～20 的数字，每输入 4 个就插入一个数组中多数字，但是用 FileOutputStream 类写入的数据是以字节为单位的，所以不能通过查看写入文件的方式来检查。

FileOutputStream 类是 OutputStream 类的直接子类，从【例 7-3】可以看出它是按照字节单位写入数据的，但是有些时候按照字节写数据不太方便，而且字节也不是应用需求中的常用单位。所以，我们来看一种能够按照基本数据类型来操作的输出类——DataOutputStream 类。

（2）DataOutputStream 类。

DataOutputStream 类是 FilterOutputStream 类的子类，而 FilterOutputStream 类是所有过滤输出流类的父类。这个类重写了 OutputStream 类中所有的成员方法，同时强化了它的数据处理功能，从表 7-7 DataOutputStream 类的数据处理方法我们可以看出这一点。利用 DataOutputStream 类可以将基本数据类型的数据直接写入输出流。

表 7-7 DataOutputStream 类定义的成员方法

成员方法	描　述
writeByte(int value)	将 value 的低字节写出到基础输出流中
writeBoolean(boolean value)	将 boolean 类型的 value 作为一个字节写入流中。如果 value 为 true 则写入 1，否则写入 0
writeChar(int value)	将一个 int 类型的 value 的低位两个字节写入基础输出流中，先写入高字节
writeShort(int value)	将 int 类型的 value 的低位两个字节写入基础输出流中
writeInt(int value)	将 int 类型的 value 的 4 个字节写入基础输出流中
writeLong(long value)	将 long 类型的 value 的 8 个字节写入基础输出流中
writeFloat(float value)	将 float 类型的 value 的 4 个字节写入基础输出流中
writeDouble(double value)	将 double 类型的 value 的 8 个字节写入基础输出流中
writeChars(String s)	将字符串按字符顺序写入基础输出流

与之前讲过的其他输出流不同的是，DataOutputStream 类构造方法的参数必须是 OutputStream 类对象，根据具体情况它可以是 PipedOutputStream、ByteArrayOutputStream 或 FileOutputStream 类对象。

【例 7-4】 DataOutputStream 类示例。

```java
import java.io.*;

public class DataOutputTest {
    public static void main(String[] args)
    {
        int[] even = {2, 4, 6, 8, 10};
        float[] odd = {1.0f, 3.0f, 5.0f, 7.0f, 9.0f};
        String fname = "data.txt";

        try
        {
            File file = new File(fname);
            if (!file.createNewFile())
                System.out.println("creat file " + file.getName() + "failed.");
            DataOutputStream output = new DataOutputStream(new FileOutputStream(file));

            for (int i = 0; i < even.length; i++)
                output.writeInt(even[i]);
            for (int i = 0; i < odd.length; i++)
                output.writeFloat(odd[i]);
            output.close();
        }
        catch(IOException e)
        {
            System.out.println("IOException occurred.");
            e.printStackTrace();
        }
    }
}
```

3. 如何读文件

读文件的过程与写文件的过程是对应的，相信学过了如何写文件，大家就应该能想到用什么类来读文件。在这里，我们分别来介绍如何用 **FileInputStream** 类和 **DataInputStream** 类来读文件。

（1）FileInputStream 类。

与 FileOutputStream 类一样，FileInputStream 类用于从文件读取字节。它的所有方法都是从 InputStream 类中继承而来，并没有引入新方法。

这里需要注明的是，当企图用 FileInputStream 类对象读取一个不存在的文件时，将会发生 java.io.FileNotFoundException 异常，所以在进行文件操作时，要时常注意应用我们在项目六中所学习的异常处理知识。

【例 7-5】 读文件。

```java
import java.io.*;

public class FileInputTest {
    public static void main(String[] args)
    {
        String fname = "text.txt";
        byte[] read = new byte[25];

        File file = new File(fname);
        try
        {
            FileInputStream input = new FileInputStream(file);
            input.read(read);
            input.close();
        }
        catch(IOException e)
        {
            System.out.println("IOException occurred.");
            e.printStackTrace();
        }
        for (int i = 0; i < read.length; i++)
            System.out.print(read[i] + " ");

    }
}
```

运行结果：

1 2 3 4 3 5 6 7 8 5 9 10 11 12 7 13 14 15 16 11 17 18 19 20 13

通过运行这个程序，我们能看到【例 7-3】的运行结果。

（2）DataInputStream 类。

DataInputStream 类是 FilterInputStream 类的子类，它能够直接从输入流中读取基本数据类型和 String 类对象的数据。在 DataInputStream 类中有与 DataOutputStream 类

相对应的成员方法,利用它们可以根据不同的基本数据类型,一次读取若干个字节的内容。

【例 7-6】 DataOutputStream 类示例。

```java
import java.io.*;

public class DataInputTest {
    public static void main(String[] args)
    {
        String fname = "data.txt";
        int[] intArray = new int[5];
        float[] floatArray = new float[5];

        try
        {
            File file = new File(fname);
            DataInputStream input = new DataInputStream(new FileInputStream(file));

            for(int i = 0; i < intArray.length; i++)
            {
                intArray[i] = input.readInt();
                System.out.print(intArray[i] + " ");
            }
            for(int i = 0; i < floatArray.length; i++)
            {
                floatArray[i] = input.readFloat();
                System.out.print(floatArray[i] + " ");
            }
            input.close();
        }
        catch(IOException e)
        {
            System.out.println("IOException occurred.");
            e.printStackTrace();
        }

    }
}
```

运行结果:

2 4 6 8 10 1.0 3.0 5.0 7.0 9.0

7.1.4 随机文件 RandomAccessFile 类

RandomAccessFile 类可以在文件中的任何位置查找或写入数据。磁盘文件都可以是随机访问的，但是从网络来的数据流却不是。一个打开的随机访问文件可以用于读取，或是读写，可以用"r"或"rw"作为构造方法的第二个参数来指定访问方式。例如：

```
RandomAccessFile randomfile = new RandomAccessFile("data.dat","r");
```

或是：

```
RandomAccessFile randomfile = new RandomAccessFile("data.dat","rw");
```

随机访问文件有一个表示下一个将被读取或写入的字节所处位置的文件指针，seek() 方法可以将这个文件指针设置到文件内部的任意字节位置，seek() 的参数是一个 long 类型的整数，它的值位于 0 到文件按照字节来度量的长度之间。getFilePointer() 方法用于表示当前文件指针的位置，即其实与文件顶端位置 0 开始的偏移量。RandomAccessFile 类同时实现了 DataInput 和 DataOutput 接口，所有它的类对象都可以使用例如 readInt 或 wrtieChar 之类的方法写入或读取基本类型的数据。

【例 7-7】 RandomAccessFile 类读取写入随机文件。

```java
import java.io.*;

public class RandomAccessTest {
    public static void main(String[] args)
    {
        try
        {
            RandomAccessFile inout = new RandomAccessFile ("inout.dat","rw");

            inout.setLength(0);

            for (int i = 0; i < 200; i++)
                inout.writeInt(i);

            System.out.println("Current file length is " + inout.length());
```

```java
            inout.seek(0);
            System.out.println("The first number in the file is "
+ inout.readInt());
            inout.seek(4 * 4);
            System.out.println("The fifth number in the file is "
+ inout.readInt());
            inout.seek(5 * 4);
            System.out.println("The sixth number in the file is "
+ inout.readInt());
            inout.seek(19 * 4);
            System.out.println("The twenty number in the file is "
+ inout.readInt());
            inout.writeFloat(123.21f);
            inout.seek(inout.length());
            inout.writeInt(999);

            System.out.println("Now the file length is " + inout.
length());
            inout.seek(200 * 4);
            System.out.println("The last number in the file is " +
inout.readInt());
            inout.seek(20 * 4);
            System.out.println("The twenty first number in the file
is " + inout.readFloat());

            inout.close();

        }
        catch(IOException e)
        {
            System.out.println("IOException occurred.");
            e.printStackTrace();
        }
    }
}
```

运行结果:

```
Current file length is 800
The first number in the file is 0
```

```
The fifth number in the file is 4
The sixth number in the file is 5
The twenty number in the file is 19
Now the file length is 804
The last number in the file is 999
The twenty first number in the file is 123.21
```

在程序中，创建了一个可读写的 RandomAccessFile 对象，允许对文件进行读取和写入操作。

程序首先将 0～200 个数写入文件中，再通过 seek()方法操作文件指针移动到一个特殊位置读取相应的数据。程序中读入的数据分别是整型 int 和单精度浮点数 float，请注意这两种数据类型在 Java 中所占字节数。

程序中，通过 length()方法的返回值可以知道，int 类型和 float 类型分别占 4 字节，如果写入占用 8 字节的 double 类型就要特别注意指针位置的计算。

7.2 任务二　向文件写入数据

问题情境及实现

在任务一中，我们已经能够很好地完成从文件中以字节为单位读取数据的任务，并且能够以基本数据为单位向磁盘文件写入数据。

但实际上，这样还远不能应付很多实际要求。更多情况下，我们向磁盘文件写入数据仅是用字节是不够的，有的时候我们需要更复杂的数据结构，例如字符串和类对象。在任务二中，我们重新来看如何以字符流方式向磁盘文件写入数据。

相关知识

7.2.1　字符流

在 Java 语言中，字符流的实现分别由抽象类 Reader 和抽象类 Writer 实现完成。由图 7-1 我们知道，字符流的处理过程与字节流的最大区别就在于它拥有自己的编码和解码过程。在 Java 语言中，这个过程采用 Unicode 编码，每个字符占 16 位，即 2 字节，所以每次读写操作以 2 字节为单位。在读取过程中，Java 语言还承担在 Unicode 编码与本地机器编码之间的转换。

7.2.2　字符输出流

在 Java 语言中，Writer 类是一个抽象类，它是所有以字符为单位的输出流的父类，其中定义了字符输出流在实现写操作时需要的大部分成员方法，如表 7-8 所示。当然，其中方法还需要它的子类具体实现后才能够使用。

表 7-8 Writer 类中提供的成员方法

成员方法	描 述
write(int c)	将字符 c 写入到输出流
write(char cbuf[])	将 char 类型数组 cbuf 中的所有字符写入到输出流
write(char cbuf[], int off, int len)	将 char 类型数组 cbuf 中，从偏移量 off 开始的 len 个字符写入到输出流
write(String str)	将字符串 str 中的所有字符写入到输出流
write(String str, int off, int len)	将字符串 str 中，从偏移量 off 开始的 len 个字符写入到输出流
flush()	刷新输出流的缓冲
append(char c)	将指定字符 c 添加到输出流
close()	关闭输出流，但在这之前会先刷新它

如图 7-6 所示，Writer 类一共有七个子类。BufferedWriter 类将文本写入字符输出流，它拥有一个字符缓冲区，并且大小可以指定，用于缓冲各个字符，从而提供单个字符、数组和字符串的高效写入。CharArrayWriter 类实现一个可用作 Writer 的字符缓冲区。缓冲区会随向流中写入数据而自动增长。可以使用 toString()等方法获取数据。FilterWriter 类用于写入已过滤的字符流的抽象类。OutputStreamWriter 类具有将字符直接写入输出流对象的能力，它的子类 FileWriter 可以将字符直接写入文件中。PipedWriter 类是与 PipedReader 类对应的字符流，利用它们可以在程序运行时的两个线程之间传递数据。StringWriter 类可以用它回收在字符串缓冲区中的输出来构造字符串。PrintWriter 类向文本输出流打印对象的格式化表示形式。

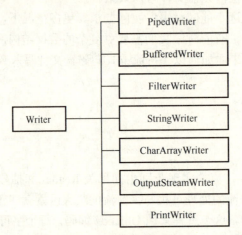

图 7-6 Writer 抽象类结构图

下面举例一个应用程序来说明它们的使用方法。

【例 7-8】 一个应用 FileWriter 类的例子。

```java
import java.io.*;

public class FileWriterTest {
    public static void main(String[] args)
```

```java
    {
        String fname = "file";
        TextReader t1 = new TextReader("FileWriter Learning note",
        "John", "note");
        TextReader t2 = new TextReader("Slipping story", "Mary",
        "story");
        t2.setText("Zzzz...");
        String str = t2.getTitle() + " " + t2.getWriter() + " " +
        t2.getType() + " " + t2.getText();

        File file = new File(fname);
        try
        {
            if (file.exists())
                file.delete();
            file.createNewFile();
            FileWriter output = new FileWriter(file);
            output.write(t1.getTitle() + " ");
            output.write(t1.getWriter() + " ");
            output.write(t1.getType() + " ");
            output.write("/n");
            output.write(str, 0, str.length());
            output.close();
        }
        catch(IOException e)
        {
            e.printStackTrace();
        }
    }
}

class TextReader
{
    private String title;
    private String writer;
    private String text;
    private String type;

    public TextReader(String title, String writer, String type)
    {
```

```java
        this.title = title;
        this.writer = writer;
        this.type = type;
    }

    public void setText(String t)
    {
        text = t;
    }
    public String getTitle()
    {
        return title;
    }
    public String getWriter()
    {
        return writer;
    }
    public String getType()
    {
        return type;
    }
    public String getText()
    {
        return text;
    }
}
```

程序会在文件中写入如下字符:

```
FileWriter Learning note John note
Slipping story Mary story Zzzz...
```

【例 7-9】 一个应用 PrintWriter 的例子。

```java
import java.io.*;
import java.util.*;

public class PrintWriterTest {
    public static void main(String[] args)
    {
        if (args.length != 4)
        {
```

```java
            System.out.println("Please Input: java PrintWriterTest sourcefile targetfile oldstr newstr");
            System.exit(0);
        }

        File sourcefile = new File(args[0]);
        if (!sourcefile.exists())
        {
            System.out.println("Source File " + args[0] + " does not exist.");
            System.exit(0);
        }

        File targetfile = new File(args[1]);
        if (!targetfile.exists())
        {
            System.out.println("Target File " + args[1] + " does not exist.");
            System.exit(0);
        }

        try
        {
            Scanner input = new Scanner(sourcefile);
            PrintWriter output = new PrintWriter(targetfile);

            while (input.hasNext())
            {
                String s1 = input.nextLine();
                String s2 = s1.replaceAll(args[2], args[3]);
                output.println(s2);          }
            input.close();
            output.close();
        }
        catch(IOException e)
        {
            e.printStackTrace();
```

```
            }
        }
    }
```

读者可以在命令行上试运行这个程序。编译后的运行命令为：

```
java PrintWriterTest 源文件名 目标文件名 旧字符串 新字符串
```

程序会首先检查所有参数是否齐全，然后查看两个文件是否存在，如果不符合上述要求程序会自动退出。通过检查的话，程序会从源文件中读取一行，替换文本，然后向目标文件中写入这一行，反复进行这个过程，直到读取到文件尾。

7.2.3 字符输入流

与 Writer 对应的字符流是 Reader，它也是一个抽象类。它是所有以字符为单位的输入流的父类，同样也定义了所有字符输入流应该实现的大部分成员方法。表 7-9 列出了这些成员方法。

表 7-9 Reader 类中提供的部分成员方法

成员方法	描述
read()	从流中读取一个字符，并以 int 类型的形式返回。如果读到文件的尾部，返回 -1；如果发生错误，抛出 IOException 异常
read(char cbuf[])	从流中读取字符并存入 char 型数组 cbuf 中。次成员方法返回读取的字符个数
read(char cbuf[], int off, int len)	从流中读取 len 个字符并存入 char 型数组 cbuf 从偏移量 off 开始的位置。该成员方法返回读取字符的个数
skip(long n)	跳过流中 n 个字符。该成员方法返回跳过的字符个数。如果到达流的尾部，或者由于输入错误终止处理，该值将小于 n
ready()	如果预读取的流已经准备就绪，返回 true，否则返回 false
close()	关闭该流并释放与之关联的所有资源

如图 7-7 所示，Reader 类的子类与 Writer 子类的功能是对应着的，这里不再赘述。

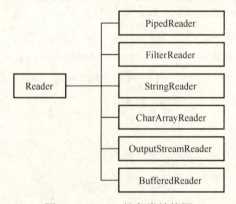

图 7-7 Reader 抽象类结构图

下面用几个示例来说明它们各自的使用方法。

【例 7-10】 FileReader 类的应用举例。

```java
import java.io.*;

public class FileReaderTest {
    public static void main(String[] args)
    {
        String fname = "src/WR/FileReaderTest.java";

        File file = new File(fname);
        try
        {
            FileReader output = new FileReader(file);

            int c = 0;
            while ( c != -1)
            {
                c = output.read();
                if (c != -1)
                System.out.print((char)c);
            }

        }
        catch(IOException e)
        {
            System.out.println("IOException occurred.");
            e.printStackTrace();
        }
    }
}
```

【例 7-11】 BufferedReader 类示例。

```java
import java.io.*;

public class BufferedReaderTest {
    public static void main(String[] args)
    {
        BufferedReader input=new BufferedReader(new InputStreamReader
        (System.in));
        String title = null;
```

```
            String type = null;
            String writer = null;
            
            System.out.println("TextReader: ");
            try
            {
                System.out.print("Title: ");
                title = input.readLine();
                System.out.print("/nWriter: ");
                writer = input.readLine();
                System.out.print("/nType: ");
                type = input.readLine();
            }
            catch(IOException e)
            {
                System.out.println("IOException occurred.");
                e.printStackTrace();
            }
            
            Text text = new Text(title, writer, type);
            System.out.println(text.toString());
        }
    }
    
    class Text
    {
        private String title;
        private String writer;
        private String type;
        
        public Text(String title, String writer, String type)
        {
            this.title = title;
            this.writer = writer;
            this.type = type;
        }
        
        public String toString()
        {
```

```
        return"Title:"+title+"Writer:"+writer+"Tpye:"+type;
    }
}
```

运行结果：

```
TextReader:
Title: Slipping story

Writer: Mary

Type: story
Title: Slipping story Writer: Mary Tpye: story
```

在程序中我们实现了一个简单的文本编辑器，当然这里还没有图形 GUI 作界面。一个简单的文本编辑器应该包括题目、作者、文章类型和文章内容。在【例 7-8】和本例中都有一个简单的文本编辑器类，但是要把文本编辑器里的数据存储到文件中，我们现在还只能以字符串为单位一个个地复制。在实际操作中，这种方法虽然可行，但是操作起来却相当麻烦。有兴趣的读者可以继续完善这个程序，待图形 GUI 知识讲完后，就可以编写出一个完整的文本编辑器。在任务三中，我们会利用串行化的方法重新写这个程序。

7.3 任务三 以串行化读入/读出文件内容

问题情境及实现

现在我们已经可以用字符流或者字节流来向磁盘写入或是读出一些基本类型的数据和字符串，但是要完成本项目的任务光靠简单的字符流或者字节流来实现是相当麻烦的。例如我们在处理一些字符串数据的同时，可能还要同时注意如何存储整形数据和浮点型数据，因为它们同属于一个类。但是要把这些数据存入一个文件，在写入的时候不仅要注意它们各自所占用的字节数，同样，读出的时候也要计算好。但最大的麻烦是，这样做之后，类的概念就不存在了，所有的数据都变成了没有组织的散乱数据。有没有什么好的解决方法呢？

在任务三中，我们将通过介绍在 Java 中的串行化功能来重新解决文本编辑器的问题。你可以看到它基本的过程不变，但是通过串行化使对象可以写入并读出文件将让上述问题变得很简单。

相关知识

所谓串行化是指在外部永久性文件中存放或检索对象的过程。将对象写入文件称为串行化对象，从文件中读取对象称为并行化对象。并不是每一个对象都可以写到输出流，可以写入输出流中的对象称为可串行化的对象。可串行化的对象是 java.io.Serializable 接口的实例，所以，可串行化对象必须实现 Serializable 接口。

Serializable 接口是一种标记性接口。它没有方法，所以，实现 Serializable 接口的类不需要添加额外的代码。要实现这个接口可以启动 Java 的串行化机制，可以自动执行存储对象和数组的过程。

为了体验这个自动功能和理解对象是如何存储的，可以想象一下如果没有这种功能，应该如何存储文本编辑器这个类。在之前的例子中，我们所设计的文本编辑器类都是一些功能比较简单、基础的类，真正的类可能要包含更多的成员变量，例如：标题、作者、文本创建时间、修改时间、文本内容、标签等。这些数据的类型并不统一，有字符串，有整形，还有标准类。如果我们用之前的方法，将属性一个个地存储到文件，不同的基础数据类型也许只需要注意类型占用的字节，但是标准类也许就需要把类中的相关属性一同写入文件了。可以看到，这将是一个非常烦琐冗长的过程，幸运的是不必人工完成这一过程。Java 提供自动写对象这一过程的内在机制。这个过程称为对象串行化，在 ObjectOutputStream 中实现。与此相反，读取对象的过程称作对象并行化，在 ObjectInputStream 中实现。

许多 Java API 中的类都实现了 Serializable 接口。工具类如 java.util.Date 以及所有的 Swing GUI 组件类都实现 Serializable 接口。试图存储一个不支持 Serializable 接口的对象会引起 NotSerializableException 异常。

存储一个可串行化对象时，会对该对象的类进行编码，编码包括类名、类的签名、对象实例变量的值以及任何从初始对象引用的其他对象闭包，但是不存储对象静态变量的值。

【例 7-12】用串行化的概念重新设计了文本编辑器，下面是文本编辑器 TextReader 类的定义。

```java
import java.util.*;
import java.io.*;

public class TextReader implements Serializable{
    private String title;
    private String writer;
    private String type;
    private String text;
    private Date date;
    private Date lastModified;

    public TextReader(String title, String writer, String type)
    {
        this.title = title;
        this.writer = writer;
        this.type = type;
        this.date = this.lastModified = new Date();
    }
```

```java
    public void setText(String str)
    {
        text = str;
    }
    public void setLastModified()
    {
        lastModified = new Date();
    }
    public String getTitle()
    {
        return title;
    }
    public String getWriter()
    {
        return writer;
    }
    public String getType()
    {
        return type;
    }
    public String getText()
    {
        return text;
    }
    public Date getDate()
    {
        return date;
    }
    public Date getLastModified()
    {
        return lastModified;
    }
}
```

下面是一个测试串行化功能的 ObjectText 类。在 main()方法中，首先定义了一个 TextReader 类数组，然后分别定义了其中的每一个元素，再利用 Java 提供的串行化功能将整个数组存储到文件 date.dat 中。要注意，之所以能成功是因为数组元素本身的类型可以串行化，这样才不会出现问题。最后，再用相反的过程将数据从文件中读取出来，并用 print()方法显示。

```java
ObjectTest.java
import java.io.*;

public class ObjectTest {
    public static void main(String[] args)
    {
        try
        {
            TextReader[] text = new TextReader[3];
            text[0] = new TextReader("Java Learning note", "John", "note");
            text[1] = new TextReader("Slipping story", "Mary", "story");
            text[2] = new TextReader("Movie plot", "Tony", "plot");

            ObjectOutputStream output = new ObjectOutputStream(new FileOutputStream("date.dat"));
            output.writeObject(text);
            output.close();

            ObjectInputStream input = new ObjectInputStream(new FileInputStream("date.dat"));

            TextReader[]newText=(TextReader[])input.readObject();

            for (int i = 0; i < newText.length; i++)
                newText[i].setLastModified();
            for (int i = 0; i < newText.length; i++)
            {

                System.out.println("-------------------------------------------------");

                System.out.print("Writer:"+newText[i].getWriter());

                System.out.println("/t/tType:"+newText[i].getType());
                System.out.println("Title:"+newText[i].getTitle()+"/n");
                System.out.println("First create date:"+newText
```

```
                    [i].getDate());
                System.out.println("Last Modify date: " + newText
                    [i].getLastModified());

            System.out.println("-----------------------------------
                ------------------");
            }
            input.close();
        }
        catch(IOException e)
        {
            e.printStackTrace();
        }
        catch(ClassNotFoundException e)
        {
            e.printStackTrace();
        }
    }
}
```

运行结果：

```
--------------------------------------------------
Writer: John      Type: note
Title: Java Learning note

First create date: Sun Nov 06 16:24:32 CST 2011
Last Modify date: Sun Nov 06 16:24:32 CST 2011
--------------------------------------------------
--------------------------------------------------
Writer: Mary      Type: story
Title: Slipping story

First create date: Sun Nov 06 16:24:32 CST 2011
Last Modify date: Sun Nov 06 16:24:32 CST 2011
--------------------------------------------------
--------------------------------------------------
Writer: Tony      Type: plot
Title: Movie plot
```

```
First create date: Sun Nov 06 16:24:32 CST 2011
Last Modify date: Sun Nov 06 16:24:32 CST 2011
-------------------------------------------------------
```

7.4 综合实训：单词数统计

【例7-13】 创建一个文本文件，并统计其中包含的单词数目。

```java
import java.util.*;
import java.io.*;

public class StringTest {
  public static void main(String[] args)
  {
      String fname = "string";
      File file = new File(fname);
      int count = 0;
      
      try
      {
          Scanner in = new Scanner(file);
          while(in.hasNext())
          {
              in.next();
              count++;
          }
          System.out.println("Total number in the file is " + count);
      }
      catch(Exception e)
      {
          e.printStackTrace();
      }
  }
}
```

注意：在程序中，string文件用来存储英文文本。

7.5 拓展动手练习

重新设计一个文本编辑器，根据个人需求实现更多功能。

利用随机读写文件制作一个更新计数器，能够跟踪一个程序的运行次数。提示：可以在文件中存储一个 int 型的计数器。程序每运行一次，计数器增加 1。

7.6 习题

1. 简述利用流机制处理输入/输出的特点。
2. 简述 Java 处理输入/输出的两种方式：字节流和字符流。
3. 编写程序，统计给定文件中每个字母出现的频率。
4. 什么是串行化？如何让对象具有串行化的能力？
5. 设计一个图书类，并编写一个程序，将各本图书的信息写入一个给定的文件中。

项目八
Java 图形应用界面

到目前为止，我们所编写的程序都是通过键盘接收输入，在命令行或者编程软件 IDE 中显示结果。但是，现实中的绝大多数程序或者软件都不是以这种方式运行的，绝大多数用户也不喜欢这种死板的交互方式，网络应用程序方面更是如此。在项目八中，将介绍如何编写使用图形用户界面（GUI）的 Java 程序。主要内容为如何创建图形用户界面、如何显示图片、如何响应例如敲击键盘和单击鼠标事件等。在学完这一项目后，读者可以结合之前学过的内容编写出完整的有图形界面做输入/输出的 Java 应用程序。

8.1 任务一 计算器图形界面

问题情境及实现

在 Java 语言中，有两个包（java.awt 和 javax.swing）包括了实现图形用户界面的所有基本元素，这些基本元素主要包括容器、组件、绘图工具和布局管理器等。组件是用户实现交互操作的部件，容器是包容组件的部件，布局管理器是管理组件在容器中布局的部件，绘图工具是绘制图形的部件。java.awt 包是 Java1.1 用来建立 GUI 的图形包，这里的 awt 是抽象窗口工具包（abstract window toolkit）的缩写，其中的组件常被称为 AWT 组件。javax.swing 是 Java 2 提出的 AWT 的改进包，它主要改善了组件的显示外观，增强了组件的控制能力。

在任务一中，我们将认识 AWT 组件，然后用它来完成一个简单的计算器图形界面的应用。

相关知识

8.1.1 AWT 概述

AWT 是 Java 基础类库 JFC（Java foundation class）的重要组成部分，为 Java 程序提供图形用户界面（GUI）的标准 API。它是一个平台独立的窗口系统，提供了包括图形图像、色彩、数据传输、事件处理和用户界面等工具包。它位于 java.awt 包中，使用 AWT 组件的时候需要在程序的最上头标明引用，即：

```
import java.awt.*;
```

在 Java 刚释出的时候，作为其中最弱的组件 AWT 受到不小的批评。因为那时的 AWT 组件使用的还是与运行环境相关的组件处理机制，它在与原生的用户界面之上只提供了

一个非常薄的抽象，也就是说，应用程序中使用的各种组件需要在运行环境中有相应的本地组件与之配合，才能共同完成任务。这显然与 Java 的理念"一次编写，到处运行"相背而行。一个最简单的例子：生成一个复选框。在 Windows 平台上这个复选框可能制作得很漂亮很实用，但是到了 MacOS 上，事情可能就变得正好相反了，最糟糕的是很多时候程序可能因为这种原因而要返工。很多书将这种本地组件称为同位体，而将需要同位体的组建成为重量组件。这种现实使得 AWT 的开发范围大大缩水，只能实现各种运行环境都有的组件集合，而这往往是一个非常小的工具集。所以在 20 世纪 90 年代，程序员中流传着这样一个笑话：Java 的真正信条是"一次编写，到处测试"。

当然，现在的情况不同了。Java 1.0 的 AWT（旧 AWT）和 Java 1.1 以后的 AWT（新 AWT）有着很大的不同。主要是克服了以往的很多缺点，并在此基础之上有了很大的改进，使用也变得方便。本任务中介绍和使用的主要是新 AWT，即 Java 1.1 之后的。

为支持 AWT 组件，Java 类库具有一套完整的组件类层次结构，反映了各组件之间的关系。如图 8-1 所示为 AWT 组件类的结构层次图。

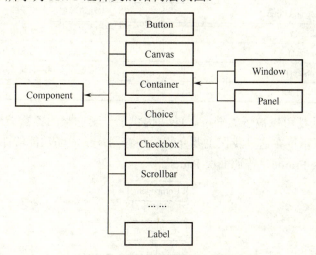

图 8-1　AWT 组件类的结构层次图

在 AWT 中，所有能在屏幕上显示的组件对应的类都是抽象类 Component 类的子类或子类的子类，这些类都可以继承 Component 中的变量和方法。Container 是容器类，它也是一个抽象类，Java 提供了很多容器，并允许一个容器中放置另一个容器。Container 类将组件以适合的形式安排在屏幕上很有用，它有两个子类：Panel 类和 Window 类，它们不是抽象类。

Window 对应的类是 java.awt.Windows，它可独立于其他容器而存在，它有两个子类，Frame 和 Dialog。Frame 类具有标题，并且是个可伸缩的窗口。Dialog 类没有菜单条，并且窗口不可以伸缩。通常情况下，我们不直接使用 Window 容器，而是应用它的子类 Frame。

Panel 对应的类为 java.awt.Panel，它是一种无边框、无标题栏的显示面板。它可以包含其他容器类型的组件，例如 Button 按钮类；或者包含在浏览器窗口中，例如创建一个 Applet 应用程序。Panel 必须放在 Window 或其子类中才能显示。

Canvas 是绘制图形的画板类。Checkbox 是复选框类。Scrollbar 是滚动条类。Label 是标签类。除此之外还有很多类，后面会一一介绍。

8.1.2 AWT 容器

容器（Container）是用来放置其他组件的一种特殊部件，Java 中的 Container 类是一个抽象类，在程序中使用的是它的子类：Window 和 Panel 类。容器具有组件的全部特征，在这个类中，除了拥有从父类 Component 继承过来的方法外，还定义了大量与管理组件有关的方法，如表 8-1 所示。

表 8-1 Container 类中的成员方法

成员方法	描　述
int getComponentCount()	方法返回该容器所含的组件数目
Component[] getComponents()	方法返回该容器中的所有组件
Component add(Component comp)	方法将指定的组件添加到容器中
void remove(Component comp)	方法将从容器中删除 comp 组件
LayoutManager getLayout()	方法将返回该容器的布局管理器
void setLayout(LayoutManager mgr)	方法将容器的布局管理器设置为 mgr
Dimension getPreferredSize()	方法将返回该容器的最佳尺寸
Dimension getMinimumSize()	方法返回该容器的最小尺寸
Dimension getMaximumSize()	方法返回该容器的最大尺寸
void paint(Graphics g)	方法将绘制容器内容

上面这些方法都可以被子类继承。Java 提供了一套完整的容器类结构，适用于各种场合。如图 8-2 所示，在这里我们主要介绍三种容器：带滚动功能的面板 ScrollPane，窗口 Window 的子类 Frame，普通面板 Panel。

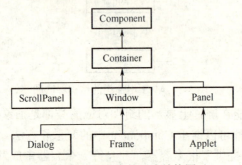

图 8-2 容器类的层次结构图

1. Panel 容器

Panel 容器是一种最简单且无边框的容器，称为面板容器。在这种容器中可以嵌套其他各种类型的组件或是另一个 Panel 容器。

Panel 容器类提供两种构造方法：

```
Panel():
```

这是一种默认构造方法。它创造的面板布局管理器使用默认布局管理器 FlowLayout，有关布局管理器的概念将在后面介绍。

```
Panel(LayoutManager layout):
```

这种构造方法可以在创建面板的同时制定一种布局管理器，创建后的布局管理器就是 layout。

正如上面介绍的那样，编写一个图形用户界面的应用程序，必须先创建一个容器，然后再将组件放入其中。

【例 8-1】 一个应用 Panel 容器示例。

```
import java.awt.*;
import java.awt.event.*;

class MyPanel extends Panel
{
   public MyPanel()
   {
      super();
   }
   public MyPanel(LayoutManager layout)
   {
      super(layout);
   }
   public void paint(Graphics g)
   {
      g.drawString("This is a Panel. ", 20, 80);
      g.drawLine(20, 85, 110, 85);
   }


}
public class PanelTest extends Frame{

   MyPanel panel;

   public PanelTest()
   {
      panel = new MyPanel();
      this.add(panel);
   }
   public static void main(String[] args)
   {
      PanelTest frame = new PanelTest();
      frame.addWindowListener(new WindowAdapter(){
         public void windowClosing(WindowEvent e)
```

```
            {
                System.exit(0);
            }
        });
        frame.setSize(new Dimension(200, 200));
        frame.setVisible(true);
    }
}
```

运行结果如图 8-3 所示。

图 8-3　Panel 容器

2. Frame 容器

在 java.awt 包中提供了一个 Window 类，这个类描述了无边框、无菜单栏的顶层窗口容器。由于一般应用程序都要求有边框和菜单栏，所以一般都应用它的子类 Frame 类，这个类描述了一个包含边框和标题栏的顶层窗口。表 8-2 和表 8-3 分别为 Frame 类的构造方法和部分成员方法。

表 8-2　Frame 类构造方法

构造方法	描述
Frame()	构造一个最初不可见的顶层窗口
Frame(GraphicsConfiguration gc)	使用指定的 GraphicsConfiguration 构造一个最初不可见的新顶层窗口
Frame(String title)	构造一个新的、最初不可见的、具有指定标题 title 的顶层窗口
Frame(String title, GraphicsConfiguration gc)	构造一个新的、初始不可见的、具有指定标题 title 和 GraphicsConfiguration 的顶层窗口

表 8-3　Frame 类部分成员方法

方法	描述
String getTitle()	方法将返回窗口的标题
void setTitle(String title)	方法将窗口的标题设置为 title
MenuBar getMenuBar()	方法将返回菜单栏
void setMenuBar(MenuBar mb)	方法将菜单栏设置成 mb
Rectangle getMaximizedBounds()	方法将返回窗口的最大尺寸
void setMaximizedBounds(Rectangle bounds)	方法将窗口的最大尺寸设置为 bounds

【例 8-2】 应用 Frame 类示例。

```java
import java.awt.*;
import java.awt.event.*;

public class FrameTest extends Frame{

    Panel p;
    Label l;
    Button b1, b2;
    public FrameTest(String title)
    {
        super(title);
        p = new Panel();
        l = new Label("Frame Test: ");
        b1 = new Button("Yes");
        b2 = new Button("No");
        setLayout(new FlowLayout());
        add(p);
        add(l);
        add(b1);
        add(b2);
        setSize(new Dimension(200, 200));
        setVisible(true);
    }

    public static void main(String[] args)
    {
        FrameTest frame = new FrameTest("Frame Test");
        frame.addWindowListener(new WindowAdapter(){
            public void windowClosing(WindowEvent e)
            {
                System.exit(0);
            }
        });
    }
}
```

运行结果如图 8-4 所示。

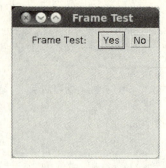

图 8-4　Frame 容器

3. ScrollPane 容器

ScrollPane 容器类实现用于单个子组件的自动水平和/或垂直滚动,它有三个滚动条显示策略,分别为:(1) as needed 创建滚动条,且只在滚动窗格需要时显示。(2) always 创建滚动条,且滚动窗格总是显示滚动条。(3) never 滚动窗格永远不创建或显示滚动条。其中,滚动条策略为 never 的滚动窗格可以使用 segScrollPosition()方法按程序滚动,并且滚动窗格将适当移动和剪裁子组件的内容。如果程序需要创建和管理自己的可调整控件,那么这个策略将很有用。

ScrollPane 类的构造方法:

```
ScrollPane()
```

创建一个具有滚动条策略"as needed"的新滚动窗格容器。

```
ScrollPane(int scrollbarDisplayPolicy)
```

创建新的滚动窗格容器。滚动策略由 scrollbarDisplayPolicy 指定。
滚动策略如表 8-4 所示。

表 8-4　滚动策略表

类　型	字段摘要	描　述
static int	SCROLLBARS_ALWAYS	指定无论滚动窗格和子组件各自大小如何,总是显示水平/垂直滚动条
static int	SCROLLBARS_AS_NEEDED	指定只在子组件的大小超过了滚动窗格水平/垂直尺寸时显示水平/垂直滚动条
static int	SCROLLBARS_NEVER	指定无论滚动窗格和子组件各自大小如何,永不显示水平/垂直滚动条

【例 8-3】 ScrollPane 类示例。

```
import java.awt.*;
import java.awt.event.*;

class MyScrollPane extends ScrollPane
{
```

```java
    Panel p;
    Button[] button = new Button[10];

    public MyScrollPane()
    {
        super(SCROLLBARS_ALWAYS);
        p = new Panel();
        add(p);
        for (int i = 0; i < 10; i++)
        {
            button[i] = new Button("Button" + (i + 1));
            p.add(button[i]);
        }
    }
}

public class ScrollPaneTest extends Frame{

    MyScrollPane sp;

    public ScrollPaneTest(String s)
    {
        super(s);
        sp = new MyScrollPane();
        add(sp);
        setSize(new Dimension(200, 100));
        setLocation(200, 200);
        setVisible(true);
    }

    public static void main(String[] args){
        ScrollPaneTest frame=new ScrollPaneTest("ScrollPane Test");
        frame.addWindowListener(new WindowAdapter(){
            public void windowClosing(WindowEvent e)
            {
                System.exit(0);
            }
```

```
            });
        }
}
```

运行结果如图 8-5 所示。

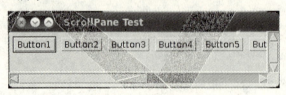

图 8-5 ScrollPane 容器

8.1.3 AWT 组件

在之前介绍过的那些容器其实也可以称它们为组件,它们与我们接下来要看到的组件的不同之处就在于可不可以嵌套。之前讲过的都是可以嵌套的组件,所以能叫做容器,而接下来要说到的例如按钮、标签等都是相互之间不可嵌套的组件,也是真正意义上的组件。之后我们还会讲几种布局管理器,应用这些布局管理器就能够将组件有效地组织在一起了。

▶ 1. Label 组件

Label 被称为标签组件,是一个可在容器中放置文本的组件。一个标签只显示一行只读文本。文本可由应用程序更改,但用户不能对其进行直接编辑。

Label 有三种构造方法,除了创建一个标签组件外,还可以分别对文本内容和对齐方式 alignment 进行设置。例如:

```
Label()
```

它将创建一个文本内容为空,对齐方式为左的标签对象。

```
Label(String text)
```

它将创建一个文本内容为 text,对齐方式为左的标签对象。

```
Label(String text, int alignment)
```

它将创建一个文本内容为 text,对齐方式为 alignment 的标签对象。alignment 可以是 Label 类定义的整型常量,例如:LEFT、CENTER、RIGHT。

表 8-5 为 Label 类常用的成员方法。

表 8-5 Label 类的成员方法

成员方法	描 述
String getText()	返回标签文本的内容
void setText(String text)	将标签文本的内容设置为 text
int getAlignment()	返回对齐方式,0:居左;1:居中;2:居右
void setAlignment()	将文本的对齐方式设置为 alignment,它可以是 LEFT、CENTER 和 RIGHT

2. TextField 组件

TextField 对象是允许编辑单行文本的文本组件，可以用来接收用户输入的数据。图 8-6 为 TextField 组件。表 8-6 为其部分成员方法。

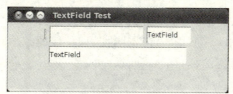

图 8-6　TextField 组件方法

它的构造方法有下面 4 种：

`TextField()`

它将创建一个初始文本串为空的单行文本组件。

`TextField(String text)`

它将创建一个初始文本串为 text 的单行文本组件。

`TextField(int columns)`

它将创建一个初始文本串为空的单行，列数为 columns 的文本组件。

`TextField(String text, int columns)`

它将创建一个初始文本串为 text 的单行，列数为 columns 的文本组件。

表 8-6　TextField 类的部分成员方法

成员方法	描　　述
char getEchoChar()	返回回显字符
void setEchoChar(char c)	将回显字符设置为 c
int getColumns()	返回单行文本组件的列数
void setColumns(int columns)	将当行文本组件的列数设置为 columns

TextField 类是 TextComponent 类的子类，对于单行文本框中的可编辑文本串，TextField 类从 TextComponent 类中继承了一些可用的成员方法，用来决定组件是否可编辑。除此之外，它还具有维护被选文本内容的能力，这些被选文本内容可以是整个文本串中的一段子串，也可以是将要编辑的目标串。表 8-7 所示为 TextComponent 类中的部分成员方法。

表 8-7　TextComponent 类中的部分成员方法

成员方法	描　　述
void setText(String t)	将组件中的文本设置为 t
String getText()	返回组件中的文本串
String getSelectedText()	返回被选的文本串内容
boolean isEditable()	监测组件是否可编辑
void setEditable(boolean b)	设置文本串是否可编辑
Color getBackground()	返回组件的背景颜色
void setBackground(Color c)	将组件的背景颜色设置为 c

除此之外，TextField 类还可以响应键盘、鼠标等一系列事件。加入事件处理后，它将具有很强的操作能力。这一点会在后面介绍到。

3. Button 组件

Button 组件被称为按钮组件，是图形 GUI 应用很重要的组件。Button 类可以创建一个按钮标签。当按下按钮时，应用程序能执行某项动作或激活某项操作。

Button 类的两种构造方法：

```
Button()
```

它将创建一个没有按钮标签的按钮组件。

```
Button(String label)
```

它将创建一个按钮标签为 label 的按钮组件。

在 Button 类中，可以用 setLabel(String label)成员方法将按钮的标签设置为 label，用 getLabel()获取一个按钮的标签。

Button 同样可以响应键盘和鼠标事件。它是响应事件的主要工具。

【例 8-4】 一个简单的应用之前学过的组件的程序，在学习事件响应之前，我们只能将所有组件都显示出来。

```java
import java.awt.*;
import java.awt.event.*;

public class ButtonTest extends Frame{
    Label l1, l2, l3, l4, l5, l6;
    TextField usrname,oldPassword, newPassword, confirm, question, answer;
    Button submit, cancel;

    ButtonTest(String s)
    {
        super(s);
        l1 = new Label("用户名: ");
        l2 = new Label("旧密码: ");
        l3 = new Label("新密码: ");
        l4 = new Label("确认新密码: ");
        l5 = new Label("密码提示问题: ");
        l6 = new Label("问题回答: ");
        usrname = new TextField(10);
        oldPassword = new TextField(10);
        newPassword = new TextField(10);
        confirm = new TextField(10);
```

```
        question = new TextField(10);
        answer = new TextField(10);
        submit = new Button("提交");
        cancel = new Button("取消");
        setLayout(new FlowLayout());
        add(l1);    add(usrname);
        add(l2);    add(oldPassword);
        add(l3);    add(newPassword);
        add(l4);    add(confirm);
        add(l5);    add(question);
        add(l6);    add(answer);
        add(submit);
        add(cancel);
        setSize(new Dimension(210, 300));
        setVisible(true);
    }

    public static void main(String[] args)
    {
        ButtonTest frame = new ButtonTest("Button Test");
        frame.addWindowListener(new WindowAdapter(){
            public void windowClosing(WindowEvent e)
            {
                System.exit(0);
            }
        });
    }
}
```

运行结果如图 8-7 所示。

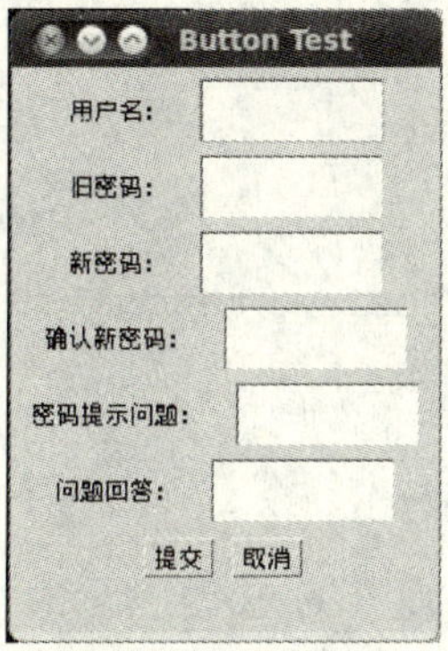

图 8-7　Button 组件

4. Checkbox 组件

复选框 Checkbox 组件是一种可图形化的、可以设置"开(on)"或"关(off)"两种状态的组件。可以用鼠标单击,将其从状态"开"改为"关",或从"关"改为"开"。也可以将几个复选框按钮利用 CheckboxGroup 组件绑定成一组,使得每一组复选按钮在每一时刻只有一个处于"开"状态。

Checkbox 组件有四种构造方法:

```
Checkbox()
```

它将创建一个空标签,未被选状态的复选按钮。

```
Checkbox(String label)
```

它将创建一个标签为 label,未被选状态的复选按钮。

```
Checkbox(String label, boolean state)
```

它将创建一个标签为 label,初始状态为 state 的复选按钮。

```
Checkbox(String label, boolean state, CheckboxGroup group)
```

它将创建一个标签为 label,初始状态为 state,属于 group 组的复选按钮。
Checkbox 类的其他一些方法如表 8-8 所示。

表 8-8 Checkbox 类的部分成员方法

成员方法	描述
String getLabel()	返回复选按钮的标签
void setLabel(String label)	将复选按钮的标签设置为 label
boolean getState()	返回复选按钮的状态
void setState(boolean state)	将复选按钮的状态设置为 state
CheckboxGroup getCheckboxGroup()	返回复选按钮所属的组别对象
void setChcekboxGroup(CheckboxGroup g)	将复选按钮的组别设置为 g 组

【例 8-5】 Checkbox 组件示例。

```
import java.awt.*;
import java.awt.event.*;

public class CheckboxTest extends Frame{
    Label l1, l2, l3;
    TextField name;
    CheckboxGroup group;
    Checkbox c1, c2, c3, c4, c5;
    Button submit, cancel;
```

```java
    public CheckboxTest(String s)
    {
        super(s);
        l1 = new Label("姓名");
        l2 = new Label("学历");
        l3 = new Label("课程");
        name = new TextField(10);
        group = new CheckboxGroup();
        c1 = new Checkbox("本科", true, group);
        c2 = new Checkbox("硕士", false, group);
        c3 = new Checkbox("操作系统");
        c4 = new Checkbox("Java程序设计");
        c5 = new Checkbox("体系结构");
        submit = new Button("提交");
        cancel = new Button("取消");
        setLayout(new FlowLayout());
        add(l1);    add(name);
        add(l2);
        add(c1);    add(c2);
        add(l3);
        add(c3);    add(c4);    add(c5);
        add(submit);
        add(cancel);
        setSize(300, 200);
        setVisible(true);
    }

    public static void main(String[] args)
    {
        CheckboxTest frame = new CheckboxTest("Checkbox Test");
        frame.addWindowListener(new WindowAdapter(){
            public void windowClosing(WindowEvent e)
            {
                System.exit(0);
            }
        });
    }
}
```

运行结果如图 8-8 所示。

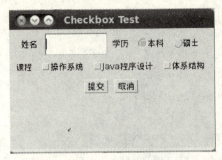

图 8-8　Checkbox 组件

8.1.4　布局管理器

经过之前的学习我们已经能够将一些组件，如标签、按钮、复选框组合到一个容器中，并通过设定坐标来确定它们各自的位置。

但是 Java 是一种面向网络环境的程序设计语言，并且具有跨平台性。所以使用坐标确定每个组件在容器中的位置不可能每次都很准确有效。为此，Java 提出了布局管理器的概念。所谓布局管理器是指按照指定的策略，安排并管理组件在容器中排列位置的一种特殊对象。

在 Java 语言中，布局管理器类在 java.awt 包中。在 AWT 中，提供了 4 种布局管理器，分别为 FlowLayout、BorderLayout、GridLayout 和 CardLayout。下面具体介绍每种布局管理器的使用方法。

▶ 1. FlowLayout 布局管理器

FlowLayout 是 Panel 容器的默认布局管理器。它按照从上到下，从左到右的规则，将添加到容器中的组件依次排序。直到一行没有空间放置下一个组件，它就会换行，并将这个组件放置到新的一行上。这种布局管理器通常用来安排按钮组件的位置。

FlowLayout 类提供下面 3 种格式的构造方法：

```
FlowLayout()
```

它将建造一个对齐方式为居中，水平和垂直间距为 5 个像素的布局管理器。

```
FlowLayout(int align)
```

它将建造一个对齐方式为 align，水平和垂直间距为 5 个像素的布局管理器。align 可以取值 FlowLayout 定义的常量：LEFT（居左）、RIGHT（居右）、CENTER（居中）、LEADING（沿容器左侧对齐）、TRAILING（沿容器右侧对齐）。

```
FlowLayout(int align, int hgap, int vgap)
```

它将建造一个对齐方式为 align，水平间距为 hgap 个像素，垂直间距为 vgap 个像素的布局管理器。

另外，FlowLayout 类还提供了设置和获取水平、垂直间距的方法，见表 8-9。其他类型的布局管理器也有类似的方法，所以在此不再赘述。

表 8-9　FlowLayout 类定义的部分成员方法

成员方法	描　　述
int getAlignment()	返回布局管理器的对齐方式
void setAlignment(int align)	将布局管理器的对齐方式设置为 align
int getHgap()	返回组件之间的水平间距。以像素为单位
void setHgap(int hgap)	将组件之间的水平间距设置为 hgap 个像素
int getVgap()	返回组件之间的垂直间距。以像素为单位
void setVgap(int vgap)	将组件之间的垂直间距设置为 vgap 个像素

【例 8-6】　应用 FlowLayout 布局管理器。

```
import java.awt.*;
import java.awt.event.*;

public class FlowLayoutTest extends Frame{

    Panel p1, p2, p3;
    Label l1, l2;
    TextField t1, t2;
    Button submit, cancel;

    public FlowLayoutTest(String s)
    {
        super(s);
        p1 = new Panel(new FlowLayout());
        p2 = new Panel(new FlowLayout());
        p3 = new Panel(new FlowLayout());
        l1 = new Label("用户名: ");
        l2 = new Label("请求: ");
        t1 = new TextField(10);
        t2 = new TextField(20);
        submit = new Button("确定");
        cancel = new Button("取消");
        p1.setSize(new Dimension(120, 50));
        p2.setSize(new Dimension(200, 50));
        p3.setSize(new Dimension(120, 50));
        p1.add(l1);
        p1.add(t1);
        p2.add(l2);
        p2.add(t2);
        p3.add(submit);
        p3.add(cancel);
```

```
            setLayout(new FlowLayout());
            add(p1);
            add(p2);
            add(p3);
            setSize(new Dimension(300, 170));
            setVisible(true);
        }
        public static void main(String[] args) {
            FlowLayoutTest frame=new FlowLayoutTest("FlowLayout Test");
            frame.addWindowListener(new WindowAdapter(){
                public void windowClosing(WindowEvent e)
                {
                    System.exit(0);
                }
            });
        }
    }
```

运行结果如图 8-9 所示。

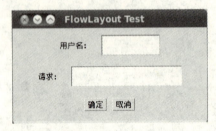

图 8-9　应用 FlowLayout 布局管理器示例

2. BorderLayout 布局管理器

BorderLayout 是 Frame 和 Dialog 两种容器的默认布局管理器,它将容器分为 5 个部分,并分别命名为 North、South、West、East 和 Center。

这是一个布置容器的边框布局,它可以对容器组件进行安排,并调整它的大小,使其符合它的五个区域。每个区域中最多只能包含一个组件,并通过相应的常量进行标志:NORTH、SOUTH、WEST、EAST、CENTER。当使用边框布局管理器将组件添加到容器中时,一定要使用这五个常量之一。

BorderLayout 类提供了两个构造方法:

```
BorderLayout()
```

它将构造一个组件之间水平和垂直间距均为零的布局管理器。

```
BorderLayout(int hgap, int vgap)
```

它将构造一个组件之间水平间距为 hgap,垂直间距为 vgap 的布局管理器。

【例 8-7】 应用 BorderLayout 布局管理器示例。

```java
import java.awt.*;
import java.awt.event.*;

public class BorderLayoutTest extends Frame{

    Button North, South, East, West;
    Panel Center;
    TextArea a1, a2, a3, a4, a5;

    public BorderLayoutTest(String s)
    {
        super(s);
        North = new Button("North");
        South = new Button("South");
        East = new Button("East");
        West = new Button("West");
        Center = new Panel(new BorderLayout());
        a1 = new TextArea();
        a2 = new TextArea();
        a3 = new TextArea();
        a4 = new TextArea();
        a5 = new TextArea();
        add(North, "North");
        add(South, "South");
        add(East, "East");
        add(West, "West");
        add(Center, "Center");
        Center.add(a1, "North");
        Center.add(a2, "South");
        Center.add(a3, "East");
        Center.add(a4, "West");
        Center.add(a5, "Center");
        pack();
        setVisible(true);
    }

    public static void main(String[] args) {
        BorderLayoutTest frame = new BorderLayoutTest ("BorderLayout
```

```
Test");
        frame.addWindowListener(new WindowAdapter(){
            public void windowClosing(WindowEvent e)
            {
                System.exit(0);
            }
        });
    }

}
```

运行结果如图 8-10 所示。

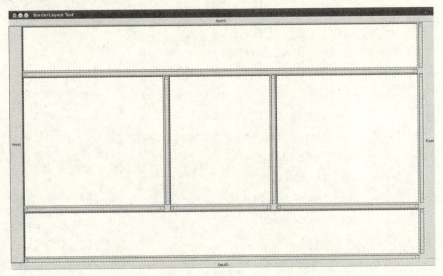

图 8-10 应用 BorderLayout 布局管理器示例

3. GridLayout 布局管理器

GridLayout 是一种很简单的布局管理器，它将容器按照指定的行数、列数分成大小均匀的网格，且放入容器中的每个组件的大小一样。将组件添加到容器中有两种方式：一是使用默认的布局顺序，按照从上到下、从左到右的顺序将组件放入网格中；二是用方法 add(Component comp, int index)将组件放置到指定的网格中。

GridLayout 类提供了 3 种构造方法：

```
GridLayout()
```

它将创建一个在一行内放置所有组件的网格布局管理器，组件之间没有间隙。

```
GridLayout(int rows, int cols)
```

它将创建一个 rows 行、cols 列的网格布局管理器，组件之间没有间隙。

```
GridLayout(int rows, int cols, int hgap, int vgap)
```

它将创建一个 rows 行、cols 列的网格布局管理器，组件之间的水平间隙为 hgap，垂直间隙为 vgap。

【例 8-8】 应用 GridLayout 布局管理器实现一个计算器。

```java
import java.awt.*;
import java.awt.event.*;

public class GirdLayoutTest extends Frame{

    private Panel p1, p2;
    private TextField field;
    private Button[]buttons = new Button[20];
    private String[]str={"Bksp","CE","Clr","+/-","7","8","9","/",
    "4","5","6","*","1","2","3","-","0",".","=","+"};

    public GirdLayoutTest(String s)
    {
        super(s);
        p1 = new Panel();
        p2 = new Panel(new GridLayout(5, 4, 2, 2));
        field = new TextField("0", 30);
        field.setSelectionStart(field.getColumns());
        p1.add(field);
        for (int i = 0; i < buttons.length; i++)
        {
            buttons[i] = new Button(str[i]);
            p2.add(buttons[i]);
        }
        setLayout(new BorderLayout());
        add(p1, "North");
        add(p2, "Center");
        pack();
        setVisible(true);

    }

    public static void main(String[] args) {
        GirdLayoutTest frame=new GirdLayoutTest("GirdLayout Test");
```

```
        frame.addWindowListener(new WindowAdapter(){
            public void windowClosing(WindowEvent e)
            {
                System.exit(0);
            }
        });
    }
}
```

运行结果如图 8-11 所示。

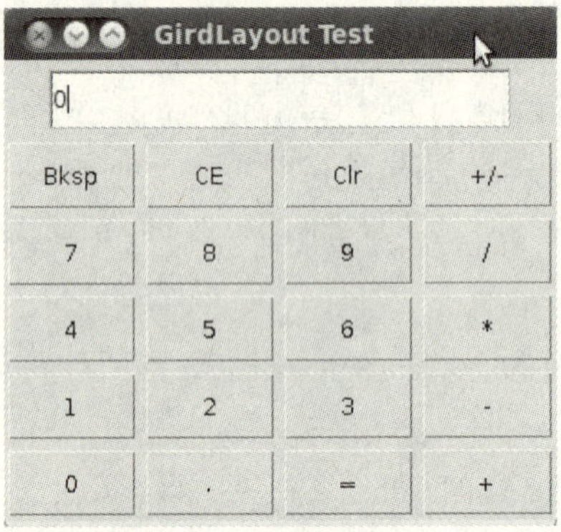

图 8-11 计算器界面

4. CardLayout 布局管理器

CardLayout 是容器的布局管理器。它将容器中的每个组件看作一张卡片。一次只能看到一张卡片,容器则充当卡片的堆栈。当容器第一次显示时,第一个添加到 CardLayout 的组件为可见组件。卡片的顺序由组件对象本身在容器内部的顺序决定。CardLayout 定义了一组方法,这些方法允许应用程序按顺序地浏览这些卡片,或者显示指定的卡片。

8.2 任务二 画图软件图形界面

问题情境及实现

在任务一中我们已经介绍了如何用 AWT 组件创建一个计算器图形界面,事实上,Swing 组件的使用方法与 AWT 大同小异。在任务二中,我们主要介绍 Swing 容器和组件以及它们的使用方法,并应用 Swing 来完成一个画图软件的图形界面。

相关知识

8.2.1 Swing 概述

Swing 是继 AWT 之后更加丰富、功能更加强大的 GUI 工具包,它构成了 JFC 的图形用户界面功能的核心部分。近些年来，它越来越受到青睐，成为可以替代 AWT 的 Java 图形用户界面工具。

前面说过，在 Java 1.0 刚刚问世的时候，AWT 是用于基本 GUI 程序设计的类库，Sun 将它称为抽象窗口工具箱（Abstract Window Toolkit，AWT）。基本 AWT 库采用将处理用户界面元素的任务委派给每个目标平台（Windows、Solaris 等）的本地 GUI 工具箱的方式，由本地 GUI 工具箱负责用户界面元素的创建和动作。对于简单的应用程序来说，基于对等体方法的效果还是不错的。但是，想要编写依赖于本地用户界面元素的高质量、可移植的图形库就会暴露出一些缺陷。例如，一些很一般的菜单、按钮、文本框，可能在不同的平台上会存在一些微妙的差别。因此，这给想要给予用户一致的、可预见性的界面操作方式的编程者出了一个很大的难题。更糟糕的是，这种问题更导致了后来人们嘲弄 AWT，称其为"一次编写，到处调试"的原因之一。

在 1996 年，Netscape 创建了一种称为 IFC（Internet Foundation Class）的 GUI 库，它采用了与 AWT 完全不同的工作方式。它将按钮、菜单这样的用户界面元素绘制在空白窗口上，而程序只需要创建和绘制窗口。因此，Netscape 的 IFC 组件在程序运行的所有平台上的外观和动作都一样。Sun 与 Netscape 合作完善了这种方式，创建了一个名为 Swing 的用户界面库。Swing 可以作为 Java 1.1 的扩展部分使用，现已成为 Java SE 1.2 的标准库的一部分。

现在，Swing 是 Java 语言中另一种图形 GUI 类型的正式名称。它已是 Java 基础类库 JFC 的一部分。完整的 JFC 十分庞大，其中包含的内容远大于 Swing GUI 工具箱。这里我们主要介绍 Swing 的主要功能和用法。

8.2.2　Swing 容器

在 Swing 中，有专门作为容器的组件，它们大致被分为顶层容器、通用容器和专用容器 3 种，在这里我们主要介绍经常使用的两类：顶层容器和通用容器。

▶ 1. 顶层容器 JFrame

与 AWT 一样，在 Swing 中，容器也可以嵌套容器，并构成一个层次结构。一个容器可以包含其他的容器，多个容器之间可以形成嵌套关系，但应用 Swing 组件的应用程序至少要有一个顶层容器，即一个包含所有组件和容器的容器。如果将一个容器层次结构形容成一颗树形结构的话，顶层容器就是这棵树的根。

通常，一个基于 Swing 的图形 GUI 程序至少需要有一个用 JFrame 作为根的容器层次结构。对于一个 Applet 网络应用程序，通常是由 JApplet 类的子类构成，所以至少要有一个用 JApplet 对象作为根的容器层次结构。

Swing 类位于 javax.swing 包中。包名 javax 表示这是一个 Java 扩展包，而不是核心包。

在 Swing 中有 3 种顶层容器，即 JFrame、JDialog、JApplet，它们分别是 AWT 中 Frame、Dialog 和 Applet 的子类，其层次结构如图 8-12 所示。

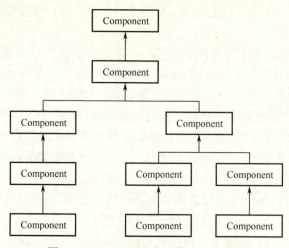

图 8-12　Swing 顶层容器类层次结构图

在 Swing 中，用 JFrame 类实现窗口框架，它提供了两种格式的构造方法：

```
JFrame()
```

它将创建一个初始不可见且标题为空的窗口框架。可以调用 setVisible(true)将窗口框架设置为可见。

```
JFrame(String title)
```

它将创建一个初始不可见、标题为 title 的窗口框架。可以调用 setTitle()方法重新设置它的标题。

JFrame 还提供了一些可用的成员方法，如表 8-10 所示。

表 8-10　JFrame 中的部分成员方法

成员方法	描　　述
int getDefaultCloseOperation()	方法将以 int 类型返回用户单击"关闭窗口"按钮时所做的操作类型 DO_NOTHING_ON_CLOSE 表示"关闭窗口"按钮失效 HIDE_ON_CLOSE 表示将窗口框架隐藏起来，但并没有关闭 DISPOSE_ON_CLOSE 表示撤销窗口框架 EXIT_ON_CLOSE 表示退出应用程序
void setDefaultCloseOperation()	方法将通过参数带入不同的 int 类型的常量，设置用户单击"关闭窗口"按钮时所做的操作类型
void pack()	方法将窗口框架的大小设置为放入所有内容后的最佳尺寸
Dimension getSize()	方法将返回当前窗口框架的大小
void setSize(int width, int height) void setSize(Dimension size)	方法将窗口框架设置为宽 width，高 height 或 size 大小
Rectangle getBounds()	方法将返回窗口框架的位置和大小
void setBounds(int xleft, int yleft, int width, int height) void setBounds(Rectangle size)	方法将窗口框架的左上角位置设置为坐标点(xleft, yleft)处，宽为 width，高为 height 或 size 表示的位置及大小
Container getContentPane()	方法将返回窗口框架的内容窗格
JMenuBar getJMenuBar()	方法将返回窗口框架的菜单栏

【例 8-9】 应用 JFrame 类示例。

```java
import java.awt.*;
import java.awt.event.*;
import javax.swing.*;

public class JFrameTest extends JFrame{

    JLabel label;

    public JFrameTest(String title)
    {
        super(title);
        label = new JLabel("This is a JFrame example.");
        label.setPreferredSize(new Dimension(100, 200));
        this.getContentPane().add(label, BorderLayout.CENTER);
        this.setBounds(500, 300, 200, 300);
        setVisible(true);
    }

    public static void main(String[] args)
    {
        JFrameTest frame = new JFrameTest("JFrame Test");
        frame.setDefaultCloseOperation(JFrame.EXIT_ON_CLOSE);
    }
}
```

运行结果如图 8-13 所示。

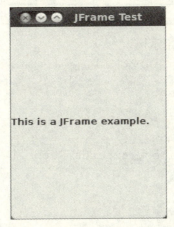

图 8-13　JFrame

2. 通用容器 JPanel

通用容器包含了一些可以被使用在许多不同环境下的中间层容器,主要包括面板容器(Panel)、带滚动条的容器(ScrollPane)、工具栏(ToolBar)等。在 Swing 中,分别用 JPanel、JScrollPane 和 JToolBar 类来实现它们,它们都是 JComponent 的子类,且通常被放置在其他容器中。这里只介绍具有代表性的面板容器 JPanel。

面板容器 JPanel 是一种常用的容器种类。在默认情况下,除背景外,它不会自行绘制任何容器。当然,可以通过相应的方法方便地为它添加边框或定制希望绘制的内容。

JPanel 是一个存放用户界面组件的不可见的容器。面板可以嵌套,可以把面板放在包含面板的容器中。JPanel 也可以作为画布来画图。

与 AWT 中的 Panel 容器相同,JPanel 的默认布局管理器也是 FlowLayout。可以通过在创建容器时将某个类型的布局管理器对象作为参数传递给 JPanel 的构造方法,或在创建对象后通过调用 setLayout()方法来重新更改布局管理器。

在 JPanel 类中,提供了下面两个构造方法:

```
JPanel()
```

它将创建一个布局管理器为 FlowLayout 的面板容器。

```
JPanel(LayoutManager layout)
```

它将创建一个布局管理器为 layout 的面板容器。

除此之外,JPanel 类还提供了其他管理组件的成员方法,如表 8-11 所示。

表 8-11 JPanel 类的部分成员方法

成员方法	描 述
void add(Component comp)	方法将组件 comp 添加到容器中
void add(Component comp, int index)	方法将组件 comp 添加到容器中,其编号为 index。容件中第一个组件的编号为 0,第二个组件的编号为 1,以此类推
int getComponentCount()	方法将返回容器中的组件数量
Component getComponent(Point point)	方法将返回位于 point 坐标点的组件对象
void remove(Component comp)	方法将从容器中移出 comp 组件

【例 8-10】 JPanel 类应用示例。

```
import java.awt.*;
import java.awt.event.*;
import javax.swing.*;

public class JPanelTest extends JPanel{
    JLabel username;
    JTextField name;

    public JPanelTest()
    {
```

```java
        super();
        username = new JLabel("Enter user name: ");
        name = new JTextField(20);
        name.addKeyListener(new KeyAdapter(){
            public void keyPressed(KeyEvent e)
            {
                if (e.getKeyCode() == KeyEvent.VK_ENTER)
                    JOptionPane.showMessageDialog(new JFrame(), name.getText());
            }
        });

        setLayout(new BorderLayout());
        setBorder(BorderFactory.createEmptyBorder(20,20,20,20));
        add(username, BorderLayout.WEST);
        add(name, BorderLayout.CENTER);
    }

    public static void main(String[] args)
    {
        JFrame frame = new JFrame("JPanel Test");
        JPanelTest panel = new JPanelTest();
        frame.setContentPane(panel);
        frame.setDefaultCloseOperation(JFrame.EXIT_ON_CLOSE);
        frame.setSize(new Dimension(300, 100));
        frame.setLocation(new Point(500, 300));
        frame.setVisible(true);
    }
}
```

运行结果如图 8-14 所示。

图 8-14　通用容器 JPanel

8.2.3 Swing 组件

在 Swing 中所有的组件都是 JComponent 类的子类,这个类为它的所有子类提供了下列功能。

- 工具提示。可调用 setToolTipText()成语方法指定一个字符串,当光标停留在某个组件上时,将在组件附近开辟一个小窗口,并在窗口中显示该字符串作为提示信息。
- 绘画和设置边框。可以调用 setBorder()成员方法为组件设置一个边框。若要在组件内实现绘画功能,需要覆盖成员方法 paintComponent()。
- 支持布局管理器。JComponent 类提供了成员方法来实现这个功能。
- 支持拖曳功能。JComponent 类提供了成员方法来设置拖曳组建的操作。
- 双缓冲。在刷新组件时会产生闪烁的现象。为解决该问题,提供了双缓冲技术,它可以使屏幕刷新更平滑。在默认情况下,JPanel 容器就是双缓冲的。
- 击键绑定。当用户按下键盘时,组件可以作出反应。
- 与 AWT 组件相比较,Swing 组件增加了如下几个新功能。
    - ▲ 按钮和标签组件不仅可以显示文本串,还可以显示图片。
    - ▲ 可以轻松地为大多数组件添加或者修改边框。
    - ▲ 可以通过调用内部的成员方法或创建一个子类,改变 Swing 组件的外观和行为。
    - ▲ Swing 组件的形状可以不是矩形。

1. JLabel 标签

标签是一种不响应任何事件的组件,它主要用来做一些说明性的描述。在 Swing 中,用 JLabel 类来实现标签组件,它的显示形式既可以是文本,也可以是图片。

在 JLabel 类中,提供了下面几种构造方法:

```
JLabel()
```

创建一个内容为空的标签。

```
JLabel(Icon icon)
```

创建一个带有图标的标签。

```
JLabel(Icon icon, int horizontaAlignment)
```

创建一个带有图标的标签,图标的对齐方式由参数 horizontaAlignment 决定,可以是常量 LEFT(居左)、RIGHT(居右)、CENTER(居中)、LEADING(沿容器左侧对齐)、TRAILING(沿容器右侧对齐)。

```
JLabel(String text)
```

创建一个带有字符串 text 的标签。

```
JLabel(String text, int horizontaAlignment)
```

创建一个带有字符串 text 的标签,且文本的对齐方式由 horizontaAlignment 决定。

```
JLabel(String text, Icon icon, int horizontaAlignment)
```

创建一个带有字符串 text、图标 icon 的标签,且文本的对齐方式由 horizontaAlignment 决定。

除此之外,JLabel 还提供了其他一些有用的成员方法,表 8-12 列出部分内容。

表 8-12　JLabel 类的成员方法

成员方法	描述
String getText()	返回标签的文本内容
void setText(String text)	将标签文本设置为 text
Icon getIcon()	返回标签的图标
void setIcon(Icon icon)	将标签的图标设置为 icon
int getHorizontaAlignment()	返回标签中内容的水平对齐方式
void setHorizontaAlignment(int alignment)	将标签中内容的水平对齐方式设置为由参数 alignment 对应的方式
int getVerticalAlignment()	返回标签中内容的垂直对齐方式
void setVerticalAlignment(int alignment)	将标签中内容的垂直对齐方式设置为由参数 alignment 对应的方式

2. JButton 按钮和 JCheckBox 复选按钮

在 Swing 中,按钮可以显示文字、可以显示图像、每个按钮中的文字可以相对于图像显示在不同的位置,还可以给按钮设置一个快捷键。按钮可以被禁用,当按钮被禁用时,会自动变成禁用的外观,而且 Swing 还提供一幅专门用于按钮禁用状态的图像。

所有的 Swing 按钮都是抽象类 AbstractButton 的子类,其中,主要有普通按钮 JButton、复选按钮 JCheckBox 和单选按钮 JRadioButton 类。在这里我们主要介绍普通按钮和复选按钮,也就是 JButton 和 JCheckBox 类的使用方法,有兴趣的同学可以自行查看单选按钮 JRadioButton 的使用方法。

(1) JButton。

JButton 类定义了最常见的按钮,用来响应用户的某项操作请求。在顶层容器中,多个按钮中只有一个默认按钮。默认按钮将呈现高亮度的显示外观,并且当顶层容器获得输入焦点时,单击 Enter 键与用鼠标单击该按钮将获得同样的效果。在程序中,可以使用 setDefaultButton(Button default) 成员方法将一个按钮设置为默认按钮。

JButton 类的构造方法:

```
JButton()
```

创建一个没有文字和图标的按钮。

```
JButton(Icon icon)
```

创建一个图标为 icon 的按钮。

```
JButton(String text)
```

创建一个文本串为 text 的按钮。

```
JButton(Action a)
```

创建一个由 a 确定属性的按钮。

JButton(String text, Icon icon)

创建一个文本串为 text，图标为 icon 的按钮。

【例 8-11】 应用 JButton 示例。

```java
import java.awt.*;
import java.awt.event.*;
import javax.swing.*;
import javax.swing.AbstractButton;

public class JButtonTest extends JFrame{

    private JButton b1, b2, b3;
    private JPanel panel;

    public JButtonTest(String s)
    {
        super(s);
        panel = new JPanel(new BorderLayout());
        ImageIcon image = createImageIcon("middle.jpg");
        b1 = new JButton("Left Button");
        b1.setVerticalTextPosition(AbstractButton.CENTER);
        b1.setHorizontalTextPosition(AbstractButton.LEADING);
        b1.setMnemonic(KeyEvent.VK_L);
        b1.setActionCommand("disable");
        b2 = new JButton("Middle Button", image);
        b2.setVerticalTextPosition(AbstractButton.BOTTOM);
        b2.setHorizontalTextPosition(AbstractButton.CENTER);
        b2.setMnemonic(KeyEvent.VK_M);
        b3 = new JButton("Right Button");
        b3.setMnemonic(KeyEvent.VK_R);
        b3.setActionCommand("enable");
        b3.setEnabled(false);

        b1.setToolTipText("This is the left button.");
        b2.setToolTipText("This is the middle button.");
        b3.setToolTipText("This is the right button.");
        panel.add(b1, BorderLayout.WEST);
        panel.add(b2, BorderLayout.CENTER);
```

```java
        panel.add(b3, BorderLayout.EAST);
        getContentPane().add(panel);
        pack();
        setLocation(new Point(500, 300));
        setVisible(true);
    }

    protected static ImageIcon createImageIcon(String path)
    {
        java.net.URL imgURL = JButtonTest.class.getResource(path);
        if (imgURL != null)
        {
            return new ImageIcon(imgURL);
        }
        else
        {
            System.err.println("Couldn't find the " + path);
            return null;
        }
    }
    public static void main(String[] args)
    {
        JButtonTest frame = new JButtonTest("JButton Test");
        frame.setDefaultCloseOperation(JFrame.EXIT_ON_CLOSE);
    }
}
```

运行结果如图 8-15 所示。

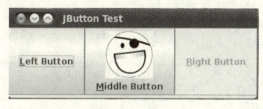

图 8-15 JButton

（2）JCheckBox。

在 Swing 中，复选按钮用 JCheckBox 类实现，与 JButton 相同，也可以为它设置文本串和图标。通常，可将多个复选按钮组合成一组，对处于一组中的复选按钮，既可以选择一项，又可以选择多项。

JCheckBox 的构造方法：

```java
JCheckBox()
```

创建一个没有文本串、没有图标、没有被选中的复选按钮。

```
JCheckBox(Icon icon)
```

创建一个图标为 icon 的复选按钮。

```
JCheckBox(Icon icon, boolean selected)
```

创建一个图标为 icon 的复选按钮，是否被选中取决于 selected 的值。

```
JCheckBox(String text)
```

创建一个文本串为 text 的复选按钮。

```
JCheckBox(Action a)
```

创建一个由 a 确定属性的复选按钮。

```
JCheckBox(String text, boolean selected)
```

创建一个文本串为 text 的复选按钮，是否被选中取决于 selected 的值。

```
JCheckBox(String text, Icon icon)
```

创建一个文本串为 text，图标为 icon 的复选按钮。

【例 8-12】 JCheckBox 应用示例。

```java
import java.awt.*;
import java.awt.event.*;
import javax.swing.*;


public class JCheckBoxTest extends JFrame {

    JPanel panel, p;
    MyPaint paint;
    JLabel label;
    JCheckBox bird;
    JCheckBox dog;
    JCheckBox cat;
    JCheckBox pig;

    public JCheckBoxTest(String s)
    {
        super(s);
        panel = new JPanel(new BorderLayout());
        p = new JPanel(new GridLayout(0, 1));
```

```java
        paint = new MyPaint();
        label = new JLabel("Animal Choice: ");
        label.setHorizontalAlignment(JLabel.CENTER);
        bird = new JCheckBox("Bird");
        bird.setMnemonic(KeyEvent.VK_B);
        bird.setSelected(true);
        dog = new JCheckBox("Dog");
        dog.setMnemonic(KeyEvent.VK_D);
        cat = new JCheckBox("Cat");
        cat.setMnemonic(KeyEvent.VK_C);
        pig = new JCheckBox("Pig");
        pig.setMnemonic(KeyEvent.VK_P);

        bird.addItemListener(paint);
        dog.addItemListener(paint);
        cat.addItemListener(paint);
        pig.addItemListener(paint);

        panel.add(label, BorderLayout.NORTH);
        panel.add(p, BorderLayout.WEST);
        panel.add(paint, BorderLayout.CENTER);
        p.add(bird);
        p.add(dog);
        p.add(cat);
        p.add(pig);
        getContentPane().add(panel);
        setSize(500, 300);
        setLocation(new Point(500, 300));
        setVisible(true);
    }

class MyPaint extends JPanel implements ItemListener
{
    String animal = "bird";

    public void itemStateChanged(ItemEvent e)
    {
        Object source = e.getItemSelectable();
        if (source == bird)
        {
```

```java
            animal = "bird";
            repaint();
        }
        else if (source == dog)
        {
            animal = "dog";
            repaint();
        }
        else if (source == cat)
        {
            animal = "cat";
            repaint();
        }
        else if (source == pig)
        {
            animal = "pig";
            repaint();
        }
        if (e.getStateChange() == ItemEvent.DESELECTED)
        {
            animal = "none";
            repaint();
        }
    }

    public void paint(Graphics g)
    {
        g.drawString("You have chose " + animal + ".", 50, 100);
    }

}
public static void main(String[] args)
{
    JCheckBoxTest frame = new JCheckBoxTest("JCheckBox Test");
    frame.setDefaultCloseOperation(JFrame.EXIT_ON_CLOSE);
}
}
```

(3) JTextField 文本框。

文本框是接收用户输入的一种组件，在 Swing 中提供了多种文本框组件，如图 8-16 所示，它们都是 JTextComponent 类的子类。

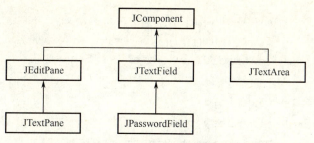

图 8-16　JTextComponent 类和派生类结构图

通常会用到的主要是可以输入少量单行文本的 JTextField 文本框类，用户可以单击 Enter 键结束文本输入，并激活事件。在需要输入保密字符串，例如输入密码时，主要使用的是 JPasswordField 类，它可以将输入的字符用特定的字符替换，例如"*"。如果希望能够输入多行文本，例如在设计文本编辑器时，我们希望中间的文本输入多行的文本框，这时就可以使用 JTextArea 类。还有一些支持纯文本、HTML 的文本编辑的类，例如 JEditPane 类，这里就不再赘述，有兴趣的同学可以自行查阅 Java 帮助手册。

在这里我们主要来学习如何使用 JTextField 类。

JTextField 类的构造方法：

```
JTextField()
```

创建一个初始为空，可显示字符列数为零的文本框。

```
JTextField(String text)
```

创建一个初始内容为 text 的文本框。

```
JTextField(int col)
```

创建一个初始为空，可显示字符列数为 col 的文本框。

```
JTextField(String text, int col)
```

创建一个初始内容为 text，可显示字符列数为 col 的文本框。

除此之外，JTextField 类还提供了大量用于获取或设置文本框属性的方法，如表 8-13 所示。

表 8-13　JTextField 类的部分成员方法

成员方法	描　述
String getText()	返回文本框中的文本串
void setText(String text)	将文本框中的内容设置为 text
boolean isEditable()	将检测文本框是否可编辑。如果返回 true，则表示可编辑
void setEditable(boolean editable)	设置文本框是否可编辑
int getColumns()	返回文本框所显示的字符列数
void setColumns(int col)	将文本框能够显示字符的列数设置为 col

【例 8-13】　JTextField 应用示例。

```
import java.awt.*;
import java.awt.event.*;
```

```java
import javax.swing.*;

public class JTextFieldTest extends JFrame{

    JTextField textfield;
    JPasswordField password;
    JPanel northPanel, southPanel;
    JScrollPane centerPanel;
    JLabel name, pword;
    JTextArea area;
    JButton submit;

    public JTextFieldTest(String s)
    {
        super(s);
        northPanel = new JPanel();
        name = new JLabel("User name");
        pword = new JLabel("Password");
        textfield = new JTextField();
        password = new JPasswordField();
        northPanel.setLayout(new GridLayout(2, 2));
        northPanel.add(name);
        northPanel.add(textfield);
        northPanel.add(pword);
        northPanel.add(password);

        add(northPanel, BorderLayout.NORTH);

        area = new JTextArea(100, 100);
        centerPanel = new JScrollPane(area);
        add(centerPanel, BorderLayout.CENTER);

        southPanel = new JPanel();
        submit = new JButton("submit");
        southPanel.add(submit);
        add(southPanel, BorderLayout.SOUTH);
        submit.addActionListener(new ActionListener()
        {
            public void actionPerformed(ActionEvent event)
            {
```

```
                area.append("User name: " + textfield.getText() + "
                Password:"+new String(password.getPassword())+"\n");
            }
        });

        setSize(300, 300);
        setVisible(true);
        this.setDefaultCloseOperation(JFrame.EXIT_ON_CLOSE);

    }
    public static void main(String[] args)
    {
        JTextFieldTest frame=new JTextFieldTest("JTextField Test");
    }
}
```

运行结果如图 8-17 所示。

图 8-17 JTextField 文本框

（4）JComboBox()组合框。

组合框允许用户从若干个选项中选择一项。在 Swing 中，用 JComboBox 类来实现组合框，它有两种实现方式：
- 不可编辑的组合框，由一个按钮和下拉列表组成，这是默认形式。
- 可编辑的组合框，由一个可接收用户输入的文本框、按钮和下拉列表组成，用户既可以在文本框中输入，也可在下拉列表中选择。

组合框占屏幕空间小，适用于那些屏幕空间比较紧张，选择项比较多的情况。它可以让用户对选项一目了然。

JComboBox 类提供的构造方法：

```
JComboBox()
```

创建一个没有选项的空组合框。

```
JComboBox(Object[] item)
```

创建一个组合框,其初始选项为 item 数组中的对象。

```
JComboBox(Vector item)
```

创建一个组合框,其初始选项为 item 向量中的内容。

此外还有一些用于获取或设置组合框属性的方法,如表 8-14 所示。

表 8-14 JComboBox 类的部分成员方法

成员方法	描 述
void addItem(Object item)	将 item 插入到组合框的尾部
void insertItemAt(Object item, int index)	将 item 插入到索引号为 index 的位置
Object getItemAt(int index)	将返回索引号为 index 的选项对象
Object getSelectedItem()	返回被选中的对象
void removeItem(Object item)	从组合框中删除 item 选项
int getItemCount()	返回组合框中的选项数目

【例 8-14】 JComboBox 类应用示例。

```java
import java.awt.*;
import java.awt.event.*;
import javax.swing.*;

public class JComboBoxTest extends JFrame{
    private JComboBox choice;
    private JLabel label;
    private JPanel panel;

    public JComboBoxTest(String s)
    {
        super(s);
        label = new JLabel("This is a test of JComboBox.");
        label.setForeground(Color.black);
        add(label, BorderLayout.CENTER);

        choice = new JComboBox();
        choice.setEditable(false);
        choice.addItem("Red");
        choice.addItem("Yellow");
        choice.addItem("Pink");
        choice.addItem("Green");
```

```java
        choice.addItem("Black");

        choice.addActionListener(new ActionListener()
        {
            public void actionPerformed(ActionEvent e)
            {
                int item = choice.getSelectedIndex();
                switch (item)
                {
                case 0:
                        label.setForeground(Color.red);
                        break;
                case 1:
                        label.setForeground(Color.yellow);
                        break;
                case 2:
                        label.setForeground(Color.pink);
                        break;
                case 3:
                        label.setForeground(Color.green);
                        break;
                case 4:
                        label.setForeground(Color.black);
                        break;
                }
            }
        }
        );

        panel = new JPanel();
        panel.add(choice);
        add(panel, BorderLayout.SOUTH);
        setSize(300, 300);
        setVisible(true);
        this.setDefaultCloseOperation(JFrame.EXIT_ON_CLOSE);
    }

    public static void main(String[] args)
    {
```

```
            JComboBoxTest frame = new JComboBoxTest("JComboBox Test");
    }
}
```

运行结果如图 8-18 所示。

图 8-18　JComboBox

8.3　任务三　计算器事件处理机制

问题情境及实现

前面介绍的图形用户界面无论是 AWT 还是 Swing，如果只是单独存在而没有事件处理机制辅助的话，这个图形应用就只能是空谈。一个图形 GUI 中，重要的部分除了实用的界面之外，还包括能不能及时响应用户每一个请求，例如鼠标单击或敲击键盘，这也同样是必不可少的。在 Java 语言中采用了事件处理机制，即程序的运行过程是不断响应各种事件的过程，事件的产生顺序决定了程序的执行顺序。

在任务三中，我们将介绍如何使用事件处理机制，并应用它来完成一个完整的计算器。在这之前，我们已经完成了一个计算器的界面。在这里，我们将用它来处理一些简单的数学计算，这其中就包括了事件处理机制的应用，例如鼠标单击计算器上的数字按键，用键盘在文本框中直接输入数字等，计算器应该对这些动作及时做出响应。

相关知识

8.3.1　Java 事件处理机制

到目前为止，我们所接触过的程序都是顺序执行的，尽管采用了面向对象程序设计方法，但是程序的执行顺序都是事先决定的。在本任务中，将通过事件驱动程序设计来了解图形用户界面程序是如何运行的。

事件驱动程序，顾名思义，就是当一个事件发生时要执行的程序或一段代码。在图形 GUI 程序设计中，这个概念体现得尤为深刻。因为基于图形用户界面的应用，它的执

行顺序完全不可测,其过程只能由执行操作的用户来决定。在任意时刻,程序下一步会执行哪段代码都是由发生什么事件来决定的。

可以说,产生事件是 Java 图形 GUI 程序执行各种操作的前提。用户按一下键盘或是单击一下鼠标都会产生事件,这些事件产生后,要有系统来判断鉴别。对于每个用户操作行为,系统都要判断属于何种事件,应用哪个应用程序处理,然后再交由该应用程序处理。在 Java 语言中,一个事件可能有多个应用程序与之关联。应用程序处理一个事件叫做应用程序响应事件。具体来说,所谓响应事件,是指系统在事件发生时自动地调用与该事件相关的成员方法。在 Java 语言中,响应事件的成员方法都有定义,如果用户在子类中覆盖了这些方法,那么用户可以在事件发生时执行自定义的方法,否则就会执行默认方法,而默认方法多数为空方法,调用之后不进行任何动作。

8.3.2 事件的处理过程

运行 Java 图形用户界面程序时,程序与用户交互,事件引发程序的执行。事件可以定义为程序发生了默写事情的信号。外部用户行为,例如鼠标移动、单击按钮或是敲击键盘等,或内部程序行为,例如定时器等都可以引发事件。程序可以选择响应或者忽略事件。

在其上触发或发生事件的组件称为源对象或源组件。例如,按钮是单击按钮行为事件的源对象。一个事件是事件类的实例,事件类的根类是 java.util.EventObject,它的子类是 AWTEvent,它的孙子类有 MouseEvent 和 KeyEvent 分别是鼠标事件和键盘事件。事件对象包含与事件相关的一切属性。可以使用类中的实例方法来获得事件的源对象。EventObject 类的子类可以处理特定类型的事件,例如鼠标事件或键盘事件。

在 Java 语言中,处理事件并不是交由具体的产生事件的类对象来处理,而是由专门的负责事件处理的类来处理。产生事件的类对象只要委托另一个专门处理事件的类对象就可以在发生事件时及时处理事件,这样做既可以防止任务过于集中,也有益于规范事件处理的过程。专门负责处理事件的类对象称为监听器。监听器既可以由产生事件的类实现,也可以由另外一个单独的类实现,还可以是内部类或匿名类来实现。

可以说,监听器是事件的目标,其中含有处理事件的方法。要想处理事件就必须创建某个事件的监听器。这种事件处理模式称为"委托"模式,即委托其他类来处理事件。其过程如图 8-19 所示。

图 8-19 Java 事件处理过程

一个组件如果注册了一个监听器,当事件发生时,就会创建一个相应的事件类对象,并将其作为参数传递给自动调用的事件监听器的成员方法,以实现事件处理。一个组件可以注册多个事件监听器,一个监听器可以被多个组件注册。

一个对象要成为源对象的事件监听器需要具备两个条件:

（1）监听器对象的类必须是响应的事件监听器接口的实例，以确保监听器有处理该事件的正确方法。Java 为每一种类型的 GUI 事件都提供了监听器接口。通常，事件 XEvent 的监听器接口命名为 XListener，例如键盘事件的接口 KeyListener，监听器 MouseMotionListener 除外。

（2）监听器对象必须由源对象注册，注册方法依据事件类型而定。一般来说，XEvent 的注册方法命名为 addXListener，例如键盘事件为 addKeyListener。一个源对象可能会触发几种类型的事件。对每个对象来说，源对象拥有一个监听器列表，通过调用监听器对象的处理程序，通知所有的已注册的监听器对事件作出响应。

8.3.3 事件类

一个 Java 程序可能要响应处理各种类型的事件，例如单击按钮、极小化窗口、单击 Enter 键等。为了方便处理 Java 语言将这些时间分别归类，划分成了低级事件和语义事件两个类别。

低级事件是指来自键盘、鼠标或与窗口操作有关的事件。比如窗口极小化、关闭窗口、移动鼠标或按下键盘。

语义事件是指与组件有关的事件，比如单击按钮、拖动滚动条等。这些事件都源于图形用户界面。很多时候，语义事件都是与低级事件重叠出现的，很难划分清楚。具体如何处理则取决于程序设计。

绝大多数与图形用户界面有关的事件类都位于 java.awt.event 包中，其中包含了各种事件的监听接口，在 javax.swing.event 包中定义了与 Swing 事件有关的事件类。

下面介绍两种最常见的事件处理机制，键盘事件和鼠标事件。

8.3.4 键盘事件处理

键盘事件可以利用键来控制和执行一些操作，或从键盘上获取输入。只要按下、释放一个键或者在一个组件上敲击，就会发生键盘事件。KeyEvent 对象描述事件的特性和对应的键值。Java 提供 KeyListener 来处理键盘事件。

例如，当按下一个键时，就会调用 keyPressed()方法处理程序，松开一个键会调用 keyReleased()方法处理程序，利用 getKeyCode()成员方法还可以获得按下或释放的那个键所对应的键码，getKeyChar()方法可以返回按下的那个键所对应的字符。

键盘事件属于低级事件，然而这种事件的发生常常伴随着语义事件的发生，例如在某个按钮上单击 Enter 键，这时既发生了低级键盘事件又发生了按钮语义事件，要如何处理这个事件，需要根据用户的需求做出决定。

键盘操作可以分为 3 个类别，它们分别用不同的 ID 标志，即当发生了键盘事件时，要发出事件的标志 KEY_EVENT_MASK 以及具体的事件 ID。表 8-15 列出了一些类别的事件 ID。

表 8-15 键盘事件的 ID

事件 ID	描述
KEY_PRESSED	当按下键盘中的某个键时发生该事件
KEY_RELEASED	当释放按键时发生该事件
KEY_TYPED	当按下键盘中的字符键（非系统键）时发生该事件

处理键盘事件的监听器接口是 KeyListener 接口,在这个接口中定义了与上述 ID 对应的处理键盘事件的 3 个方法,如下:
- KeyPressed(KeyEvent)处理 KEY_PRESSED 事件。
- KeyReleased(KeyEvent)处理 KEY_RELEASED 事件。
- KeyTyped(KeyEvent)处理 KEY_TYPED 事件。

【例 8-15】 利用 KeyListener 接口示例。

```java
import java.awt.*;
import java.awt.event.*;
import javax.swing.*;

public class KeyEventTest extends JFrame{

    private KeyboardPanel keyPanel = new KeyboardPanel();

    public KeyEventTest(String s)
    {
        super(s);
        add(keyPanel);
        keyPanel.setFocusable(true);
    }
    class KeyboardPanel extends JPanel
    {
        private int x = 100;
        private int y = 100;
        private char keyChar = 'A';

        public KeyboardPanel()
        {
            addKeyListener(new KeyAdapter(){
                public void keyPressed(KeyEvent e)
                {
                    switch(e.getKeyCode())
                    {
                        case KeyEvent.VK_DOWN: y+= 10; break;
                        case KeyEvent.VK_UP: y -= 10; break;
                        case KeyEvent.VK_LEFT:  x -= 10; break;
                        case KeyEvent.VK_RIGHT: x += 10; break;
                        default:   keyChar = e.getKeyChar();
```

```
                }
                repaint();
            }
        });
    }

    protected void paintComponent(Graphics g)
    {
        super.paintComponent(g);

        g.setFont(new Font("TimesRoman", Font.PLAIN, 25));
        g.drawString(String.valueOf(keyChar), x, y);
    }

    public static void main(String[] args)
    {
        KeyEventTest frame = new KeyEventTest("KeyEvent Test");
        frame.setLocationRelativeTo(null);
        frame.setDefaultCloseOperation(JFrame.EXIT_ON_CLOSE);
        frame.setSize(300, 300);
        frame.setVisible(true);
    }
}
```

程序显示用户输入的字符。用户可以使用箭头键上下左右使字符向上、向下、向左、向右移动。

运行结果如图 8-20 所示。

图 8-20　键盘事件

8.3.5 鼠标事件处理

对一个组件按下、释放、单击、移动或拖动鼠标时就会产生鼠标事件。鼠标事件对象捕获事件，例如获取和单击鼠标位置有关的信息时，有如下方法：

int getX()和 int getY()将返回发生鼠标事件时光标所处的坐标位置。

int getClickCount()将返回单击鼠标的次数。

Point getPoint()将以 Point 类型返回发生鼠标事件时光标所处的坐标位置。

与键盘事件不同的是，鼠标事件可以分为两类，一类称为鼠标事件，用 MOUSE_EVENT_MASK 标志；另一类称为鼠标移动事件，用 MOUSE_MOTION_EVENT_MASK 标志。它们分别对应 MouseListener 接口和 MouseMotionListener 接口。表 8-16 列出了鼠标事件的具体 ID。

表 8-16 鼠标事件的 ID

事件 ID	描 述
MOUSE_CLICKED	当单击鼠标时发生该事件
MOUSE_PRESSED	当按下鼠标时发生该事件
MOUSE_ENTERED	当鼠标进入组件显示区域时发生该事件
MOUSE_EXITED	当鼠标退出组件显示区域时发生该事件
MOUSE_RELEASED	当释放鼠标时发生该事件
MOUSE_MOVE	当移动鼠标时发生该事件
MOUSE_DRAGGED	当拖动鼠标时发生该事件

8.3.6 鼠标事件的处理方法

MouseListener 接口：

mouseClicked(MouseEvent) 处理 MOUSE_CLICKED 事件。

mousePressed(MouseEvent) 处理 MOUSE_PRESSED 事件。

mouseReleased(MouseEvent) 处理 MOUSE_RELEASED 事件。

mouseEntered(MouseEvent) 处理 MOUSE_ENTERED 事件。

mouseExited(MouseEvent) 处理 MOUSE_EXITED 事件。

MouseMotionListener 接口：

mouseDragged(MouseEvent) 处理 MOUSE_DRAGGED 事件。

mouseMoved(MouseEvent) 处理 MOUSE_MOVE 事件。

【例 8-16】 鼠标事件示例。

```
import java.awt.*;
import java.awt.event.*;
import javax.swing.*;


public class MouseEventTest extends JFrame{

   public MouseEventTest(String s)
```

```java
{
    super(s);
    MousePanel panel = new MousePanel();
    getContentPane().setLayout(new BorderLayout());
    getContentPane().add(panel);
    panel.setFocusable(true);
}

class MousePanel extends JPanel
{
    private String message = "This is the test of MouseMotion.";
    private int x = 50;
    private int y = 50;

    public MousePanel()
    {
        this.addMouseMotionListener(new MouseHandle());
    }

    class MouseHandle extends MouseMotionAdapter
    {
        public void mouseDragged(MouseEvent e)
        {
            x = e.getX();
            y = e.getY();
            repaint();
        }
    }

    protected void paintComponent(Graphics g)
    {
        super.paintComponent(g);
        g.drawString(message, x, y);
    }
}

public static void main(String[] args)
{
    MouseEventTest frame=new MouseEventTest("MouseEvent Test");
```

```
            frame.setLocationRelativeTo(null);
            frame.setDefaultCloseOperation(JFrame.EXIT_ON_CLOSE);
            frame.setSize(300, 300);
            frame.setVisible(true);
        }
    }
```

运行结果如图 8-21 所示。

图 8-21　鼠标事件示例

【例 8-17】　计算器示例。

```
import java.awt.*;
import java.awt.event.*;
import javax.swing.*;

public class Calculator {
    public static void main(String[] args)
    {
        CalculatorFrame frame = new CalculatorFrame();
        frame.setDefaultCloseOperation(JFrame.EXIT_ON_CLOSE);
        frame.setVisible(true);
    }
}

class CalculatorFrame extends JFrame
{
    public CalculatorFrame()
    {
        setTitle("Calculator");
        setSize(200, 300);
```

```java
            CalculatorPanel panel = new CalculatorPanel();
            this.getContentPane().add(panel);
    }
}

class CalculatorPanel extends JPanel
{
    private JTextField display;
    private JPanel panel;
    private double result;
    private String lastCommand;
    private boolean start;

    public CalculatorPanel()
    {
        setLayout(new BorderLayout());
        result = 0;
        lastCommand = "=";
        start = true;
        display = new JTextField("0");
        display.setEditable(false);
        add(display, BorderLayout.NORTH);
        ActionListener insert = new InsertAction();
        ActionListener command = new CommandAction();
        panel = new JPanel();
        panel.setLayout(new GridLayout(4, 4, 4, 4));
        addButton("7", insert);
        addButton("8", insert);
        addButton("9", insert);
        addButton("/", command);
        addButton("4", insert);
        addButton("5", insert);
        addButton("6", insert);
        addButton("*", command);
        addButton("1", insert);
        addButton("2", insert);
        addButton("3", insert);
        addButton("-", command);
        addButton("0", insert);
```

```java
        addButton(".", insert);
        addButton("=", command);
        addButton("+", command);
        add(panel, BorderLayout.CENTER);
    }

    private void addButton(String label, ActionListener listener)
    {
        JButton button = new JButton(label);
        button.addActionListener(listener);
        panel.add(button);
    }

    private class InsertAction implements ActionListener
    {
        public void actionPerformed(ActionEvent event)
        {
            String input = event.getActionCommand();
            if (start)
            {
                display.setText("");
                start = false;
            }
            display.setText(display.getText() + input);
        }
    }

    private class CommandAction implements ActionListener
    {
        public void actionPerformed(ActionEvent e)
        {
            String command = e.getActionCommand();
            if (start)
            {
                if (command.equals("-"))
                {
                    display.setText(command);
                    start = false;
                }
```

```
                else
                    lastCommand = command;
            }
            else
            {
                calculate(Double.parseDouble(display.getText()));
                lastCommand = command;
                start = true;
            }
        }
    }

    public void calculate(double x)
    {
        if(lastCommand.equals("+")) result += x;
        else if(lastCommand.equals("-")) result -= x;
        else if(lastCommand.equals("*")) result *= x;
        else if(lastCommand.equals("/")) result /= x;
        else if(lastCommand.equals("=")) result = x;
        display.setText("" + result);
    }
}
```

8.4 综合实训：文本编辑器界面

【例 8-18】 利用 Swing 组件设计一个小型的文本编辑器的用户界面。

```
import java.awt.*;
import java.awt.event.*;
import javax.swing.*;
import javax.swing.filechooser.*;
import java.io.*;

public class TextEditer {
    public static void main(String[] args)
    {
        EditerFrame frame = new EditerFrame();
        frame.setTitle("TextEditer");
    }
```

```java
}
class EditerFrame extends JFrame
{
    JScrollPane centerPanel;
    JTextArea area;
    MyPanel panel;

    public EditerFrame()
    {
        area = new JTextArea(400, 300);
        centerPanel = new JScrollPane(area);
        panel = new MyPanel();
        setLayout(new BorderLayout());
        add(centerPanel, BorderLayout.CENTER);
        add(panel, BorderLayout.SOUTH);
        setLocationRelativeTo(null);
        this.setSize(600, 400);
        setDefaultCloseOperation(JFrame.EXIT_ON_CLOSE);
        setVisible(true);

    }

    class MyPanel extends JPanel
    {
        JLabel filename;
        JTextField textfield;
        JButton open, save;
        JFileChooser chooser;

        public MyPanel()
        {
            filename = new JLabel("Filename ");
            textfield = new JTextField(30);
            open = new JButton("open");
            save = new JButton("save");
            chooser = new JFileChooser();
            chooser.setFileFilter(new FileNameExtensionFilter
("text files", "java"));
```

```java
        chooser.setFileSelectionMode(JFileChooser.FILES_AND_
DIRECTORIES);

        open.addActionListener(new OpenListener());
        save.addActionListener(new SaveListener());
        setLayout(new FlowLayout());
        add(filename);
        add(textfield);
        add(open);
        add(save);

    }

    private class OpenListener implements ActionListener
    {
        public void actionPerformed(ActionEvent e)
        {
            chooser.setCurrentDirectory(new File("."));

            int result=chooser.showOpenDialog(EditorFrame.this);
            if (result==JFileChooser.APPROVE_OPTION)
            {
                String name=chooser.getSelectedFile().getPath();
                try
                {
                    BufferedReader readfile = new BufferedReader(new FileReader(new File(name)));
                    area.setText("");
                    String str = readfile.readLine();
                    while(str != null)
                    {
                        area.append(str + "\n");
                        str = readfile.readLine();
                    }
                    readfile.close();
                }
                catch(Exception ex)
                {
```

```java
                    ex.printStackTrace();
                }
            }
        }
    }

    private class SaveListener implements ActionListener
    {
        public void actionPerformed(ActionEvent e)
        {
            chooser.setCurrentDirectory(new File("."));

            int result=chooser.showSaveDialog(EditerFrame.this);
            if (result == JFileChooser.APPROVE_OPTION)
            {
                String name=chooser.getSelectedFile().getPath();
                try
                {
                    File file = new File(name);
                    if (!file.exists())
                        file.createNewFile();
                    BufferedWriter writefile = new BufferedWriter(new FileWriter(file));
                    writefile.write(area.getText());
                    writefile.close();
                }
                catch(Exception ex)
                {
                    ex.printStackTrace();
                }
            }
        }
    }
}
```

运行结果如图 8-22 所示。

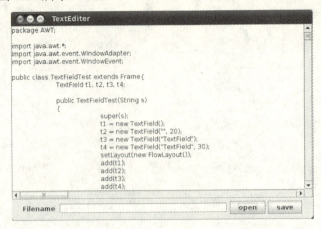

图 8-22　文本编辑器

打开文件，如图 8-23 所示。

图 8-23　打开文件

8.5　拓展动手练习

1．编写一个绘制各种几何图形的程序。用户从单选按钮中选择一个几何图形，并且确定线框是否被填充。

2．编写一个图形用户应用，进行加减乘除运算。

8.6　习题

1．说明容器和组件之间的关系。

2．设计一个输入身份证信息的用户界面。

3．设计一个输入电话簿信息的用户界面，至少应该包括姓名、工作单位、职务、电话和手机号等相关信息。

4．设计一个名片管理的用户界面。

5．设计一个时钟显示图形应用，并且可以设置当前时间。

项目九
Java 多媒体应用

在本项目中,我们将介绍如何设计编写 Java Applet,揭示 Applet 和 Web 浏览器之间的关系,还会应用它学习如何创建带有图像和音频的多媒体 Applet。

9.1 任务一 显示曲线

问题情境及实现

Java 的早期成功要归功于 Applet。当 Applet 在一个允许 Java 的 Web 浏览器上运行时,它给静态 HTML 网页带来动态交互和生动的动画。可以肯定地说,如果没有 Applet 也就没有今天无处不在的 Java。因为 Applet 使 Java 一出现便具有感染力、吸引力并且广为流行。现在,Java 不仅用于 Applet,而且用于开发独立的应用程序,成为开发服务器端应用程序和移动设备的程序设计语言。

截至目前,我们只用过 Java 应用程序。然而,编写应用程序的相关知识都可以应用到 Applet 中。尽管应用程序和 Applet 在某些方面有细微的差别,但是它们具有许多共同的程序设计特征。例如,每一个应用程序都必须有 main 方法,该方法由 Java 解释器调用。而相对地,Java Applet 不需要 main 方法,它们在 Web 浏览器的环境下运行。由于 Applet 是从 Web 页上调用的,所以,Java 提供了 Applet 在 Web 浏览器上运行的特殊功能。

在项目九中,我们将介绍如何设计编写 Java Applet,揭示 Applet 和 Web 浏览器之间的关系,还会学习应用它创建带有图像和音频的多媒体 Applet。

相关知识

9.1.1 Applet 应用程序概述

Applet 应用程序又称为小应用程序,是一种专门为网络环境设计的程序结构。这种应用程序不能独立地运行,需要在具有 Java 解释器的浏览器下运行。

在 Java 语言中,Applet 程序是一个由 Applet 子类或 JApplet 子类构成的应用程序。Applet 是 java.applet 包中的类,它是 Panel 面板容器类的子类,默认的布局管理器是 FlowLayout,属于 AWT 组件;JApplet 是 Applet 的子类,继承了 Applet 的执行机制,它是编写基于 Swing 组件的 Applet 程序的父类。图 9-1 是 Applet 和 JApplet 类的层次结构图。

【例 9-1】 在介绍 Applet 程序结构之前，先来看本例用 Swing 组件编写的应用程序示例。它将在浏览器中开辟一块显示区域，用来显示一条曲线。

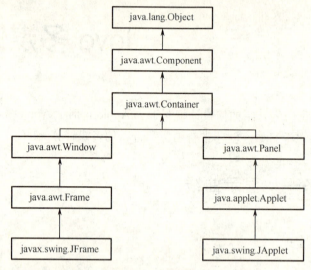

图 9-1　Applet 和 JApplet 类的层次结构图

```
import javax.swing.*;
import java.awt.*;

public class GraphicsTest extends JApplet{
    double f(double x)
    {
        return (Math.sqrt(Math.cos(x / 5)) + Math.sqrt(Math.sin(x
            / 7))) * getSize().height / 4;
    }

    public void paint(Graphics g)
    {
        for (int x = 0; x < getSize().width; x++)
            g.drawLine(x, (int)f(x), x + 1, (int)f(x + 1));
    }
}
```

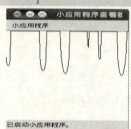

图 9-2　运行结果

运行结果如图 9-2 所示。

Applet 类提供一个基本框架结构，使得 Applet 可以通过 Web 浏览器来运行。每个 Java 应用程序都有一个 main 方法，在应用程序开始时执行。与应用程序不同，Applet 没有 main 方法，它依靠浏览器调用 Applet 类中的方法。每个 Applet 都是 java.applet.Applet 的子类，总体结构如下：

```
public class MyApplet extends java.applet.Applet {
    public MyApplet() {
        …
    }

    public void init() {
```

```
    …
    }
    public void start() {
    …
    }

    public void stop() {
    …
    }

    public void destroy() {
    …
    }
}
```

  装入 Applet 时，Web 浏览器通过调用 Applet 的无参数构造方法创建一个 Applet 实例。所以，Applet 必须有一个显式声明或隐式声明的无参数构造方法。浏览器通过调用 init、start、stop 和 destroy 方法来控制 Applet 程序。默认情况下，这些方法什么也不做。为了执行特定功能，需要在用户的 Applet 中修改它们，以便浏览器能够正确地调用相应的代码。图 9-3（a）说明了浏览器如何调用这些方法，图 9-3（b）利用状态图描述 Applet 的控制流程。

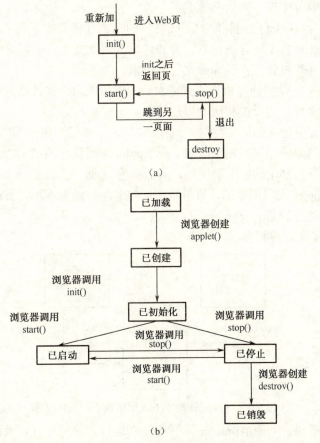

图 9-3　Web 浏览器利用 init、start、stop 和 destroy 方法来控制 Applet

9.1.2 工作环境以及运行过程

Applet 是一种包含在 HTML 网页中的 Java 应用程序。HTML 网页必须告诉浏览器要加载哪个 Applet 程序以及每个 Applet 程序放置在网页的哪个位置。正如所预计的那样，使用 Applet 的标记需要告诉浏览器从哪里获得类文件，以及在网页上如何定位 Applet（大小和位置），然后，浏览器从网络（Internet）上或者从用户机器的目录上获得类文件，并自动地运行 Applet。

在 Applet 开发早期，必须使用 Sun 的 HotJava 浏览器来查看包含 Applet 的网页。自然地，很少有用户愿意专门使用一个浏览器来享受一个新的 Web 特性。当 Netscape 在其浏览器中包含了 Java 虚拟机之后，Applet 才真正流行起来。微软的 IE 浏览器也紧随其后。可惜的是 Netscape 没有跟上 Java 的发展，而微软在对旧版 Java 是否提供支持的问题上举棋不定。

为了解决这个问题，Sun 发布了一个名为 Java Plug-in 的工具。通过使用这种扩展机制，可以将插件平滑地嵌入各种浏览器中，使这些浏览器能够利用 Sun 提供的外部 Java 运行时来执行 Java Applet。通过更新插件可以保持使用最新、最棒的 Java 特性。

有了装入 Java 插件的浏览器，就可以通过.htm 文件将 Applet 应用程序加载到本地计算机运行。与运行其他文件不同，.htm 文件与 Applet 应用程序有可能不在本地计算机上，甚至这两个文件也可能在不同的机器上。

运行一个包含 Applet 应用程序的.htm 文件的基本过程有如下四个步骤：

（1）在本地计算机上运行浏览器，并通过输入网址及文件名或单击超链接等方式向存储.htm 文件的计算机发出下载.htm 文件的请求。

（2）存储.htm 文件的计算机接收到请求后，将相应的文件传送到本地计算机。如果没有所要的.htm 文件，将反馈相应的提示信息。

（3）本地计算机运行.htm 文件。当执行到嵌入 Applet 应用程序的相关标记时，根据提供的地址，向相应的计算机发出请求下载 Applet 应用程序的请求。这里下载的 Applet 源程序是经过编译后产生的字节码文件，其后缀为.class。

（4）存放 Applet 应用程序的计算机将相应的文件传送给本地计算机，并由本地计算机上的浏览器自动地启动 Applet 应用程序。

图 9-4 描述了上述过程。

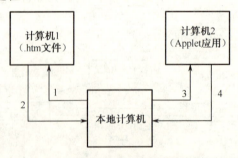

图 9-4 .htm 文件和 Applet 应用程序的放置位置

从上面可以看出，一个 Applet 应用程序是否运行、何时运行以及何时终止完全由浏览器控制，但运行后要完成哪些功能则由 Applet 应用程序决定。

编写和执行 Applet 程序需要执行下面三个步骤：
（1）设计一个继承 Applet 类或 JApplet 类的子类，并将其存储成后缀为.java 的文件。
（2）将 Java 源文件编译成类文件。
（3）创建一个 HTML 文件，告诉浏览器首先加载哪个类文件以及如何设定 Applet 的大小。

9.2 任务二 显示图像

问题情境及实现

Applet 应用程序可以处理图像和音频，以便丰富网页界面。在任务二中，我们主要学习如何利用 Java Applet 提供的方法在网页应用程序上显示图像。我们将写一个简单的程序来实现这个功能。

相关知识

在 Applet 应用程序中，显示图像需要 URL 类和 Image 类。

9.2.1 URL 类

URL 类是 Java 为处理网络环境的统一资源地址（Uniform Resource Locator, URL）定义的标准类。不管是图像文件还是音频文件都要存储在网络环境中的某台计算机上。如果要将这样的文件下载到本地计算机上显示或播放，就需要告知浏览器存放文件的地址和传输协议，这就构成了 URL。一个 URL 由 4 个部分组成，它们是协议、域名、端口号和路径与文件名。其中协议标识文件传输的方式，例如超文本传输协议 http(Hyper Text Transfer Protocol)和文件传输协议 ftp(File Transfer Protocol)；域名唯一地标识数据源；端口号是用来识别计算机上特定服务的编号。由于每种协议都定义了默认的端口号，例如 http 协议的端口号为 80，ftp 协议的端口号为 21，通常，在 URL 中不特别地指定端口号。URL 类封装了 URL，并提供了一系列的成员方法获取 URL 的各种信息。例如，getProtocol()、getHost()、getPort()和 getFile()分别返回 URL 对象对应的 URL 的协议、域名、端口号和文件名。

9.2.2 Image 类

Image 类是一个抽象类，其中声明了一些与处理图像有关的抽象成员方法，任何图像类都应该是这个类的子类。

在 Applet 应用程序中，显示图像需要大致两个步骤：
（1）加载图像。
（2）输出图像。
加载图像的方法有：

```
Image getImage(URL url);
Image getImage(URL url, String name);
```

其中，url 是一个 URL 对象，用来描述图像文件的 URL 地址，name 为图像文件的名称，其后缀可以是.jpeg、.png 以及可以显示动画的.gif 格式。

加载图像文件后，就可以使用 java.awt.Graphics 类中的 drawImage 成员方法将图像显示在屏幕上。它的格式可以是：

```
boolean drawImage(Image img, int x, int y, ImageObserver observer);
boolean drawImage(Image img, int x, int y, int width, int height,
ImageObserver observer);
boolean drawImage(Image img, int x, int y, Color bgcolor, ImageObserver
observer);
boolean drawImage(Image img, int x, int y, int width, int height,
Color bgcolor, ImageObserver observer);
boolean drawImage(Image img, int dx1, int dy1, int dx2, int dy2,
int sx1, int sy1, int sx2, int sy2, ImageObserver observer);
boolean drawImage(Image img, int dx1, int dy1, int dx2, int dy2,
int sx1, int sy1, int sx2, int sy2, Color bgcolor, ImageObserver
observer);
```

其中，img 是所显示的图像对象；x、y 是图像显示的左上角坐标；width 和 height 是图像的宽和高；dx1、dy1、dx2、dy2 是图像显示的左上角和右下角坐标；sx1、sy1、sx2、sy2 是截取图像的左上角和右下角坐标；bgcolor 为图像的背景颜色；observer 是一个接口，用来跟踪图像文件是否下载完毕，通常其值为 this。

【例 9-2】 利用 URL 类和 Image 类来实现老虎机小游戏的 Applet 应用。

```
import java.awt.*;
import java.applet.Applet;
import javax.swing.*;
import java.awt.event.*;
import java.util.*;

public class ImageTest extends JApplet{
    private final static int NUMBER = 10;
    private JPanel toolPanel, imagePanel;
    private PicturePanel ipanel1, ipanel2, ipanel3;
    private Image[] pictures = new Image[NUMBER];
    private JButton start, stop;
    private JComboBox level;
    private String[] str = {"kk.jpg", "er.jpg", "gt.jpg", "sb.jpg",
    "sd.jpg", "sl.gif", "sougo.jpg", "tj.jpg", "ts.jpg", "gdog.jpg"};
    private String[] lstr = {"low", "middle", "high"};
    private int[] delays = {200,100,50,220,120,70,180,80,40};
    private javax.swing.Timer timer1 = new javax.swing. Timer
    (delays[0], new TimerListener1());
    private javax.swing.Timer timer2 = new javax.swing. Timer
    (delays[3], new TimerListener2());
    private javax.swing.Timer timer3 = new javax.swing.Timer
    (delays[6], new TimerListener3());
```

```java
    private int c1, c2, c3;
    private JTextArea area;
    private JScrollPane scrollpanel;

    public void init()
    {
        c1 = new Random().nextInt(10);
        c2 = new Random().nextInt(10);
        c3 = new Random().nextInt(10);
        for (int i = 0; i < pictures.length; i++)
            pictures[i] = getImage(getDocumentBase(), str[i]);
        ipanel1 = new PicturePanel(c1);
        ipanel2 = new PicturePanel(c2);
        ipanel3 = new PicturePanel(c3);
        imagePanel = new JPanel(new GridLayout(1, 3));
        imagePanel.add(ipanel1);
        imagePanel.add(ipanel2);
        imagePanel.add(ipanel3);
        area = new JTextArea(380, 50);
        area.setEditable(false);
        scrollpanel = new JScrollPane(area);
        scrollpanel.setPreferredSize(new Dimension(360, 100));
        level = new JComboBox(lstr);
        level.setEditable(false);
        level.addActionListener(new LevelHandle());
        start = new JButton("start");
        stop = new JButton("stop");
        start.addActionListener(new ActionListener(){
            public void actionPerformed(ActionEvent event)
            {
                start();
            }
        });
        stop.addActionListener(new ActionListener(){
            public void actionPerformed(ActionEvent event)
            {
                stop();
            }
        });

        toolPanel = new JPanel(new GridLayout(1, 3));
        toolPanel.add(level);
        toolPanel.add(start);
        toolPanel.add(stop);
        this.getContentPane().add(scrollpanel,BorderLayout.NORTH);
        this.getContentPane().add(imagePanel,BorderLayout.CENTER);
        this.getContentPane().add(toolPanel,BorderLayout.SOUTH);
        this.setSize(380, 250);

    }
```

```java
    public void start()
    {
        timer1.start();
        timer2.start();
        timer3.start();
    }

    public void stop()
    {
        timer1.stop();
        timer2.stop();
        timer3.stop();
        score(c1, c2, c3);
    }

    private void score(int c1, int c2, int c3)
    {
        int score = 0;
        int lev;
        String str;
        if ((c1 == c2) && (c1 == c3))
            {
                lev = level.getSelectedIndex();
                if (lev == 2)
                    score += 150;
                else if (lev == 1)
                    score += 120;
                else
                    score += 100;
                if (c1 == 8)
                    score += 20;
            }
        if ((c1 == c2) || (c2 == c3) || (c1 == c3))
            {
                lev = level.getSelectedIndex();
                if (lev == 2)
                    score += 80;
                else if (lev == 1)
                    score += 60;
                else
                    score += 50;
            }
        str = "You've just got " + score + " $.\n";
        area.append(str);
    }
class PicturePanel extends JPanel
{
    int c;
    public PicturePanel(int c)
    {
        this.c = c;
    }
```

```java
        public void setC(int cNum)
        {
            c = cNum;
        }
        public void paint(Graphics g)
        {
            g.drawImage(pictures[c], 10, 10, this);
        }
    }

    class TimerListener1 implements ActionListener
    {
        public void actionPerformed(ActionEvent e)
        {
            c1++;
            if (c1 > 9)
                c1 = 0;
            ipanel1.setC(c1);
            ipanel1.repaint();
        }
    }

    class TimerListener2 implements ActionListener
    {
        public void actionPerformed(ActionEvent e)
        {
            c2++;
            if (c2 > 9)
                c2 = 0;
            ipanel2.setC(c2);
            ipanel2.repaint();
        }
    }

    class TimerListener3 implements ActionListener
    {
        public void actionPerformed(ActionEvent e)
        {
            c3++;
            if (c3 > 9)
                c3 = 0;
            ipanel3.setC(c3);
            ipanel3.repaint();
        }
    }
    class LevelHandle implements ActionListener
    {
        public void actionPerformed(ActionEvent e)
        {
            int item = ((JComboBox)e.getSource()).getSelectedIndex();
            switch (item)
```

```
                        {
                        case 0:
                            timer1.setDelay(delays[0]);
                            timer2.setDelay(delays[3]);
                            timer3.setDelay(delays[6]);
                            break;
                        case 1:
                            timer1.setDelay(delays[1]);
                            timer2.setDelay(delays[4]);
                            timer3.setDelay(delays[7]);
                            break;
                        case 2:
                            timer1.setDelay(delays[2]);
                            timer2.setDelay(delays[5]);
                            timer3.setDelay(delays[8]);
                            break;
                        }
                    }
                }
            }
```

程序应用 URL 类和 Image 类实现了一个老虎机游戏，运行程序会自动开始游戏，单击 stop 按钮游戏停止并显示本局得分，单击 start 按钮游戏再次开始。可以通过组合框来选择游戏的难度，不同的难度会有不同级别的得分。

运行结果如图 9-5 所示。

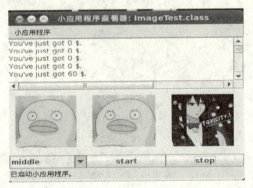

图 9-5　程序运行结果

9.3　任务三　播放音频文件

问题情境及实现

音频是另一种多媒体的重要形式。在网络应用中，声音可以表达更加丰富的内涵，使人更具有想象力，是一种不可忽视的信息表达形式。在 Java 语言中，提供了对音频信息的处理能力。在任务三中，我们将介绍两种在 Java Applet 中用来播放声音的方法，并分别举例说明如何应用它们。

 相关知识

9.3.1 Applet 类中的 play()方法

在 Applet 类中,有两个 public 的成员方法具有加载和播放音频文件的功能,它们的格式为:

```
public void play(URL url);
public void play(URL url, String name);
```

其中,url 是一个 URL 对象,用来描述音频文件的 URL 地址,name 为音频文件的文件名,它的后缀可以是.au、.wav、.aiff 和.midi。

在使用 play()方法时需要注意以下几点:

(1) play()是 Applet 类的一个成员方法,所以只有 Applet 应用程序才可以利用它播放音频文件。

(2) 如果需要播放的声音文件与 Applet 应用程序存储在同一个目录下,可以利用 Applet 类提供的 getCodeBase()成员方法来获得 Applet 应用程序存储的位置。

(3) 如果没有找到通过参数指定的音频文件,play()方法将不返回任何错误信息,而只是不播放文件。

【例 9-3】 播放声音文件举例。

```java
import java.awt.*;
import java.applet.*;
import javax.swing.*;

public class PlaySoundTest extends JApplet{
   String text = null;

   public void init()
   {
      text = "A sound file is playing ...";
   }

   public void paint(Graphics g)
   {
      g.drawString(text, 30, 30);
      play(getCodeBase(), "Gaara.mid");
      text = "The End.";
      g.drawString(text, 30, 50);
   }
}
```

9.3.2 Applet 类中的 AudioClip 接口

应用 play()方法只能将音频文件加载到本地计算机中并且立即播放,既不能控制播放的时机,也不能控制播放的次数。如果想实现上述目标就需要利用 AudioClip 接口。此

接口中声明了三个成员方法:
play()　播放声音。
loop()　循环播放声音。
stop()　终止播放声音。
用这种方式播放声音的过程也很简单:
(1) 创建一个 AudioClip 类对象。
(2) 传递一个 URL 对象给该类的构造方法,使得创建的对象与一个物理音频文件建立起联系。
通过调用上述三个成员方法来控制播放声音的进程。

【例 9-4】　利用 AudioClip 接口播放声音示例。

```java
import java.awt.*;
import java.applet.Applet;
import java.applet.AudioClip;

import javax.swing.*;
import java.awt.event.*;

public class AudioClipTest extends JApplet implements ActionListener{

    JButton playButton, stopButton;
    AudioClip audio;

    public void init()
    {
        this.getContentPane().setLayout(new FlowLayout());
        playButton = new JButton("play");
        stopButton = new JButton("stop");
        add(playButton);
        add(stopButton);
        playButton.addActionListener(this);
        stopButton.addActionListener(this);
        try
        {
            audio = getAudioClip(getDocumentBase(), "gaara.mid");
        }
        catch (Exception e)
        {
            e.printStackTrace();
        }
    }

    public void actionPerformed(ActionEvent e)
    {
        if (e.getSource() == playButton)
            audio.loop();
        else audio.stop();
    }
}
```

运行结果如图9-6所示。

图 9-6 程序运行结果

【例9-5】 实现一个简单的带动画的音乐播放器。

```java
import java.awt.*;
import java.applet.Applet;
import java.applet.AudioClip;
import javax.swing.*;
import java.awt.event.*;

public class MusicPlay extends JApplet{
    private final static int IM_NUMBER = 5;
    private PicturePanel pPanel;
    private JPanel toolpanel;
    private JButton suspend, resume;
    private JComboBox music;
    private JLabel select;
    private Image[] images = new Image[IM_NUMBER];
    private AudioClip[] audioClips = new AudioClip[IM_NUMBER];
    private AudioClip currentAudioClip;
    private int currentImage = 0;
    String[] items = new String[IM_NUMBER];
    private int delay = 5000;
    private Timer timer = new Timer(delay, new TimerListener());

    public void init()
    {for (int i = 0; i < IM_NUMBER; i++)
        {images[i]= getImage(getDocumentBase(),"Image"+ i +".jpg");
        audioClips[i] = Applet.newAudioClip(getClass(). getResource
        ("music" + i + ".mid"));
        items[i] = "music" + i;}

        pPanel = new PicturePanel();
        suspend = new JButton("Suspend");
        resume = new JButton("Resume");
        suspend.addActionListener(new ActionListener()
        {public void actionPerformed(ActionEvent e)
            {stop();}});
        resume.addActionListener(new ActionListener()
        {public void actionPerformed(ActionEvent e)
```

```java
        {start();}});

    select = new JLabel("Select: ");
    select.setHorizontalAlignment(JLabel.RIGHT);
    music = new JComboBox(items);
    music.setEditable(false);
    music.addActionListener(new ActionListener()
    {public void actionPerformed(ActionEvent e)
        {currentAudioClip.stop();
        int index = music.getSelectedIndex();
        currentAudioClip = audioClips[index];
        currentAudioClip.loop();
        }});

    toolpanel = new JPanel(new GridLayout(1,4));
    toolpanel.add(resume);
    toolpanel.add(suspend);
    toolpanel.add(select);
    toolpanel.add(music);
    timer.start();
    currentAudioClip = audioClips[0];
    currentAudioClip.loop();
    this.getContentPane().add(pPanel, BorderLayout.CENTER);
    this.getContentPane().add(toolpanel, BorderLayout.SOUTH);
    this.setSize(600, 500);}

class PicturePanel extends JPanel
{   public void paint(Graphics g)
    {g.drawImage(images[currentImage], 0, 10, this);}
}

class TimerListener implements ActionListener
{public void actionPerformed(ActionEvent e)
    {currentImage = (currentImage + 1) % IM_NUMBER;
    pPanel.repaint();
    }}

public void start()
{timer.start();
currentAudioClip.loop();
}

public void stop()
{timer.stop();
currentAudioClip.stop();}}
```

运行结果如图 9-7 所示。

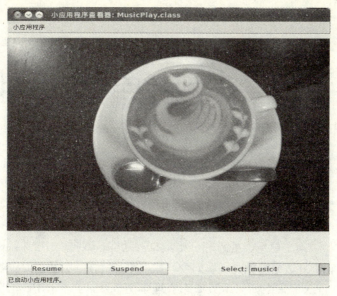

图 9-7　程序运行结果

上面程序将会实现一个简单的音乐播放器，播放器的背景是一个简单的图片幻灯片。在播放音乐的同时，图片会按照一定的时间间隔循环切换图片。Suspend 按钮可以停止播放音乐和幻灯片，Resume 按钮可以重新开始播放音乐和幻灯片。音乐会单曲循环播放，可以通过 Select 组合框来选择不同的音乐。同学可以按照自己的喜好来重新设置音乐和图片，音乐的格式为 music0,music1...music4，后缀是 AudioClip 接口可以播放的音乐格式。图片的格式为 Image0, Image1...Image4，后缀可以是 .jpg 或 .gif 等可用格式。但是因为 AudioClip 接口获取音乐的速度比较慢，时间长的音乐需要比较长的加载时间，须耐心等待。

9.4　拓展动手练习

1．设计一个国旗和国歌的程序，程序可以播放国歌，播放途中可以显示国旗，可以选择要播放的国歌。

2．编写一个 Applet 动画程序，模拟四个赛车，对每个赛车设置速度。

9.5　习题

1．说明 Applet 类与 JApplet 类之间的关系。

2．说明 Applet 类中 init()、start()、stop() 和 destory() 成员方法分别在何时由系统自动地调用？在这几个成员方法中应该写些什么内容？

3．编写一个 Applet 程序，在网页中显示一幅图像。

4．编写一个 Applet 程序，利用 play() 成员方法或 AudioClip 接口播放一段音频。

5．编写一个 Applet 动画程序，显示一条会动的曲线。

项目十
用数据库管理学生成绩

在学习 Java 语言之前,有可能你就听说过或者使用过数据库系统,有可能你还上过专门的数据库和有关使用 SQL 语言的课程。的确,数据库系统无处不在,个人的银行账户信息会存储在银行的数据库中;如果你在网上购物,你的购物信息会存储在网上商店的数据库中;如果上大学,学籍信息会存储在学校的学生管理数据库中。数据库不但可以存储数据,还提供了诸如访问、更新、处理和分析数据等功能。数据库中的信息可以周期性地更新,有自动备份和恢复数据的能力。现如今,数据库系统在社会和商业中起着重要的作用。

本章学习在 Java 语言中如何用数据库管理学生成绩,学习 JDBC 的实现原理、JDBC API 的基本用法及在 mysql.exe 中声明事务和通过 JDBC API 声明事务边界。

10.1 任务一 创建成绩数据库和成绩表

问题情境及实现

Java 程序可以在各种不同的数据库之间创建连接并进行数据的交互。虽然,数据库驱动器程序根据数据库的不同而不尽相同,但这并不是 Java 程序员的任务。有了上述各种数据库接口之后,我们只需要在编写程序之前把这些驱动器程序下载下来并在程序最开头声明它们,然后就可以放心地应用它们提供的方法了。

在任务一中,我们以数据库基础知识,按照顺序来一步步地完成一个完整的带数据库的学生成绩分析统计系统。在学会了面向对象程序设计的基础上,我们将主要介绍在 Java 程序中如何访问和操控数据库中的数据。

 相关知识

Java 程序可以作为数据库服务器的客户程序,向服务器发送 SQL 命令。如果从头编写与数据库服务器通信的程序,那么,Java 程序必须利用 Socket 通信机制建立与服务器的链接,并根据数据库系统具体使用的应用层协议,发送给数据库服务器能读懂的通信请求,同样,在数据库返回给它结果的时候,Java 程序也应该有能力读懂它。但不幸的是,目前流行的数据库系统,例如 Oracle、SQL Server、MySQL 和 Sybase 等,它们的应用层协议并没有统一的标准,如果按照上述方法操作,那就意味着 Java 程序每使用一种数据库就要为其单独设计一套通信程序。

为了简化上述过程,JDK 提供了 JDBC API。JDBC 是开发数据库应用的 Java API。JDBC 是 Java API 的一个品牌名称,它支持访问关系数据库的 Java 程序。JDBC 不是首

字母的缩写，但是常被认为表示 Java Database Connectivity（Java 数据库连接）。如图 10-1 所示，JDBC 的实现封装了与各种数据库服务器通信的细节。Java 程序通过 JDBC 来访问数据库有如下好处：

（1）简化访问数据库的程序代码，无须涉及与数据库服务器通信的细节。
（2）不依赖于任何数据库平台，同一个 Java 程序可以访问多种数据库服务器。

JDBC API 位于 java.sql 包中，一些更高级的数据库 API 在 javax.sql 包中。

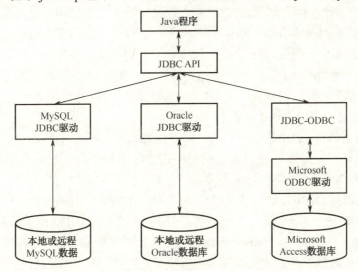

图 10-1　Java 程序通过 JDBC 驱动器访问和操纵数据库

在之前的项目中，我们已经介绍了如何设计和实现一个学生成绩分析统计系统，并分别以 Java 语言语法介绍和面向对象程序设计介绍为目的实现了不同功能的学生成绩分析统计系统。在项目十中，我们会以前面所讨论的内容为基础，完成一个带数据库的学生成绩分析系统。主要介绍内容为数据库系统和如何使用 Java 开发数据库应用程序。

10.1.1　JDBC 的实现原理

JDBC 给 Java 程序员提供访问和操纵众多关系数据库的统一接口。通过 JDBC API，用 Java 语言编写的程序就能够访问数据库、执行 SQL 语言、将结果集存回数据库或者用友好的图形用户界面反馈给用户。JDBC API 还可以用于分布式异型机环境中多种数据源之间的交互（例如实现 RMI 机制的过程中）。

在图 10-1 中，我们可以看到 Java 程序、JDBC API、JDBC 驱动程序和关系数据库之间的关系。JDBC API 是一个 Java 接口和类的集合，用于编写访问和操纵关系数据库的 Java 程序。因为 JDBC 驱动程序起着一个接口的作用，它使 JDBC 与具体数据库之间的通信灵活方便，所以它与具体数据相关并且通常由数据库厂商提供。例如，访问 MySQL 数据库需要使用 MySQL JDBC 驱动程序，访问 Oracle 数据库需要使用 Oracle JDBC 驱动程序，访问微软的 Access 数据库需要使用包含在 JDK 中的 JDBC-ODBC 桥驱动程序。ODBC 是微软专门为访问 Windows 平台的数据库所开发的技术，Windows 中都会预安装 ODBC 驱动程序。通过 JDBC-ODBC 桥，Java 程序可以访问任何 ODBC 数据源。

从一开始，Sun 公司就意识到了 Java 在数据库应用方面的巨大潜力。自 1995 年起，它们就致力于扩展 Java 标准类库，使之可以应用 SQL 访问数据库。他们最初希望通过扩展 Java，人们就可以用"纯" Java 语言与任何数据库进行通信。但是，因为上述所提到的各种不同的数据库，它们所使用的协议各不相同，使得他们很快发现无法完成这项任务。很多数据库供应商都表示支持 Sun 公司提供一套数据库访问的标准网络协议，因为他们每一家企业都希望 Sun 公司能采用自己的网络协议。

所有的数据库供应商和工具开发商都认为，如果 Sun 公司能够为 SQL 访问提供一套"纯" Java API，同时提供一个驱动管理器，以允许第三方驱动程序可以连接到特定的数据库，那它们会显得非常有用。这样一来，供应商就可以自己提供驱动程序，然后将其插入到驱动管理器中。另外，还需要一套简单的机制，以使得第三方驱动程序可以向驱动管理器注册。因此，Sun 公司制定了两套接口。应用程序开发者使用 JDBC API，而数据库供应商和工具开发商则使用 JDBC 驱动 API。

JDBC 驱动器可以分为以下 4 类。

- 第 1 类驱动器：JDBC-ODBC 驱动器。ODBC（Open Database Connectivity，开放数据库互连）是微软公司为应用程序提供的访问任何一种数据库的标准 API。JDBC-ODBC 驱动器为 Java 程序与 ODBC 之间建立了桥梁，使得 Java 程序可以间接地访问 ODBC API。JDBC-ODBC 驱动器是唯一由 Sun 公司实现的驱动器，属于 JDK 的一部分，默认情况下，该驱动器就已经在 JDBC 驱动管理器中注册了。在 JDBC 刚发布后，JDBC-ODBC 驱动器可以方便地用于应用程序的测试，但由于它连接数据库的速度比较慢，所以现在已经不再提倡使用它了。
- 第 2 类驱动器：由部分 Java 程序代码和部分本地代码组成。用于与数据库的客户端 API 通信。在使用这种驱动器时，不仅需要安装相关的 Java 类库，还要安装一些与平台相关的本地代码。
- 第 3 类驱动器：完全由 Java 语言编写的类库。它用一种与具体数据服务器无关的协议将请求发送给服务器的特定组件，再由该组件按照特定数据库协议对请求进行翻译，并把翻译后的内容发送给数据库服务器。
- 第 4 类驱动器：完全由 Java 语言编写的类库。它直接按照特定数据库的协议，把请求发送给数据库服务器。

通过上面的描述可以看出，第 4 类驱动器的速度最快，因为它会把请求直接发送给具体的数据库服务器，而第 1 类驱动器的速度最慢，因为它需要先把请求发给 ODBC，然后经由 ODBC 转手才能发送给具体的数据库服务器。

一般情况下，大部分数据库供应商都为它们的数据库产品提供第 3 类或者第 4 类驱动器，所以 Java 应用程序在设计的时候应该首选这两类驱动器。许多第三方工具提供商也开发了符合 JDBC 标准的驱动器产品，它们往往支持更多的数据库平台，具有很好的运行性能和可靠性。

10.1.2 安装和配置 MySQL 数据库

本书中所有和数据库相关的内容都以 MySQL 作为数据库服务器。MySQL 是一个多用户、多线程的关系数据库服务器。对 UNIX 和 Windows 平台，MySQL 的官网上都提供了免费的安装软件。

在 Windows 平台上的 MySQL 安装过程很简单，这里不再赘述。安装过后，找到软件安装的根目录，在根目录下有一个 bin 文件夹，进入 bin 文件夹，双击 mysql.exe 程序。它是 MySQL 提供的客户程序，可以在其中的命令行中输入 SQL 语句。MySQL 安装后，有一个初始化用户 root，可以为其重新设置密码。

下面我们在一个已经安装好的数据库上创建一个简单的学生成绩数据库 SCORESYS。

在 SCORESYS 数据库中有 3 张表。

- STUDENT 表：保存了学生信息。它的主键是学生序号 STU_ID。
- SCORE 表：保存了所有学生的各科成绩，是经常会访问的表。其中还包括总分和平均分，用学生学号作为主键。
- TEACHER 表：教师表也可以叫做科目表。它描述了每一个科目的具体情况，以科目编号作为主键。

在安装完 MySQL 数据库后就可以进入 MySQL 提供的命令行环境了。第一次进入可以使用 root 用户身份，通过如下命令：

```
mysql -u root -p
```

然后输入 root 密码。

退出 MySQL 客户程序时使用如下 SQL 命令：

```
exit
```

如果要更改 root 用户的密码，可以用如下命令：

```
update USER setPASSWORD = password('1234') when USER = 'root';
flush privileges;
```

这样将会把 root 用户的密码设置为 1234。

如果要创建新用户可以使用如下命令：

```
use mysql;
grant all privileges on *.* to newusr@localhost identified by '1234' with grant option;
```

这样将会创建一个新用户 newusr，密码是 1234。

要在数据库中创建数据库和表可以直接在数据库命令行中一行一行地输入，也可以将全部命令粘贴到命令行中，它会全部执行。

【例 10-1】 创建 SCORESYS 数据库和表的程序，可以直接将其粘贴到命令行中去。

```
drop database if exists SCORESYS;
create database SCORESYS;
use SCORESYS;

create table STUDENT (
   stu_id bigint not null primary key,
   name varchar(20) not null,
   age int,
   class varchar(255)
) DEFAULT CHARSET = GB2312;
```

```sql
create table SCORE (
   stu_id bigint not null primary key,
   math float,
   english float,
   physics float,
   chemistry float,
   biology float,
   sum_score float,
   average_score float
)DEFAULT CHARSET = GB2312;

create table TEACHER (
   t_id bigint not null primary key,
   name varchar(20),
   curri_id int not null,
   curri_name varchar(20),
   credit int not null,
   passline float not null
)DEFAULT CHARSET = GB2312;

insert into TEACHER (t_id, name, curri_id, curri_name, credit, passline) values (1070001, 'Elodie', 1, 'math', 6, 60);
insert into TEACHER (t_id, name, curri_id, curri_name, credit, passline) values (1070002, 'Lady Lee', 2, 'english', 6, 80);
insert into TEACHER (t_id, name, curri_id, curri_name, credit, passline) values (1070003, 'Nathan', 3, 'physics', 3, 60);
insert into TEACHER (t_id, name, curri_id, curri_name, credit, passline) values (1070004, '晓喻', 4, 'chemistry', 2, 60);
insert into TEACHER (t_id, name, curri_id, curri_name, credit, passline) values (1070005, 'Ewa', 5, 'biology', 2, 60);

insert into STUDENT (stu_id, name, age, class) values (20110061, '萧红', 19, 'cs01');
insert into STUDENT (stu_id, name, age, class) values (20110074, '啸鸣', 19, 'se08');

select * from TEACHER;
select * from STUDENT;
```

10.1.3 JDBC API 简介

JDBC API 是一个 Java 应用程序接口，目的是一般化 SQL 数据库，使得 Java 发开者能够通过统一的接口开发与数据库平台无关的 Java 应用程序。

JDBC API 由类和接口构成，这些类和接口用于建立数据库的连接、把 SQL 语句发送到数据库、处理 SQL 语句的结果以及获取数据库的元数据。使用 Java 开发任何数据库应用程序都需要4个主要接口，如图10-2所示：Driver、Connection、Statement 以及 ResultSet 接口。这些接口定义使用 SQL 访问数据库的一般构架。JDBC API 定义了这些接口。JDBC 驱动器程序开发商实现这些接口，程序员使用这些接口。

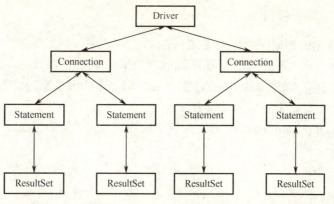

图 10-2　JDBC 类使 Java 程序连接数据库、发送 SQL 语句并接收和处理结果集

JDBC 应用程序用 Driver 接口装载一个合适的驱动程序，使用 Connection 接口连接到数据库，使用 Statement 接口创建和执行 SQL 语句，如果语句返回结果的话，将使用 ResultSet 接口处理结果集。当然，有些 SQL 语句可能不会返回结果，例如 SQL 数据更改语句和 SQL 数据删除语句。

下面来具体介绍这些接口。

1. Driver 接口

表示数据库驱动器。它是所有 JDBC 驱动器都必须实现的接口，JDBC 驱动器由数据库厂商或第三方提供。在编写访问数据库的 Java 程序时，必须把特定数据库的 JDBC 驱动器的类库加载到 classpath 中。

2. Connection 接口

表示数据连接。Connection 接口代表 Java 程序和数据库的连接，Connection 接口主要包括以下方法。

- getMetaData()：返回表示数据库的元数据的 DatabaseMetaData 对象。元数据包含了描述数据库的相关信息。
- createStatement()：创建并返回 Statement 对象。

3. Statement 接口

负责执行 SQL 语句。Statement 接口提供了 3 个执行 SQL 语句的方法。

- execute(String sql)：执行各种 SQL 语句。该方法返回一个 boolean 类型的值，如果为 true，表示所执行的 SQL 语句具有查询结果，可通过 Statement 的 getResultSet() 方法获得查询结果。
- executeUpdate(String sql)：执行 SQL 的 insert、update 和 delete 语句。该方法返回一个 int 类型的值，表示数据库中受该 SQL 语句影响的记录数目。
- executeQuery(String sql)：执行 SQL 的 select 语句。该方法返回一个表示查询结果的 ResultSet 对象，

例如：

```
String sql = "select * from tablename";
ResultSet result = stmt.execute(sql);
```

4. ResultSet 接口

表示 SQL 查询语句返回的结果集。ResultSet 接口表示 select 查询语句得到的结果集，结果集中记录的行号从 1 开始。调用 ResultSet 对象的 next()方法，可以使游标定位到结果集中的下一条记录。调用 ResultSet 对象的 getXXX()方法可以获得一条记录中某个字段的值。ResultSet 接口提供了如下常用方法：

- getString(int columnIndex)：返回指定字段的 String 类型的值，columnIndex 为索引位置。
- getString(String columnName)：返回指定字段的 String 类型的值，columnName 为索引字段的名字。
- getInt(int columnIndex)：返回指定字段的 int 类型的值，columnIndex 为索引位置。
- getInt(String columnName)：返回指定字段的 int 类型的值，columnName 为索引字段的名字。
- getFloat(int columnIndex)：返回指定字段的 float 类型的值，columnIndex 为索引位置。
- getFloat(String columnName)：返回指定字段的 float 类型的值，columnName 为索引字段的名字。

ResultSet 对象的使用方法如下：

```
while(rs.next())
{
    long id = rs.getLong(1);
    String name = rs.getString("name");
    float grade = rs.getFloat(3);

    System.out.println("ID:"+id+"Name:"+name+"Grade:"+grade);
}
```

一般来说，访问数据库的典型 Java 程序主要采用以下几个步骤。

（1）加载驱动程序。
（2）建立连接。
（3）创建语句。
（4）执行语句。
（5）处理结果集 ResultSet。

JDBC 的典型用法为：在传统的客户-服务器模式中，通常是在服务器端配置数据库，而在客户端安装内容丰富的 GUI 界面，在此模型中，JDBC 驱动程序都部署在客户端。

但是，如今全世界都在从客户-服务器模式转向"三层应用模式"，甚至更高级的"n 层应用模式"。在三层应用模式中，客户端不直接调用数据库，而是调用服务器上的中间层，最后由中间层完成数据库查询操作。这种三层应用模式有以下优点：它将可视化表示（位于客户端）从业务逻辑（位于中间层）和原始数据（位于数据库）中分离出来。因此，我们就可以从不同的客户端，例如 Java 应用程序、Applet 或者 Web 来访问数据库的内容以及执行一些业务操作了。

客户端和中间层之间的通信可以通过 HTTP（这在制作网站方面非常常见），或者诸如远程方法调用 RMI 这样的其他机制来完成。JDBC 负责在中间层和后台数据库之间进行通信，图 10-3 表示了上述过程。

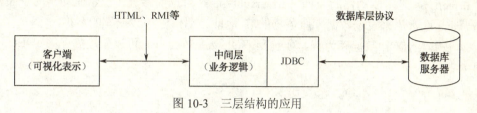

图 10-3 三层结构的应用

10.1.4 JDBC API 的基本用法

在使用数据库接口的方法访问数据之前，我们首先要做的就是告诉程序先要加载什么数据库，以及它相应的数据库驱动器程序在什么位置。之后，程序才能自动完成连接任务。

在 Java 程序中，通过 JDBC API 访问数据库包括以下步骤：

（1）获得要访问数据库的驱动器的类库，把它放到 classpath 中。

（2）在程序中加载并注册 JDBC 驱动器。

数据库的驱动器类库一般是一个 jar 文件，以 MySQL 数据库为例，它的类库可以从 MySQL 官方网站下载到。解压过后就可以得到一个 jar 文件，它就是 MySQL 驱动器的类库。

对于注册 JDBC 驱动器，有些驱动器是在 JDK 中自带的，像前面提到过的 JDBC-ODBC 驱动器，它是默认注册的，所以不需要再次注册。而有些驱动器则需要手动注册，例如 MySQL 驱动器，下面是 MySQL 驱动器的加载和注册代码。

加载 MySQL Driver 类：

```
Class.forName("com.mysql.jdbc.Driver");
```

注册 MySQL Driver 类：

```
java.sql.DriverManager.registerDriver(new com.mysql.jdbc.Driver());
```

有些驱动器的 Driver 类在被加载的时候，能自动创建本身的实例，然后调用 DriverManager.registerDriver()方法注册自身。例如，MySQL 的驱动器类 com.mysql.jdbc.Driver，当 Java 虚拟机加载这个类时，它就会自动完成上述过程。所以在 Java 应用程序中，只要通过 Class.forName()方法加载 MySQL Driver 类即可，而不必再注册驱动器的 Driver 类。

下一步就是建立与数据库的连接，连接建立完成后就会得到一个 Connection 对象。它的形式是：

```
Connection con = java.sql.DriverManager.getConnection(dburl, user, password);
```

getConnection()有三个参数，dburl 是表示连接数据库的 JDBC URL，user 是数据库的用户名，例如 root， password 是这个用户名的密码，在本例中定义为 root。

JDBC URL 的一般形式是：

```
jdbc:drivertype:driversubtype://parameters
```

drivertype 表示驱动器的类型。driversubtype 是可选的参数，表示驱动器的子类型。parameters 通常用来设定数据库服务器的 IP 地址、端口号和数据库的名称。

本书以 MySQL 数据库为例，对于 MySQL 数据库连接，可以采用如下的 JDBC URL 形式：

```
jdbc:mysql://localhost:3306/SCORESYS
```

其中，SCORESYS 是数据库的库名。

获得 Connection 对象之后，就可以创建 Statement 对象，利用这个对象就可以执行 SQL 语句了。

```
Statement state = con.createStatement();
```

下面执行一条 SQL 语句：

```
String sql = "select ID, NAME, AGE from STUDENT where AGE > 19";
state.executeQuery(sql);
```

state.executeQuery()方法可以执行上面那条 SQL 语句，它可以将结果集以 ResultSet 对象的形式返回。

```
ResultSet rs = state.executeQuery(sql);
```

遍历 ResultSet 对象中的记录：

```
while(rs.next())
{
    long id = rs.getLong(1);
    String name = rs.getString(2);
    int age = rs.getInt(3);

    System.out.println("ID:" + id + "Name: " + name + "Age: " + age);
}
```

在程序的最后我们将要关闭 ResultSet、Statement、Connection 对象：

```
rs.close();
state.close();
con.close();
```

【例 10-2】 按照如上过程演示了 JDBC API 的基本用法。在它的 main()方法中，先加载驱动器，然后获得与数据库连接的 Connection 对象，由 Connection 对象得到 Statement 对象，用 Statement 对象执行 SQL 语句，并将结果以 ResultSet 对象的形式保存。

```java
import java.sql.*;
import java.sql.DriverManager;
import java.sql.Connection;

public class DBTest1 {
    public static void main(String[] args)
    {
        Connection con;
```

```java
Statement state;
ResultSet rs;

try
{
    Class.forName("com.mysql.jdbc.Driver");
    System.out.println("Driver loaded");

    String dbURL = "jdbc:mysql://localhost/SCORESYS";
    String dbUsr = "root";
    String dbPass = "root";

    con = java.sql.DriverManager.getConnection(dbURL, dbUsr, dbPass);
    System.out.println("Database connected");
    state = con.createStatement();

    String name1=new String("萧颖".getBytes("GB2312"), "ISO-8859-1");
    String name2=new String("静夜".getBytes("GB2312"), "ISO-8859-1");
    long id1 = 2000061;
    long id2 = 1080052;
    int age1 = 20;
    int age2 = 21;
    String class1 = "cs02";
    String class2 = "ie05";

    String sql1 = "insert into STUDENT(stu_id, name, age, class) values(" + id1 + ",'" + name1 + "'," + age1 + ",'" + class1 + "')";
    String sql2 = "insert into STUDENT(stu_id, name, age, class) values(" + id2 + ",'" + name2 + "'," + age2 + ",'" + class2 + "')";
    state.executeUpdate(sql1);
    state.executeUpdate(sql2);

    rs = state.executeQuery("select * from STUDENT");

    while(rs.next())
    {
        long stu_id = rs.getLong(1);
        String name = rs.getString("name");
        int age = rs.getInt(3);
        String cl = rs.getString(4);

        if (name != null)
            name = new String(name.getBytes("ISO-8859-1"), "GB2312");

        System.out.println("ID: " + stu_id + " Name: " + name
```

```java
            + " Age: " + age + " Class: " + cl);
        }
        System.out.println();

        state.executeUpdate("delete from STUDENT where stu_id = "
        + id2);

        rs = state.executeQuery("select * from STUDENT");

        while(rs.next())
        {
            long stu_id = rs.getLong(1);
            String name = rs.getString("name");
            int age = rs.getInt(3);
            String cl = rs.getString(4);

            if (name != null)
                name = new String(name.getBytes("ISO-8859-1"),
                "GB2312");

            System.out.println("ID: " + stu_id + " Name: " + name
            + " Age: " + age + " Class: " + cl);
        }

        rs.close();
        state.close();
        con.close();
    }
    catch (Exception e)
    {
        e.printStackTrace();
    }

    }
}
```

运行结果:

```
Driver loaded
Database connected
ID: 20110061 Name: 萧红 Age: 19 Class: cs01
ID: 20110074 Name: 啸鸣 Age: 19 Class: se08
ID: 2000061 Name: 萧颖 Age: 20 Class: cs02
ID: 1080052 Name: 静夜 Age: 21 Class: ie05

ID: 20110061 Name: 萧红 Age: 19 Class: cs01
ID: 20110074 Name: 啸鸣 Age: 19 Class: se08
ID: 2000061 Name: 萧颖 Age: 20 Class: cs02
```

这里需要注意的是，在使用编程软件 IDE 编写数据库程序时，可能需要额外将 jar 包引入到 IDE 的地址中，根据使用的 IDE 软件的不同，可能使用的 jar 包的地址也不一样。

10.1.5 处理字符编码的转换

如果我们的程序和系统使用的都是英文字符,那么可能涉及不到处理字符编码转换的工作。但是,Java 程序处理现实问题的过程中,很难不遇到中文字符,一些数据例如姓名、地址、职位等,输入中文可能比英文更易于用户理解。所以我们就不得不处理字符转换的问题。

一般操作系统使用的中文字符编码为 GB2312,而 MySQL 数据库使用 ISO-8859-1 作为字符编码。当 Java 程序向数据库的表中插入数据时,需要把字符串的编码由 GB2312 转换为 ISO-8859-1。

例如:

```
String name = new String("小明", getBytes(GB2312), "ISO-8859-1");
```

然后再将这个变量输入到数据库中。

从表中读取数据时,同样需要把字符串的编码由 ISO-8859-1 转换回 GB2312,例如:

```
String name = rs.getString("NAME");
if (name != null) name = new String(name.getBytes("ISO-8859-1"), "GB2312");
```

如果需要这样处理的变量数量较多,这种办法就显得很烦琐。这时,如果让运行程序的操作系统与数据库使用同样的字符编码,就不需要做字符转换了。对于 MySQL,可以在连接数据库的 URL 中把字符编码也设置为 GB2312。

例如:

```
String dbURL="jdbc:mysql: //localhost:3306/ SCORESYS?useUnicode=true &characterEncoding = GB2312";
```

【例 10-3】 用这种方法重写【例 10-2】。

```java
import java.sql.*;

public class DBTest2 {
    public static void main(String[] args)
    {
        Connection con;
        Statement state;
        ResultSet rs;

        try
        {
            Class.forName("com.mysql.jdbc.Driver");
            System.out.println("Driver loaded");

            String dbURL="jdbc:mysql://localhost/SCORESYS? useUnicode=true&characterEncoding = GB2312";
            String dbUsr = "root";
            String dbPass = "root";
```

```java
            con = java.sql.DriverManager.getConnection(dbURL, dbUsr,
            dbPass);
            System.out.println("Database connected");
            state = con.createStatement();

            String name1 = new String("萧颖");
            String name2 = new String("静夜");
            long id1 = 20100061;
            long id2 = 10800052;
            int age1 = 20;
            int age2 = 21;
            String class1 = "cs02";
            String class2 = "ie05";

            String sql1 = "insert into STUDENT(stu_id, name, age,
            class) values(" + id1 + ",'" + name1 + "'," + age1 + ",'"
            + class1 + "')";
            String sql2 = "insert into STUDENT(stu_id, name, age,
            class) values(" + id2 + ",'" + name2 + "'," + age2 + ",'"
            + class2 + "')";
            state.executeUpdate(sql1);
            state.executeUpdate(sql2);

            rs = state.executeQuery("select * from STUDENT");
            Print(rs);

            String sql3 = "update STUDENT set name = '晓伊' where
            stu_id = 20100061";
            state.executeUpdate(sql3);

            rs = state.executeQuery("select * from STUDENT");
            Print(rs);

            rs.close();
            state.close();
            con.close();

        }
        catch (Exception e)
        {
            e.printStackTrace();
        }
    }

    public static void Print(ResultSet rs)
    {
        try
        {
            while(rs.next())
            {
```

```
                    long stu_id = rs.getLong(1);
                    String name = rs.getString(2);
                    int age = rs.getInt(3);
                    String cl = rs.getString(4);

                    System.out.println("ID: " + stu_id + " Name: " + name
                    + " Age: " + age + " Class: " + cl);
                }
                System.out.println();
            }
            catch(Exception e)
            {
                e.printStackTrace();
            }
        }
    }
```

10.1.6 把连接数据库的各种属性放在配置文件中

通过前面的示例可以看出，不管连接使用哪一种数据库，只要使用数据库我们就必须先做以下几件事：
- 获取数据库驱动器的 Driver 类。
- 获取连接数据库的 URL。
- 获取连接数据库的用户名。
- 获取连接数据库的密码。

所以我们可以将这些工作全都集中到一个配置文件中，让程序从配置文件中读取这些属性。如果程序需要换数据库，那么只需要更改一个配置文件，否则如果有多个程序都需要访问数据库的话，那么更改操作的工作量就"相当可观"了。

我们将数据库的属性都封装在 db.conf 配置文件中。

```
db.conf:
JDBC_DRIVER = com.mysql.jdbc.Driver
DB_URL = jdbc:mysql://localhost/SCORESYS
DB_USER = root
DB_PASSWORD = root
```

然后在创建一个类 DBReader 来从 db.conf 文件中获取各种属性。

```
DBReader.java:
import java.util.*;
import java.io.*;

public class DBReader {
    static private Properties ps;
    static
    {
        ps = new Properties();
        try
        {
```

```
            InputStream in=DBReader.class.getResourceAsStream
            ("db.conf");
            ps.load(in);
            in.close();
        }
        catch(Exception e)
        {
            e.printStackTrace();
        }
    }

    public static String get(String key)
    {
        return (String)ps.get(key);
    }
}
```

创建一个 ConnectionReader 类用来封装加载和注册驱动器,以及与数据库连接的细节,它提供 getConnection()方法来返回一个 Connection 对象,使用这个对象就可以在 Java 程序中执行访问和使用数据库中数据的具体业务操作了。

```
ConnectionReader.java:
import java.sql.*;

public class ConnectionReader {
    private String JDBC_DRIVER;
    private String DB_URL;
    private String DB_USER;
    private String DB_PASSWORD;

    public ConnectionReader()
    {
        JDBC_DRIVER = DBReader.get("JDBC_DRIVER");
        DB_URL = DBReader.get("DB_URL");
        DB_USER = DBReader.get("DB_USER");
        DB_PASSWORD = DBReader.get("DB_PASSWORD");

        try
        {
            Class jdbcDriver = Class.forName(JDBC_DRIVER);
            java.sql.DriverManager.registerDriver((Driver)
            jdbcDriver.newInstance());
        }
        catch(Exception e)
        {
            e.printStackTrace();
        }
    }

    public Connection getConnection()throws SQLException
    {
```

```
            Connection con=java.sql.DriverManager.getConnection (DB_URL,
        DB_USER, DB_PASSWORD);
            return con;
    }
}
```

【例 10-4】 利用以上方法完成数据库访问和操纵示例。

```
import java.sql.*;
public class DBTest3 {
    private ConnectionReader reader;
    public DBTest3(ConnectionReader reader)
    {
        this.reader = reader;
    }

    public void addStudent(long id, String name, int age, String
    cla)throws Exception
    {
        Connection con = null;
        Statement state = null;

        try
        {
            con = reader.getConnection();
            state = con.createStatement();
            name=new String(name.getBytes("GB2312"), "ISO-8859-1");
            String sql = "insert into STUDENT(stu_id, name, age,
            class) values(" + id + ",'" + name + "'," + age + ",'"
            + cla + "')";
            state.execute(sql);
        }
        finally
        {
            closeStatement(state);
            closeConnection(con);
        }
    }

    public void deleteStudent(long id)throws SQLException
    {
        Connection con = null;
        Statement state = null;

        try
        {
            con = reader.getConnection();
            state = con.createStatement();
            String sql = "delete from STUDENT where stu_id = " + id;
            state.execute(sql);
        }
        finally
```

```java
        {
            closeStatement(state);
            closeConnection(con);
        }
    }

    public void Print() throws Exception
    {
        Connection con = null;
        Statement state = null;
        ResultSet rs = null;

        try
        {
            con = reader.getConnection();
            state = con.createStatement();
            String sql = "select * from STUDENT";
            rs = state.executeQuery(sql);

            while (rs.next())
            {
                long id = rs.getLong(1);
                String name = rs.getString(2);
                int age = rs.getInt(3);
                String cla = rs.getString(4);

                if (name != null) name = new String(name.getBytes
                ("ISO-8859-1"), "GB2312");
                System.out.println("ID: " + id + " Name: " + name +
                " Age: " + age + " Class: " + cla);
            }
            System.out.println();
        }
        finally
        {
            closeResultSet(rs);
            closeStatement(state);
            closeConnection(con);
        }
    }

    private void closeResultSet(ResultSet rs)
    {
        try
        {
            if (rs != null)
                rs.close();
        }
        catch (SQLException e)
        {
            e.printStackTrace();
        }
```

```java
        }
        private void closeStatement(Statement state)
        {
            try
            {
                if (state != null)
                    state.close();
            }
            catch (SQLException e)
            {
                e.printStackTrace();
            }
        }

        private void closeConnection(Connection con)
        {
            try
            {
                if (con != null)
                    con.close();
            }
            catch (SQLException e)
            {
                e.printStackTrace();
            }
        }

        public static void main(String[] args)
        {
            try
            {
                DBTest3 test = new DBTest3(new ConnectionReader());
                test.addStudent(10900023, "萧散", 20, "cs02");
                test.addStudent(20110045, "小巫", 19, "cs05");
                test.addStudent(20000061, "萧颖", 21, "cs02");
                test.addStudent(10800052, "静夜", 20, "ie05");
                test.Print();
                test.deleteStudent(10900023);
                test.Print();
            }
            catch(Exception e)
            {
                e.printStackTrace();
            }
        }
    }
```

运行结果：

```
ID: 10900023 Name: 萧散 Age: 20 Class: cs02
ID: 20110045 Name: 小巫 Age: 19 Class: cs05
```

```
ID: 20000061 Name: 萧颖 Age: 21 Class: cs02
ID: 10800052 Name: 静夜 Age: 20 Class: ie05

ID: 20110045 Name: 小巫 Age: 19 Class: cs05
ID: 20000061 Name: 萧颖 Age: 21 Class: cs02
ID: 10800052 Name: 静夜 Age: 20 Class: ie05
```

10.1.7 Connection、Statement 和 ResultSet 对象

每个 Connection 对象都可以创建一个或一个以上的 Statement 对象。同一个 Statement 对象可以用于多个不同的 SQL 命名和查询。但是一个 Statement 对象最多只能打开一个结果集。如果需要执行多个查询操作,且需要同时分析查询结果,例如查询每个学生的所有成绩,那么就必须创建多个 Statement 对象。

需要说明的是,至少有一种常用数据库的 JDBC 驱动器程序只允许同时存在一个激活的 Statement 对象。使用 DatabaseMetaData 类中的 getMaxStatements 方法可以得到 JDBC 驱动程序同时支持的语句对象的总数。

这看起来出现了一些局限性,但是我们在实际编程中并不需要那么多的 Statement 对象,也不需要同时处理多个结果集。如果结果集相互关联,我们可以使用组合查询,这样就只需要分析一个结果集。在数据库课上我们也应该学过如何在一个语句中查询或操作多个表。对数据库进行组合查询比使用 Java 程序去进行多次遍历多个结果集要高效得多。如果程序要频繁地访问数据库,势必会降低其运行性能。

当用完 ResultSet、Statement 或 Connection 对象时,应该立即调用 close()方法。这些对象都使用了规模较大的数据结构,所以我们最好不要等待 Java 自动回收机制来在程序结束之前回收它们。

下面简单介绍一下 ResultSet、Statement 或 Connection 的 close()方法的作用。

- ResultSet 的 close()方法:释放结果集占用的资源。当 ResultSet 对象被关闭后,就不允许程序在访问它曾经包含的查询结果了,并且不允许调用它的 next()和 getXXX()等方法。
- Statement 的 close()方法:释放 Statement 对象占用的资源。关闭 Statement 对象时,与它关联的 ResultSet 对象也被自动关闭。当 Statement 对象被关闭后,同样不允许通过它执行任何 SQL 语句了。
- Connection 的 close()方法:释放 Connection 对象占用的资源,断开数据库连接。关闭 Connection 对象时,与它关联的所有 Statement 对象也被自动关闭。当 Connection 对象被关闭后,就不允许通过它创建 Statement 对象了。

如果 Statement 对象上有一个打开的结果集,那么调用 close()方法将自动关闭该结果集。同样地,调用 Connection 类的 close()方法会关闭该连接上的所有语句。为了避免潜在的错误,并且提高程序的可读性,最好养成在程序中显示关闭 ResultSet、Statement 或 Connection 对象的习惯。

【例 10-5】 Connection,Statement 和 ResultSet 对象的应用。

```
import java.sql.*;
public class scoresystest {
```

```java
    private ConnectionReader reader;
    private Connection con;
    private PreparedStatement addscore;
    private PreparedStatement addstudent;
    private PreparedStatement checkcredit;
    private Statement scoretable;
    private Statement students;

public scoresystest(ConnectionReader reader) throws SQLException
{
    this.reader = reader;
    con = reader.getConnection();
}

public void addScore(long id, float[] scores) throws SQLException
{
    float sum = 0, average = 0;
    for (int i = 0; i < scores.length; i++)
        sum += scores[i];
    average = sum /scores.length;
    String sql = "insert into SCORE(stu_id, math, english, physics, chemistry, biology, sum_score, average_score) values (?,?,?,?,?,?,?,?)";
    if (addscore == null)
        addscore = con.prepareStatement(sql);
    addscore.setLong(1, id);
    addscore.setFloat(2, scores[0]);
    addscore.setFloat(3, scores[1]);
    addscore.setFloat(4, scores[2]);
    addscore.setFloat(5, scores[3]);
    addscore.setFloat(6, scores[4]);
    addscore.setFloat(7, sum);
    addscore.setFloat(8, average);
    addscore.execute();
}

public void addStudent(long id, String name, int age, String cla) throws Exception
{
    name = new String(name.getBytes("GB2312"), "ISO-8859-1");
    String sql = "insert into STUDENT(stu_id, name, age, class) values(?,?,?,?)";
    if(addstudent == null)
        addstudent = con.prepareStatement(sql);
    addstudent.setLong(1, id);
    addstudent.setString(2, name);
    addstudent.setInt(3, age);
    addstudent.setString(4, cla);
    addstudent.execute();
}
```

```java
        public void checkcredit(int curri_id, float score) throws SQLException
        {
            int credit = 0;
            String sql = "select name, curri_name, credit, passline from TEACHER where curri_id = ?";
            String name, curri_name;
            float passline;

            if (checkcredit == null)
                checkcredit = con.prepareStatement(sql);
            checkcredit.setInt(1, curri_id);
            ResultSet rs = checkcredit.executeQuery();
            try
            {
                while (rs.next())
                {
                    name = rs.getString("name");
                    curri_name = rs.getString("curri_name");
                    passline = rs.getFloat("passline");
                    if (score >= passline)
                    {
                        credit = rs.getInt("credit");
                        System.out.println("Class: " + curri_name + " Teacher: " + name + "\n\tyou have passed this class, and have got " + credit + " credits.");
                    }
                    else
                        System.out.println("Class: " + curri_name + " Teacher: " + name + "\n\tyou have failed this class without any credits.");
                }
            }
            finally
            {
                try
                {
                    rs.close();
                }
                catch(SQLException e)
                {
                    e.printStackTrace();
                }
            }
        }

        public void showScoretable() throws Exception
        {
            String sql = "select SCORE.stu_id, name, math, english, physics, chemistry, biology, sum_score, average_score from STUDENT, SCORE where STUDENT.stu_id = SCORE.stu_id";
            long id;
```

```java
            String name;
            float[] scores = new float[7];
            if (scoretable == null)
                scoretable = con.createStatement();
            ResultSet rs = scoretable.executeQuery(sql);
            System.out.println("ID\tName\tMath\tEnglish\tPhysics\tChemistry\tBiology\tSum\tAverage");
            try
            {
            while (rs.next())
            {
                id = rs.getLong("stu_id");
                name = new String(rs.getString("name").getBytes("ISO-8859-1"), "GB2312");
                System.out.print(id + "\t" + name + "\t");
                for (int i = 0; i < 7; i++)
                {
                    scores[i] = rs.getFloat(i + 3);
                    System.out.print(scores[i] + "\t");
                }
                System.out.println();
            }
            }
            finally
            {
                try
                {
                    rs.close();
                }
                catch(SQLException e)
                {
                    e.printStackTrace();
                }
            }
    }

    public void showStudents() throws Exception
    {
        String sql = "select * from STUDENT";
        long id;
        String name, classname;
        int age;
        if (students == null)
            students = con.createStatement();
        ResultSet rs = students.executeQuery(sql);
        System.out.println("ID:\tName:\tAge:\tClass");
        try
        {
            while(rs.next())
            {
                id = rs.getLong("stu_id");
                name = new String(rs.getString("name").getBytes
```

```java
                ("ISO-8859-1"), "GB2312");
                age = rs.getInt("age");
                classname = rs.getString("class");
                System.out.println(id + "\t" + name + "\t" + age +
                "\t" + classname);
            }
        }
        finally
        {
            try
            {
                rs.close();
            }
            catch(SQLException e)
            {
                e.printStackTrace();
            }
        }
    }
    public static void main(String[] args)
    {
        try
        {
        scoresystest test = new scoresystest(new ConnectionReader());
        test.addStudent(10710001, "静夜", 19, "cs01");
        test.addStudent(10710002, "静易", 18, "cs02");
        test.addStudent(10810001, "静散", 17, "ie05");
        test.addStudent(10910001, "静棋", 17, "se03");
        float[] scores1 = {78, 98, 88, 86, 96};
        float[] scores2 = {56, 62, 88, 84, 70};
        float[] scores3 = {71, 73, 80, 88, 99};
        float[] scores4 = {75, 98, 83, 60, 59};
        test.addScore(10710001, scores1);
        test.addScore(10710002, scores2);
        test.addScore(10810001, scores3);
        test.addScore(10910001, scores4);
        test.checkcredit(1, scores2[0]);
        test.checkcredit(5, scores3[4]);
        test.showScoretable();
        test.showStudents();
        }
        catch (Exception e)
        {
            e.printStackTrace();
        }

    }
}
```

运行结果:

```
    Class: math  Teacher: Elodie
       you have failed this class without any credits.
    Class: biology  Teacher: Ewa
       you have passed this class, and have got 2 credits.
 ID    Name    Math     English      Physics      Chemistry    Biology      Sum
 Average
 10710001  静夜78.0     98.0         88.0         86.0         96.0         446.0       89.2
 10710002  静易56.0     62.0         88.0         84.0         70.0         360.0       72.0
 10810001  静散71.0     73.0         80.0         88.0         99.0         411.0       82.2
 10910001  静棋75.0     98.0         83.0         60.0         59.0         375.0       75.0
 ID:         Name:       Age:       Class
 10710001    静夜        19         cs01
 10710002    静易        18         cs02
 10810001    静散        17         ie05
 10910001    静棋        17         se03
```

10.1.8 执行 SQL 脚本文件

在前面的内容中，已经介绍了如何添加、查询和删除数据库中的数据表。JDBC 可以提供关于数据库结构和表达详细信息。例如，可以获取某个数据库的所有表的列表，也可以获取某个表中所有列的名称及其数据类型。当然，如果是在开发业务应用时使用事先定义好的数据库，那么数据库结构和表的信息可能就不是那么有用了。但是在有些情况下，我们可能会遇到不清楚具体的数据库表的定义的情况，所以这些对于编写数据库工具的程序员来说，是十分有用的数据库结构信息。

在 SQL 中，描述数据库或其他组成部分的数据称为元数据，主要有三类元数据：关于数据库的元数据、关于结果集的元数据以及关于预备语句参数的元数据。在本小节中，我们主要介绍关于结果集的元数据。

关于结果集的元数据——ResultSetMetaData 元数据类用于提供有关结果集的相关信息。ResultSetMetaData 对象能够用于在结果集 ResultSet 中找出关于列的类型和属性的信息。要得到 ResultSetMetaData 的一个实例，可以通过结果集使用 getMetaData 方法。

例如：

```
ResultSetMetaData rsMetaData = rs.getMetaData();
```

ResultSetMetaData 类具有以下方法。

- getColumnCount()：返回结果集包含的列数。
- getColumnLabel(int i)：返回结果集中第 i 列的字段名字。结果集中第 1 列的字段索引为 1。
- getColumnType(int i)：返回结果集中第 i 列字段的 SQL 类型。结果集中第 1 列字段的索引为 1。该方法返回一个 int 类型的数字，表示 SQL 类型。在 java.sql.Types 类中定义了一系列表示 SQL 类型的静态常量，它们都是 int 类型的数据。例如，Types.VARCHAR 表示 SQL 中的 VARCHAR 类型，Typeset.BIGINT 表示 SQL 中的 BIGINT 类型。

【例 10-6】 ResultSetMetaData 应用示例。

```java
import java.sql.*;
import java.io.*;
public class SQLExecutor {
    public static void main(String[] args) throws Exception
    {
        if (args.length == 0)
        {
            System.out.println("输入SQL脚本文件名");
            return;
        }
        String sqlfile = args[0];

        ConnectionReader reader = new ConnectionReader();
        Connection con = reader.getConnection();
        Statement state = con.createStatement();
        BufferedReader input = new BufferedReader(new FileReader
        (new File(sqlfile)));
        try
        {
            String data = null;
            String sql = "";
            while((data = input.readLine()) != null)
            {
                data = data.trim();
                if (data.length() == 0) continue;
                sql += data;
                if (sql.substring(sql.length() - 1).equals(";"))
                {
                    System.out.println(sql);
                    boolean result = state.execute(sql);
                    if (result)
                        showResult(state.getResultSet());
                    sql = "";
                }
            }
        }
        finally
        {
            state.close();
            con.close();
        }
    }

    public static void showResult(ResultSet rs) throws SQLException
    {
        ResultSetMetaData metaData = rs.getMetaData();
        int column = metaData.getColumnCount();
        for (int i = 1; i <= column; i++)
        {
            if (i > 1)
```

```
            System.out.print(", ");
            System.out.print(metaData.getColumnLabel(i));
        }
        System.out.println();
        while(rs.next())
        {
            for (int i = 1; i <= column; i++)
            {
                if (i > 1)
                    System.out.print(", ");
                System.out.print(rs.getString(1));
            }
            System.out.println();
        }
        rs.close();
    }
}
```

当数据库系统执行 SQL 语句失败时就会返回错误编号和错误状态信息。错误信息是由数据库系统产生的，JDBC 实现把这些错误信息存放到 SQLException 对象中。

10.1.9 处理异常

JDBC API 中的多数方法都会声明抛出 SQLException 异常。SQLException 类具有以下获取异常信息的方法。

- getErrorCode()：返回数据库系统提供的错误编号。
- getSQLState()：返回数据库系统提供的错误状态。

当数据库系统执行 SQL 语句失败时就会返回错误编号和错误状态信息。错误信息是由数据库系统产生的，JDBC 实现把这些错误信息存放到 SQLException 对象中。

【例 10-7】 SQLException 的应用。

```
import java.sql.*;
import java.io.*;
public class SQLExceptionTest {
    public static void main(String[] args)
    {
        try
        {
            Connection con = new ConnectionReader().getConnection();
            Statement state = con.createStatement();
            ResultSet rs = state.executeQuery("select stu_id from
            SCORE, STUDENT where SCORE.stu_id = STUDENT.stu_id");
        }
        catch(SQLException e)
        {
            System.out.println("Error Code: " + e.getErrorCode());
            System.out.println("SQLState: " + e.getSQLState());
            System.out.println("Reason: " + e.getMessage());
        }
```

		}
	}

运行结果：

```
Error Code: 1052
SQLState: 23000
Reason: Column 'stu_id' in field list is ambiguous
```

在 SQLException 类中还有一个子类 SQLWarning，它表示访问数据库时产生的警告信息。这些警告信息并不会影响程序的执行流程，但程序也不能在 catch 语句中捕获到 SQLWarning，可以通过使用 Connection、Statement 和 ResultSet 对象的 getWarning()方法来获取 SQLWarning 对象。

10.1.10　知识拓展：可滚动及可更新的结果集、行集

1. 可滚动及可更新的结果集

在前面的章节中已经讲过，使用 ResultSet 类中的 next()方法可以迭代遍历结果集中的所有行。对于一个只需要分析数据的程序，这已经就足够了。不过，如果是用于显示一张表或查询结构的可视化数据显示，我们通常还会希望这张表可以上下移动。

另外，对于一张可以上下移动的表，用户可能希望在移动浏览表的同时可以对这张表的表项进行一些更新、删改等编辑操作。在可滚动和可更新的结果集中，可以上下移动浏览表项，可以以编程的方式来更新表项，而数据库将自动地更新。

2. 可滚动的结果集

默认情况下结果集是不可以滚动和不可更新的。为了从查询中获取可滚动的结果集，必须使用以下方法得到一个不同的 Statement 对象：

```
Statement state = con.createStatement(type, concurrency);
```

表 10-1 和表 10-2 列出了 type 和 concurrency 的所有可能值，简单来说可以有以下三种选择：

- 是否希望结果集是可滚动的。默认情况下是不需要的，所以使 type 值为 ResultSet. TYPE_FORWARD_ONLY。
- 如果结果集是可滚动的，那么在查询结果集之后数据发生了变化，是否允许结果集是可更新的，并反映这些变化。
- 是否希望通过编辑结果集更新数据库。

表 10-1　ResultSet 类的 type 值

值	描述
TYPE_FORWARD_ONLY	结果集不能滚动
TYPE_SCROLL_INSENSITIVE	结果集可以滚动，但对数据变化不敏感
TYPE_SCROLL_SENSITIVE	结果集可以滚动，且对数据变化敏感

表 10-2　ResultSet 类的 concurrency 值

值	描　述
CONCUR_READ_ONLY	结果集不能用于更新数据库（默认值）
CONCUR_UPDATABLE	结果集可以用于更新数据库

假如只想滚动遍历结果集，而不编辑它的数据项，那么可以用如下语句：

```
Statement state = con.createStatement(ResultSet.TYPE_SCROLL_INSENSITIVE, ResultSet.CONCUR_READ_ONLY);
```

现在通过调用以下方法获得的结果集都是可以滚动的：

```
ResultSet rs = state.executeQuery(sql);
```

现在结果集既可以向前也可以向后滚动行，还可以利用 first、last、previous、absolute 或 relative 方法将光标移动到指定位置。

3. 可更新的结果集

如果希望编辑结果集中的数据，并且将编辑结果自动反馈到数据库中，那么就必须使用可更新的结果集。可更新的结果集不一定是可滚动的，当然一般情况下，用户会希望结果集既可以滚动又可以更新。

创建可更新的结果集，应该使用以下语句：

```
Statement state = con.createStatement(ResultSet.TYPE_SCROLL_INSENSITIVE, ResultSet.CONCUR_UPDATABLE);
```

现在通过调用以下方法获得的结果集都是可以更新的：

```
ResultSet rs = state.executeQuery(sql);
```

需要注意的是，即使在创建 Statement 对象时，把 type 和 concurrency 参数设定为可滚动和可更新的，实际上有可能结果集还是不允许更新和滚动，这可能有以下两方面原因。

- 底层 JDBC 驱动器有可能不支持可滚动或可更新的结果集。程序可以通过 DatabaseMetaData 类的 supportsResultSetType()方法和 supportsResultSetConcurrency() 方法来了解驱动器是否允许滚动和更新。
- 某些查询语句的结果集不允许更新。一般来说，JDBC 规定，只有在对一张表查询，且查询字段包含了全部的主键，这样的查询结果才可以被更新。

下面分别介绍如何在结果集中插入、更新和删除记录。

（1）插入记录。

```
rs.moveToInsertRow();
rs.updateString("class", "cs01");
rs.updateString("name", "静夜");
rs.updateLong("stu_id", 10700061);
rs.updateInt("age", 18);
rs.insertRow();                          //插入一条记录
rs.moveToCurrentRow();
```

(2) 更新记录。

```
rs.updateString("class", "cs01");
rs.updateString("name", "静夜");
rs.updateLong("stu_id", 10700061);
rs.updateInt("age", 18);
rs.updateRow();                    //更新记录
```

(3) 删除记录。

```
rs.deleteRow();                    //删除记录
```

【例 10-8】 用可滚动和可更新的结果集开发一个简单的图形 GUI 应用,它将在 JTable 中显示一个数据库表的所有行,并且使用可滚动和可更新的结果集来浏览表以及修改表的内容。该表为 SCORESYS 数据库中的 SCORE 表。

TestTableEditor.java:

```java
import javax.swing.*;
import java.awt.*;
import java.awt.event.*;
import java.sql.*;

public class TestTableEditor extends JApplet{
    private JComboBox jcboDriver = new JComboBox(new String[]
    {"com.mysql.jdbc.Driver"});
    private JComboBox jcboURL = new JComboBox(new String[]
    {"jdbc:mysql://localhost/SCORESYS"});

    private JButton jbtConnect = new JButton("Connect to DB & Get
    Table");
    private JTextField jtfUserName = new JTextField();
    private JPasswordField jpfPassword = new JPasswordField();
    private JTextField jtfTableName = new JTextField();
    private TableEditor tableEditor1 = new TableEditor();
    private JLabel jlblStatus = new JLabel();

    public void init()
    {
        JPanel jPane1 = new JPanel();
        jPane1.setLayout(new GridLayout(5, 0));
        jPane1.add(jcboDriver);
        jPane1.add(jcboURL);
        jPane1.add(jtfUserName);
        jPane1.add(jpfPassword);
        jPane1.add(jtfTableName);

        JPanel jPane2 = new JPanel();
        jPane2.setLayout(new GridLayout(5, 0));
        jPane2.add(new JLabel("JDBC Driver"));
        jPane2.add(new JLabel("Database URL"));
        jPane2.add(new JLabel("Username"));
        jPane2.add(new JLabel("Password"));
```

```java
        jPane2.add(new JLabel("Table Name"));

        JPanel jPane3 = new JPanel();
        jPane3.setLayout(new BorderLayout());
        jPane3.add(jbtConnect, BorderLayout.SOUTH);
        jPane3.add(jPane2, BorderLayout.WEST);
        jPane3.add(jPane1, BorderLayout.CENTER);
        tableEditor1.setPreferredSize(new Dimension(400, 200));

        add(new JSplitPane(JSplitPane.HORIZONTAL_SPLIT, jPane3,
            tableEditor1), BorderLayout.CENTER);
        add(jlblStatus, BorderLayout.CENTER);

        jbtConnect.addActionListener(new ActionListener(){
            public void actionPerformed(ActionEvent e)
            {
                try
                {
                    Connection connection = getConnection();
                    tableEditor1.setConnectionAndTable(connection,
                    jtfTableName.getText().trim());
                }
                catch(Exception ex)
                {
                    jlblStatus.setText(ex.toString());
                }
            }
        });
    }

    private Connection getConnection() throws Exception
    {

System.out.println((String)jcboDriver.getSelectedItem());

  Class.forName(((String)jcboDriver.getSelectedItem()).trim());
        System.out.println("Driver loaded.");

      Connection connection=DriverManager.getConnection (((String)
jcboURL.getSelectedItem()).trim(),jtfUserName.getText().trim(),String
(jpfPassword.getPassword()));
        jlblStatus.setText("Database connected.");

        return connection;
    }
}

TableEditor.java
import java.util.*;
import java.sql.*;
import javax.swing.table.*;
```

```java
import javax.swing.event.*;
import javax.swing.*;
import java.awt.*;
import java.awt.event.*;

public class TableEditor extends JPanel{
    private NewRecordDialog newRecordDialog = new NewRecordDialog();
    private Connection connection;
    private String tableName;
    private Statement statement;
    private ResultSet resultSet;
    private DefaultTableModel tableModel = new DefaultTableModel();
    private DefaultListSelectionModel listSelectionModel=new
    DefaultListSelectionModel();
    private Vector rowVectors = new Vector();
    private Vector columnHeaderVector = new Vector();
    private int columnCount;

    private JButton jbtFirst = new JButton("First");
    private JButton jbtNext = new JButton("Next");
    private JButton jbtPrior = new JButton("Prior");
    private JButton jbtLast = new JButton("Last");
    private JButton jbtInsert = new JButton("Insert");
    private JButton jbtDelete = new JButton("Delete");
    private JButton jbtUpdate = new JButton("Update");

    private JLabel jlblStatus = new JLabel();
    private JTable jTable1 = new JTable();

    public TableEditor()
    {
        jTable1.setModel(tableModel);
        jTable1.setSelectionModel(listSelectionModel);

        JPanel jPanel1 = new JPanel();
        setLayout(new BorderLayout());
        jPanel1.add(jbtFirst);
        jPanel1.add(jbtNext);
        jPanel1.add(jbtPrior);
        jPanel1.add(jbtLast);
        jPanel1.add(jbtInsert);
        jPanel1.add(jbtDelete);
        jPanel1.add(jbtUpdate);

        add(jPanel1, BorderLayout.NORTH);
        add(new JScrollPane(jTable1), BorderLayout.CENTER);
        add(jlblStatus, BorderLayout.SOUTH);

        jbtFirst.addActionListener(new ActionListener()
        {
            public void actionPerformed(ActionEvent e)
            {
```

```java
        moveCursor("first");
    }
});

jbtNext.addActionListener(new ActionListener()
{
    public void actionPerformed(ActionEvent e)
    {
        moveCursor("next");
    }
});

jbtPrior.addActionListener(new ActionListener()
{
    public void actionPerformed(ActionEvent e)
    {
        moveCursor("previous");
    }
});

jbtLast.addActionListener(new ActionListener()
{
    public void actionPerformed(ActionEvent e)
    {
        moveCursor("last");
    }
});

jbtInsert.addActionListener(new ActionListener()
{
    public void actionPerformed(ActionEvent e)
    {
        insert();
    }
});

jbtDelete.addActionListener(new ActionListener()
{
    public void actionPerformed(ActionEvent e)
    {
        delete();
    }
});

jbtUpdate.addActionListener(new ActionListener()
{
    public void actionPerformed(ActionEvent e)
    {
        update();
    }
});
```

```java
        listSelectionModel.addListSelectionListener(new
        ListSelectionListener(){
            public void valueChanged(ListSelectionEvent e)
            {
                listSelectionModel_valueChanged(e);
            }
        });
    }

    private void delete()
    {
        try
        {
            resultSet.deleteRow();
            refreshResultSet();
            tableModel.removeRow(listSelectionModel.
            getLeadSelectionIndex());
        }
        catch(Exception e)
        {
            jlblStatus.setText(e.toString());
        }
    }

    private void insert()
    {
        newRecordDialog.displayTable(columnHeaderVector);
        Vector newRecord = newRecordDialog.getNewRecord();

        if(newRecord == null)
            return;
        tableModel.addRow(newRecord);

        try
        {
            for (int i = 1; i <= columnCount; i++)
            {
                resultSet.updateObject(i,newRecord.elementAt(i-1));
            }

            resultSet.insertRow();
            refreshResultSet();
        }
        catch(Exception ex)
        {
            jlblStatus.setText(ex.toString());
        }
    }

    private void setTableCursor() throws Exception
    {
        int row = resultSet.getRow();
```

```java
            listSelectionModel.setSelectionInterval(row -1, row - 1);
            jlblStatus.setText("Current row number: " + row);
    }

    private void update()
    {
        try
        {
            int row = jTable1.getSelectedRow();
            for (int i = 1; i <= resultSet.getMetaData().
            getColumnCount(); i++)
            {
                    resultSet.updateObject(i,tableModel.getValueAt(row,i-1));
            }

            resultSet.updateRow();
            refreshResultSet();
        }
        catch(Exception e)
        {
            jlblStatus.setText(e.toString());
        }
    }

    private void moveCursor(String whereToMove)
    {
        try
        {
            if (whereToMove.equals("first"))
                resultSet.first();
            else if(whereToMove.equals("next"))
                resultSet.next();
            else if(whereToMove.equals("previous"))
                resultSet.previous();
            else if(whereToMove.equals("last"))
                resultSet.last();
            setTableCursor();
        }
        catch(Exception e)
        {
            jlblStatus.setText(e.toString());
        }
    }

    private void refreshResultSet()
    {
        try
        {
            resultSet = statement.executeQuery("select * from " +
            tableName);
            moveCursor("first");
```

```java
        }
        catch(SQLException e)
        {
            e.printStackTrace();
        }
    }

    public void setConnectionAndTable(Connection newConnection,
    String newTableName)
    {
        connection = newConnection;
        tableName = newTableName;
        try
        {
            statement = connection.createStatement(ResultSet.TYPE_
            SCROLL_INSENSITIVE, ResultSet.CONCUR_UPDATABLE);
            showTable();
            moveCursor("first");
        }
        catch(SQLException e)
        {
            e.printStackTrace();
        }
    }

    private void showTable() throws SQLException
    {
        rowVectors.clear();
        columnHeaderVector.clear();
        resultSet = statement.executeQuery("select * from " +
        tableName + ";");
        columnCount = resultSet.getMetaData().getColumnCount();

        while(resultSet.next())
        {
            Vector singleRow = new Vector();
            for (int i = 0; i < columnCount; i++)
                singleRow.addElement(resultSet.getObject(i + 1));

            rowVectors.addElement(singleRow);

        }

        for(int i = 1; i <= columnCount; i++)
            columnHeaderVector.addElement(resultSet.getMetaData().
            getCatalogName(i));
    }

    void listSelectionModel_valueChanged(ListSelectionEvent e)
    {
        int selectedRow = jTable1.getSelectedRow();
```

```
            try
            {
                resultSet.absolute(selectedRow + 1);
                setTableCursor();
            }
            catch(Exception ex)
            {
                jlblStatus.setText(ex.toString());
            }
        }
    }
```

NewRecordDialog.java：

```
import java.util.*;
import java.awt.*;
import javax.swing.*;
import java.awt.event.*;
import javax.swing.table.*;

public class NewRecordDialog extends JDialog{
    private JButton jbtOk = new JButton("Ok");
    private JButton jbtCancel = new JButton("Cancel");

    private DefaultTableModel tableModel = new DefaultTableModel();
    private JTable jTable1 = new JTable(tableModel);
    private Vector newRecord;

    public NewRecordDialog(Frame parent, boolean modal)
    {
        super(parent, modal);
        setTitle("Insert a New Record");
        setModal(true);

        JPanel jPanel1 = new JPanel();
        jPanel1.add(jbtOk);
        jPanel1.add(jbtCancel);

        jbtOk.addActionListener(new ActionListener(){
            public void actionPerformed(ActionEvent e)
            {
                setVisible(false);
            }
        });

        jbtCancel.addActionListener(new ActionListener(){
            public void actionPerformed(ActionEvent e)
            {
                newRecord = null;
                setVisible(false);
            }
```

```
        });

        add(jPanel1, BorderLayout.SOUTH);
        add(new JScrollPane(jTable1), BorderLayout.CENTER);
    }

    public NewRecordDialog()
    {
        this(null, true);
    }

    public Vector getNewRecord()
    {
        return newRecord;
    }

    void displayTable(Vector columnHeaderVector)
    {
        this.setSize(400, 100);

        tableModel.setColumnIdentifiers(columnHeaderVector);

        tableModel.addRow(newRecord = new Vector());
        setVisible(true);
    }
}
```

4. 行集

虽然使用可滚动和可更新的结果集 ResultSet 对象就可以方便操纵结果集，但是它有一个很大的缺陷，就是在结果集打开期间，必须始终保持与数据库的连接。像 ResultSet 这样的类，它的数据结构是相当庞大的，如果用户在用户界面长期停留但并没有对数据库进行任何实质性的读写操作，那么程序仍然会占用数据库连接，并且消耗系统相当多的资源。在多用户环境中，可能数据库连接是有限的资源，数据库为了防止超负荷，可能会限制最大并发连接数，这个数值可以通过 DatabaseMetaData 类的 getMaxConnection() 方法来获得。

为了更有效地使用数据库连接，JDBC API 提供了另一个用于操纵查询结果的行集接口：javax.sql.RowSet。RowSet 接口继承了 ResultSet 接口，它也能够操纵查询结果集。

RowSet 对象有两种类型：连接 RowSet 和无连接 RowSet。连接 RowSet 对象和数据库建立连接，并在整个生命周期内维持连接状态。无连接 RowSet 和数据库建立连接，执行查询，从数据元获得数据，然后关闭连接。无连接 RowSet 可以在断开连接时改变数据，然后将改变送回最初的数据库，但必须重新建立连接才能这样做。

常用的 RowSet 是它的两个子接口：JdbcRowSet 和 CachedRowSet。其中，JdbcRowSet 是连接 RowSet，而 CachedRowSet 是无连接 RowSet。

【例 10-9】 RowSet 使用示例。

```
import java.sql.*;
```

```
    import javax.sql.RowSet;
    import com.sun.rowset.*;
    public class RowSetTest {
        public static void main(String[] args) throws SQLException, ClassNotFoundException
        {
            Class.forName("com.mysql.jdbc.Driver");
            System.out.println("Driver loaded.");
            RowSet rowset = new CachedRowSetImpl();

            rowset.setUrl("jdbc:mysql://localhost/SCORESYS");
            rowset.setUsername("root");
            rowset.setPassword("root");
            rowset.setCommand("select curri_name, credit from TEACHER where curri_id = 3");
            rowset.execute();

            while(rowset.next())
                System.out.println("ClassName: " + rowset.getString(1) + " Credit: " + rowset.getInt(2));
            rowset.close();
        }
    }
```

运行结果：

```
Driver loaded.
ClassName: physics Credit: 3
```

如果用 JdbcRowSet 替换：

```
RowSet rowset = new CachedRowSetImpl();
```

中的 CachedRowSet，程序同样可以运行，例如：

```
RowSet rowset = new JdbcRowSetImpl();
```

10.2 任务二 分析统计和更新学生成绩

问题情境及实现

在一般的学生成绩分析统计系统中，可能事务的概念体现得并不明确。在数据库相关课程上，我们知道事务的存在是为了完成业务操作的完整性。例如，事务的最典型性应用就是在银行系统的转账或者汇款机制中，当把钱从一个账户中取出，转存到另一个账户的时候，为了保证这个过程的完整性，就可以使用事务的概念和方法。

但在学生成绩分析统计系统中，我们一样可以利用事务来辅助完成另一个操作，那就是批量更新。这是这种系统中常见的工作，当需要向系统中输入大量的学生信息或是成绩信息时，就可以应用这种方式来完成。这将会大大提高操纵数据库的效率。

 相关知识

10.2.1 事务的概念

事务是指一组相互依赖的操作行为。只有在事务中的操作全部成功时，才意味着整个事务成功。如果其中一项操作失败的话，就意味着整个事务失败。在数据库系统中，事务就是一组 SQL 语句，这些 SQL 语句通常都涉及到数据库中的数据的操作。数据库系统会在整个事务都成功的前提下，永久保存该事务对数据库中数据的更新。如果事务失败，数据库系统会将事务之前所作的操作全部回滚到执行事务之前的状态。

Java 程序作为数据库系统的客户程序，需要告诉数据库系统，事务什么时候开始，什么时候结束，以及事务中都包括哪些操作。这样数据库才会自动处理由 Java 程序指定的事务。

将多个命令组合成事务的主要原因是为了确保数据库完整性。就像之前提到的银行转账的例子，类似的商业业务中都需要在对两个相互关联的事务操作失败时，对一个受影响的事物的操作能够恢复到对它操作之前的状态。

这样就意味着事务必须具有 ACID 特征，即 Atomic（原子性）、Consistency（一致性）、Isolation（隔离性）和 Durability（持久性）。下面分别解释这些特征。

- 原子性：指整个数据库事务是不可分割的一个操作单元。只有事物所有的操作都成功，才算整个事务成功。如果其中任何一个 SQL 语句失败，那么已经成功执行的 SQL 语句的影响也会被撤销，数据库将退回到执行这个事务之前的状态。
- 一致性：指数据库事务不能破坏关系数据的完整性以及业务逻辑上的一致性。
- 隔离性：指的是在并发环境中，当不同的事务同时操作相同的数据时，每个事务都有各自的完整数据空间。
- 持久性：指的是只要事务成功结束，它对数据库所作的更新就必须永久保存下来。即使发生系统崩溃，重新启动系统后，数据库还能恢复到事务成功结束时的状态。

事务的 ACID 特性是由关系数据库管理系统来实现的。数据库管理系统采用日志来保证事务的原子性、一致性和持久性。

如果将更新语句组合成一个事务，那么事务要么成功地完成所有操作并被提交，要么在中间某个位置失败，并被执行回滚操作，这意味着数据库会自动撤销上次提交事务以来所做的所有操作对数据库的影响。

10.2.2 事务边界的概念

数据库系统的客户程序只要向数据库系统提交了一个事务，数据库系统就会自动保证该事务的 ACID 特性。

声明事务主要就是声明事务的边界，它主要包含以下几点：
- 事务的开始边界。

- 事务的正常结束边界。也就是在事务中的全部操作都成功时所做的提交事务操作。数据库会永久保存被事务更新后的数据状态。
- 事务的异常结束边界。这会撤销事务。数据库回滚之前事务所做的所有操作，数据库中数据状态为所有事务开始执行之前的状态。

事务的生命周期如图 10-4 所示，当一个事务开始之后，它要么成功提交并被永久保存，要么在中途出错并被撤销，回滚之前所有操作。

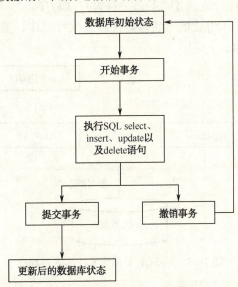

图 10-4　事务的生命周期

数据库系统主要支持两种事务的操作模式：

- 自动提交模式。每个 SQL 语句都是一个独立的事务，当数据库系统执行完一个 SQL 语句后，就会自动提交事务。
- 手动提交模式。必须由客户程序显示指定事务的开始、结束以及异常结束边界。

在 MySQL 数据库中有 3 种类型的数据库表：INNODB、BDB 和 MyISAM 类型。MySQL 数据库表的默认类型是 MyISAM 类型，但这种类型并不支持事务。INNODB、BDB 这两种类型都支持事务，但由于我们之前定义的数据库表都没有显示指定表的类型，所以它们都是不支持事务的数据库表。在这里，我们需要修改它们的表类型，通过执行以下语句：

```
alter table SCORE type = INNODB;
```

也可以重新创建一个新表，例如：

```
create table SCORE (
    stu_id bigint not null primary key,
    math float,
    english float,
    physics float,
    chemistry float,
    biology float,
    sum_score float,
    average_score float
```

```
) type = INNODB;
```

现在，这个表能支持对它所进行的事务操作。

10.2.3 在 MySQL 程序中声明事务和通过 JDBC API 声明事务边界

我们可以通过两种方式来访问和操作数据库，一种是通过数据库提供的 mysql.exe 程序，它是 MySQL 软件自带的 DOS 命令行客户端程序。另一种就是通过本章介绍的 JDBC API，以 Java 程序作为数据库的客户程序来执行操作。图 10-5 显示 MySQL 数据库和它的客户程序的关系。

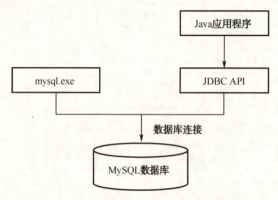

图 10-5　MySQL 数据库系统的客户程序

在这两种程序中都可以声明事务，下面主要介绍它们各自的使用方法。

1. 在 mysql.exe 程序中声明事务

无论在哪个系统，每次启动 MySQL 数据库命令行程序，都会得到一个单独的数据库连接。每个数据库连接都有一个@@autocommit 全局变量，这个变量用于表示当前的事务模式。它有两个可选值：0 和 1。0 代表手动提交模式，1 代表自动提交模式，这是该全局变量的默认值。在命令行中通过命令：

```
select @@autocommit;
```

来查看当前提交模式。通过命令：

```
set autocommit = 0;
```

来设置提交模式为手动提交模式。

（1）自动提交模式。

在这个模式下，每个 SQL 语句都是一个单独的事务。MySQL 会自动提交这个事务，如果成功，则永久保存结果，如果失败，则撤销事务，并回滚事务执行以来所有的操作影响。例如执行语句：

```
update STUDENT set id = 10010012 where stu_id = 10710001;
```

因为表 STUDENT 中并没有表项 id，所以这个语句会执行失败，该事务会被撤销。如果语句执行成功，那么在另外打开的一个 MySQL 命令行中，就会发现，stu_id 为 10710001 的行中的 id 值已被设置为 10010012。这就说明，在第一个 mysql.exe 中执行的操作结果，已经被永久写入数据库中了。

（2）手动提交模式。

在手动提交模式下，用户需要显示指定事务开始边界和事务结束边界。

事务开始边界：begin。

提交事务：commit。

撤销事务：rollback。

【例 10-10】 如何在 mysql.exe 中手动提交事务。

```
mysql> begin;
mysql> delete from STUDENT;
mysql> commit;
mysql> begin;
mysql> insert into STUDENT values(10710001, 'Tom', 18, 'cs01');
mysql> insert into STUDENT values(10710002, 'Kate', 20, 'cs02');
mysql> commit;
mysql> begin;
mysql> insert into STUDENT values(10710003, 'James', 20, 'cs03');
mysql> rollback;
mysql> begin;
mysql> select * from STUDENT;
mysql> commit;
```

以上 SQL 语句包含 4 个事务：第一个事务删除表 STUDENT 中的所有数据；第二个事务向表中添加两行数据；第三个事务执行到最后又撤销事务；第四个事务的查询语句的查询结果为：

```
+----------+------+------+-------+
| stu_id   | name | age  | class |
+----------+------+------+-------+
| 10710001 | Tom  |  18  | cs01  |
| 10710002 | Kate |  20  | cs02  |
+----------+------+------+-------+
```

2. 通过 JDBC API 声明事务边界

JDBC 同样提供了控制事务的方法。用于实现与 MySQL 数据库连接的 Connection 接口中有三个用于控制事务的方法：

setAutoCommit(boolean autoCommit)：设置是否自动提交事务。

commit()：提交事务。

rollback()：撤销事务。

与 MySQL 命令行一样，在默认情况下，Connection 对象创建后也是采用自动提交事务的模式。这时，如需要手动提交事务，可以调用 setAutoCommit(false)方法来设置提交模式。之后就可以把多条语句作为一个事务执行，操作完成后调用 commit()方法提交事务整体。如果其中有某个 SQL 操作出错，程序就会抛出 SQLException 异常，这时应该捕获异常并调用 rollback()方法撤销事务。

【例 10-11】 如何在 Java 中手动设置事务提交模式。

```
ConnectionReader reader;
```

```java
    Connection con;
    Statement state;
    try
    {
    reader = new ConnectionReader();
    con = reader.getConnection();
    con.setAutoCommit(false);
    state = con.createStatement();

    state.executeUpdate("update STUDENT set class = ie05 where
    stu_id = 10710001");
    state.executeUpdate("insert into STUDENT values(10810051,
    'Jack', 19, 'ie05')");
    con.commit();
    }
    catch(Exception e)
    {
        try
        {
            con.rollback();
        }
        catch(Exception ex)
        {
            ex.printStackTrace();
        }
    }
    finally
    {
        try
        {
            state.close();
            con.close();
        }
        catch(Exception e)
        {
            e.printStackTrace();
        }
    }
```

3. 保存点

在某些应用程序中，如果应用了上述手动提交事务模式的话，一旦出现异常情况，那么异常出现之前的所有操作就都会变为无效。但这对一些应用来说无疑是一个局限，为了能更好地控制回滚操作，可以在事务中应用保存点。使用保存点可以更好地控制回滚操作。创建一个保存点意味着稍后只需要返回到这个点，而非事务的开头。

Connection 接口的 setSavepoint()方法用于在事务中设置保存点，它有两种形式，它们都会抛出 SQLException 异常。

```
public Savepoint setSavepoint()
public Savepoint setSavepoint(String name)
```

以上不带参数的方法可以设置匿名保存点，第二个方法将设置一个保存点名字为 name 的保存点。两个方法都会返回表示保存点的 Savepoint 对象。

Connection 接口的 releaseSavepoint(Savepoint point)方法取消已经设置的保存点。rollback(Savepoint point)方法使事务回滚到参数指定的保存点。

值得注意的是，并不是所有的 JDBC 驱动器都支持保存点，使用之前可以用 DatabaseMetaData 接口的 supportsSavepoints()方法判断驱动器是否支持保存点。

【例 10-12】 如何在事务中应用保存点。

```java
import java.sql.*;
public class SavepointTest {
    public static void main(String[] args) throws Exception
    {
        Connection con = new ConnectionReader().getConnection();
        try
        {
            con.setAutoCommit(false);
            Statement state = con.createStatement();
            state.executeUpdate("delete from STUDENT");
            state.executeUpdate("insert into STUDENT(stu_id, name, age, class) values(10810051, 'Jack', 19, 'ie05')");

            Savepoint savep = con.setSavepoint();
            state.executeUpdate("insert into STUDENT(stu_id, name, age, class) values(10910051, 'Jim', 20, 'cs05')");
            con.rollback();
            state.executeUpdate("update update STUDENT set class = cs02 where stu_id = 10810051");
            con.commit();
        }
        catch(SQLException e)
        {
            con.rollback();
        }
        finally
        {
            con.close();
        }
    }
}
```

4．批量更新

在许多数据库应用程序中，需要批量输入数据或者更改删除数据的需求很多。面对庞大的更改操作，如果一条一条与数据库交互的话，对于数据库来说无疑是相当大的负荷，而且对程序本身的运行性能也是相当不利的。为此，在 JDBC 2 中开始提供一种新的提高程序性能的批量处理操作，这样程序就可以批量处理类似更新、插入和删除等操作。

在批处理操作中，程序可以执行 insert、update 和 delete 操作，还可以执行数据库定义的命令，例如 create table 和 drop table 等。但是，唯独不可以执行 select 命令，这样会使程序抛出 BatchUpdateException 异常。从概念上讲，批量处理中的 select 语句没有意义，因为它会返回结果集，但不会更新数据库。

为了在批量模式下正确地处理错误，必须将批量执行的操作视为单个事务。如果批量更新操作在执行过程中失败，那么必须将它回滚到批量操作开始之前的状态。

同样，批量更新也并不是被每个 JDBC 驱动器支持的，在使用之前可以用 Database MetaData 接口的 supportsBatchUpdates()方法来判断驱动器是否支持批量更新。

批量更新的使用方式很简单，首先，关闭自动提交模式，然后收集批量操作，执行并提交该操作，最后恢复最初的自动提交模式。

【例 10-13】 批量更新。

```java
import java.sql.*;
public class BatchTest {
    public static void main(String[] args) throws Exception {
        Connection con = new ConnectionReader().getConnection();
        try
        {
            con.setAutoCommit(false);
            Statement state = con.createStatement();
            state.addBatch("delete from STUDENT");
            state.addBatch("insert into STUDENT(stu_id, name, age, class) values(10810061, 'Mary', 19, 'ie05')");
            state.addBatch("insert into STUDENT(stu_id, name, age, class) values(10210061, 'Eva', 20, 'cs01')");
            state.addBatch("update STUDENT set name = 'Avil' where stu_id = 10210061");
            state.addBatch("insert into STUDENT(stu_id, name, age, class) values(10810090, 'Tom', 21, 'cs02')");
            int[] counts = state.executeBatch();
            for (int i = 0; i < counts.length; i++)
                System.out.print(counts[i] + " ");
            con.commit();
        }
        catch(BatchUpdateException ex)
        {
            System.err.println("BatchUpdateException: ");
            System.err.println("SQLState: " + ex.getSQLState());
            System.err.println("Message: " + ex.getMessage());
            System.err.println("Error Code: " + ex.getErrorCode());
            System.err.println("Update counts: ");
            int[] counts = ex.getUpdateCounts();
            for (int i = 0; i < counts.length; i++)
                System.out.print(counts[i] + " ");
            System.err.println();
            con.rollback();
        }
        catch(SQLException ex)
        {
            con.rollback();
```

```
        }
        finally
        {
            con.close();
        }
    }
}
```

10.3 拓展动手练习

实现学生成绩管理系统中学生成绩的查找、插入、删除等操作。

10.4 习题

1. 简述使用 Java 环境访问数据库的主要过程。
2. 描述使用 Java 环境访问数据库所需要接触到的主要类和接口。
3. 简述批处理，使用批处理的益处？
4. 什么是可滚动结果集、行集？
5. 编写一个程序，向数据库中插入 1000 条数据，比较使用批处理和不适用批处理更新时代码的执行效率。

项目十一
Java 网络编程

本章通过对网络进程间的通信原理和基本的 TCP 编程知识的学习，最后尝试编写一些简单的客户-服务器端网络应用程序。

11.1 任务一 用 Java 编写客户-服务器程序

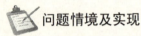问题情境及实现

在现代社会，任何一个会上网的人基本都熟悉这样一个操作：打开任何一种类型的浏览器，输入一个网址或点击一个网站标志，然后这个地址对应的网页就会从远程 Web 服务器传送到客户端，在浏览器中显示出来。这就是网络编程的最基本任务——开发一个像浏览器这样的客户程序，但根据具体情况，可能传送的媒介不同。在任务一中，我们将介绍 Java 网络编程的一些基本入门知识：进程间通信原理和 TCP/IP 协议编程。通过介绍网络进程间的通信原理和学习基本的 TCP 编程知识，最后就可以尝试编写一些简单的客户-服务器端网络应用程序。

相关知识

11.1.1 进程之间通信原理

要了解网络编程原理，首先要明白什么是进程。进程是指运行中的程序，进程的任务就是执行程序中的代码。对于一种编程语言，这就是进程应该执行的最基本的任务，对于操作系统，这个概念可能会不止于此，这里不多赘述。虽然我们之前并没有单独讲过进程的概念，但是实际上却经常使用它来完成很多任务和实现各种应用。我们平常所编写的每个 Java 程序，它本身就是一个进程。当一个 Java 程序在任何一台安装了 JDK 的主机上运行时，在系统上就启动了一个 JVM（Java Virtual Machine，Java 虚拟机）进程。在命令行上，每次运行"java 类名"时，就启动了一个进程，系统会自动执行进程中的 main()方法，并从本地控制台获取标准输流和标准输出流。在其他情况下，一个进程中的 main()方法也许还可以和另一个进程中的 main()方法交互数据，如果其中的一个进程是属于网络中的另一台主机，那么这就构成了一个最基本的网络通信程序。

网络程序设计通常涉及一个服务器和一个或多个客户端。客户端向服务器发送请求，服务器响应请求。客户端从尝试与服务器建立连接开始，服务器可能接受或拒绝连接。

一旦建立了连接，客户端和服务器端就可以通过套接字进行通信（关于套接字的概念和具体用法将在本项目任务二中详细介绍）。

客户端启动时，服务器必须正在运行。服务器同时也会等候客户端的连接请求。创建服务器和客户端所需的语句如图11-1所示。

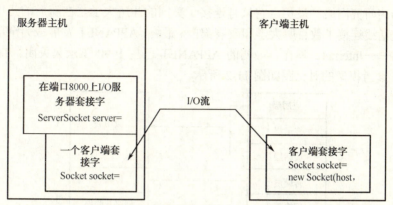

图11-1　服务器创建一个服务器套接字，一旦建立起与客户端的连接，
服务器就利用客户端套接字连接客户

在网络软件的上下文中，客户端程序是运行在一个端系统上的程序，它发出请求，并从运行在另一个端系统上的服务器程序接收服务。这种客户-服务器模式无疑是因特网应用程序最为流行的结构，也是本项目绝大多数篇幅将要介绍的结构。Web、电子邮件、文本传输、远程注册（例如Telnet）、新闻组和许多其他流行的应用程序都采用了这样的客户-服务器模式。

客户机程序和服务器程序通过因特网相互发送报文而进行交互。通过网络层次的抽象，路由器、链路和因特网服务的其他具体构件将作为一个"黑盒子"，该黑盒子在因特网应用程序的分布式的通信部件之间传输报文。一般来说，作为应用程序编写者和使用者，并不一定需要了解这个"黑盒子"到底是如何完成传输报文任务的。

例如一些视频通信应用软件，会话进行两者之间顺利通话的条件是它们各自的视频软件都连接到了互联网。会话者只需要关心他们具体的会话内容，而不必考虑如何把自己的语音内容传输到对方的视频通信软件上。

同样，两个网络进程顺利通信的前提条件是它们所在的主机都连接到了计算机网络上。两个进程只需要关注它们通信的具体内容，例如一些具体的有关业务逻辑的会话等、如何规范会话内容等，而无须考虑如何把信息传输给对方。传输信息的任务是由计算机网络来完成的。

由于进程之间的通信是建立在计算机网络的基础上，Java开发人员还是有必要对计算机网络技术有一个基本的了解，这样才有助于更快地掌握Java网络编程技术。

11.1.2　TCP/IP参考模型

TCP/IP参考模型吸收了网络分层的思想，对OSI参考模型（Open System Interconnection，简称OSI体系结构）作了简化，在网络各层都提供了完善的协议，这些协议最终形成了TCP/IP协议集，简称TCP/IP协议。TCP/IP协议是目前最流行的商业化协议，相对于OSI，它是当前的工业标准或"事实标准",TCP/IP 协议主要用于广域网,在一些局域网中也有运用。

TCP/IP 参考模型是美国国防部高级研究计划局计算机网(Advanced Research Project Agency Network,APPANET)以及后来的 Internet 使用的参考模型。APPANET 是由美国国防部赞助的研究网络。最初,它只是连接了美国的几所大学。在随后的几年中,它通过租用的电话线连接了数百所大学和政府部门。最终,APPANET 发展成为全球规模最大的互联网络——Internet。现在,最初的 APPANET 已在 1990 年永久关闭。TCP/IP 参考模型和 OSI 参考模型的对比图如图 11-2 所示。

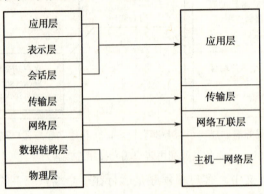

图 11-2　TCP/IP 参考模型和 OSI 参考模型

TCP/IP 参考模型分为 4 个层次:应用层、传输层、网络互联层和主机—网络层。在每一层都有相应的协议。TCP/IP 协议确切来讲应该称其为 TCP/IP 协议集,它是 TCP/IP 参考模型的除了主机—网络层以外的其他 3 层协议的集合,而 IP 协议和 TCP 协议则是该协议机中最核心的两个协议。图 11-2 中的主机—网络层的协议是由第三方提供的。

在 TCP/IP 参考模型中,去掉了 OSI 参考模型中的会话层和表示层,这两层的功能被合并到了应用层中,同时,OSI 参考模型中的数据链路层和物理层则合并到了主机—网络层中。

1. IP 协议

在网络层采用 IP 协议的网络中每台主机都有一个唯一确定的 IP 地址,IP 地址用于标识网络中的每台主机。IP 地址是一个 32 位的二进制数序列。为了便于在上层应用中表示 IP 地址,人们将 32 位的二进制序列分为 4 个单元,每个单元占 8 位,然后用十进制整数来表示每个单元,这些十进制整数的取值范围是 0~255。例如,某台主机的 IP 地址可能是 221.216.235.24。在 Windows 平台中,可以在命令行中用

```
C:\ipconfig
```

命令来查询主机的 IP 地址,子网掩码等信息。在 UNIX 和 Linux 系统中,可以通过命令

```
ifconfig
```

来查询主机的 IP 地址和子网掩码等信息。

在这里需要提及的是,新的 IPv6 标准已经开始被普遍接受,它采用 128 位的地址,大大扩充了可用地址的数目,IPv6 已经是新一代的互联网络协议。

IP 地址由两部分组成：IP 网址和 IP 主机地址。IP 网址表示网络的地址，IP 主机地址表示网络中的主机地址。网络掩码用来确定 IP 地址中哪些部分是网址，哪些部分是主机地址。

网络掩码的形式与 IP 地址很相似，例如绝大多数我们能接触到的网络掩码都是 255.255.255.0 或者 255.255.0.0 形式。在网络掩码的二进制序列中，前面的部分都为 1，后面的部分都为 0。

使用网络掩码获取 IP 网址和 IP 主机地址的方法很简单，假设一个 IP 地址为：192.168.25.11，如果与它相对的网络掩码为：255.255.255.0（它的二进制序列为 11111111.11111111.11111111.00000000），将 IP 地址和网络掩码做与操作，得到的结果就是 IP 网址。所以这个 IP 地址的 IP 网址就是 192.168.25.0。假如网络掩码为 255.255.0.0，那么 IP 地址的网址就是 192.168.0.0。

▶ 2．URL（统一资源定位器）

URL 是 Uniform Resource Locator 的缩写，表示统一资源定位器。它是专为标识网络上资源而设定的一种编程方式，我们经常使用的网页地址就属于 URL。URL 一般由三部分组成：

> 应用层协议://主机 IP 地址或域名/资源所在路径/文件名

其中应用层协议可以是我们熟悉的超文本传输协议"http"协议，在一些局域网中还可能是文件传输协议"ftp"协议，在一些安全级别要求较高的网络环境中还可以是"https"协议，简单来讲就是"http"协议的安全版。主机 IP 地址或域名指的是之前所讲的 IP 地址或是我们经常使用的网址，例如"baidu.com"或是"www.xxxyyy.org"这样的域名。资源路径指的是网页所在路径，通常一些网络服务器都会在服务器主机上设置一个固定的网络服务器文件地址（主机中的一个文件夹），所有的网络资源或文件都会在那个文件夹之中。而文件名则是指我们要访问的具体的网页文件。

▶ 3．TCP 协议及端口

IP 协议在发送数据包时，可能在途中会遇到一些网络问题而导致路由器突然崩溃，从而造成数据包丢失。也有可能，一个包沿低速链路移动，而另一个包可能沿高速链路移动而超过前面的包，最后使得包的顺序搞乱。

TCP 协议使两台主机上的进程顺利通信，不必担心包丢失或是包顺序搞乱。TCP 跟踪包顺序，并且在包顺序搞乱时可以按正确顺序重组包。如果丢失包，则 TCP 会请求源主机重新发送。

TCP 是面向连接（connection-oriented）的，这是因为在一个应用进程可以开始向另一个应用进程发送数据之前，这两个进程必须先相互"握手"，即它们必须先相互发送某些预备报文段，以建立确保数据传输所需的参数。作为 TCP 连接建立的一部分，连接的双方都将初始化与 TCP 连接相关的许多 TCP 状态量。

这种 TCP 连接的连接状态完全保留在两个端系统中。由于 TCP 协议只在端系统中运行，而不在中间的网络元素（例如路由器和链路层交换机）中运行，所以中间元素不需要维持 TCP 连接状态。而且，中间元素对 TCP 连接的事情完全不知情，它们所关心的是数据报，而不是何种连接和连接本身。

TCP 连接提供的是全双工服务（full-duplex service）：如果一台主机上的进程 A 与另一台主机上的进程 B 存在一条 TCP 连接，那么应用层数据就可以在从进程 B 流向进程 A 的同时，也从进程 A 流向进程 B。TCP 连接也可以称为是点对点（point-to-point）的，即在单个发送方与单个接收方之间的连接。也就是说，TCP 连接是一对一的、两台主机之间的连接，不可能出现一台主机同时连接多台主机的现象，例如多播概念。

▶ 4. TCP 连接过程

假设运行在某台主机上的一个进程想要与另一台主机上的一个进程建立一条连接。按照前面介绍的，发起连接的进程称为客户机进程，而另一个进程则称为服务器进程。客户机应用进程首先要通知客户机运输层，它想与服务器上的一个进程建立一条连接。在 Java 网络应用程序中，可以用 Socket 套接字来实现这个操作：

```
Socket cliSocket = new Socket("hostname", portNumber);
```

其中，hostname 是服务器的名字，portNumber 标识服务器上的进程。这样，客户机上的运输层就可以开始与服务器上的运输层建立一条 TCP 连接。关于 Socket 套接字的具体用法将在任务二中详细说明。现在，我们只需要明白执行上述语句代表如下过程：客户机首先发送一个特殊的 TCP 报文段，服务器用另一个特殊的 TCP 报文段来响应它，最后，客户机再用第三个特殊的报文段作为响应。由于在这两台主机之间发送了三个报文段，所以这种建立连接的过程通常称为三次握手。

一旦建立起一条 TCP 连接，两个应用进程之间就可以相互发送数据了。

【例 11-1】 展示 Java 程序如何构建一个简单的客户-服务器程序。

```java
ServerTest.java
import java.io.*;
import java.net.*;

public class ServerTest {
    private int port = 8000;
    private ServerSocket socket;

    public ServerTest() throws IOException
    {
        socket = new ServerSocket(port);
        System.out.println("服务器已经启动，等待输入: ");
    }

    public String echo(String msg)
    {
        return "echo: " + msg;
    }

    private PrintWriter getWriter(Socket socket) throws IOException
    {
        OutputStream output = socket.getOutputStream();
        return new PrintWriter(output, true);
    }
```

```java
private BufferedReader getReader(Socket socket) throws IOException
{
    InputStream in = socket.getInputStream();
    return new BufferedReader(new InputStreamReader(in));
}

public void survice()
{
    while(true)
    {
        Socket cli_socket = null;
        try
        {
            cli_socket = socket.accept();
            System.out.println("一个新连接启动: " + cli_socket.
                getInetAddress() + ":" + cli_socket.getPort());
            System.out.println("Enter Bye! to end this program.");

            BufferedReader read = getReader(cli_socket);
            PrintWriter write = getWriter(cli_socket);

            String msg = null;
            while((msg = read.readLine()) != null)
            {
                System.out.println(msg);
                write.println(echo(msg));
                if(msg.equals("Bye!"))
                    break;
            }
        }
        catch(IOException e)
        {
            e.printStackTrace();
        }
        finally
        {
            try
            {
                if (cli_socket != null)
                    cli_socket.close();
            }
            catch(IOException ex)
            {
                ex.printStackTrace();
            }
        }
    }
}

public static void main(String[] args) throws IOException{
```

```java
        new ServerTest().survice();
    }
}

ClientTest.java
import java.io.*;
import java.net.*;

public class ClientTest {
    private String host = "localhost";
    private int port = 8000;
    private Socket socket;

    public ClientTest() throws IOException
    {
        socket = new Socket(host, port);
    }

    private PrintWriter getWriter(Socket socket) throws IOException
    {
        OutputStream output = socket.getOutputStream();
        return new PrintWriter(output, true);
    }

    private BufferedReader getReader(Socket socket) throws IOException
    {
        InputStream in = socket.getInputStream();
        return new BufferedReader(new InputStreamReader(in));
    }

    public void speak() throws IOException
    {
        try
        {
            BufferedReader read = getReader(socket);
            PrintWriter write = getWriter(socket);
            BufferedReader in = new BufferedReader(new InputStreamReader(System.in));
            String msg = null;
            while((msg = in.readLine()) != null)
            {
                write.println(msg);
                System.out.println(read.readLine());

                if(msg.equals("Bye!"))
                    break;
            }
        }
        catch(IOException e)
        {
```

```
                e.printStackTrace();
            }
            finally
            {
                try
                {
                    if (socket != null)
                        socket.close();
                }
                catch(IOException ex)
                {
                    ex.printStackTrace();
                }
            }
        }
        public static void main(String[] args) throws IOException{
            new ClientTest().speak();
        }
    }
```

11.2 任务二 从远程 Web 服务器上读取文件

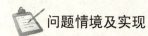问题情境及实现

在任务一中,我们已经了解了 Java 网络编程的基础,并且已经开始使用 Socket 套接字实现最基本的客户端和服务器端的通信任务。在客户-服务器通信模式中,客户端需要主动创建与服务器连接的 Socket 套接字,服务器端收到了客户端的连接请求后,才会与客户端建立连接。而 Socket 套接字则是通信连接两端的收发器,服务器与客户端都通过 Socket 来收发数据。

使用 Socket 套接字编写网络应用程序,是 Java 高级编程的基础之一。今后,你有可能会遇到更多类型的网络通信方式,了解 Socket 套接字是如何工作的,对之后理解其他类型机制的工作方式是大有裨益的。在任务二中,我们将延续 TCP 连接模式,学习建立 Socket 套接字和使用它的整个过程。

相关知识

11.2.1 构造 Socket

▶ 1. Socket 套接字的重载形式

对于不同的应用目的,Socket 类提供了如下一些常用的构造方法:
- Socket()
- Socket(InetAddress address, int port) throws UnknownHostException, IOException

- Socket(InetAddress address, int port, InetAddress localAddr, int localPort) throws IOException
- Socket(String host, int port) throws UnknownHostException, IOException
- Socket(String host, int port, InetAddress localAddr, int localPort) throws IOException

除了第一个不带参数的构造方法之外，其他构造方法都会试图建立与服务器的连接，并在连接建立成功时，返回一个 Socket 类对象；如果因为某些原因而不能建立连接，则抛出 IOException 异常。

【例 11-2】 Socket 套接字建立连接示例。

```java
import java.io.IOException;
import java.net.*;
import javax.swing.*;
import java.awt.*;
import java.awt.event.*;

public class SocketTest extends JFrame{
    JPanel EastPanel = new JPanel(new GridLayout(2, 1));
    JPanel WestPanel = new JPanel(new GridLayout(2, 1));
    JPanel CenterPanel = new JPanel(new BorderLayout());
    JLabel host = new JLabel("HostName");
    JLabel port = new JLabel("PortNumber");
    JTextField jhost = new JTextField();
    JTextField jport = new JTextField();
    JButton submit = new JButton("Creat a new Socket");
    JTextArea area = new JTextArea(280, 200);

    public SocketTest()
    {
        EastPanel.add(host);
        EastPanel.add(port);
        WestPanel.add(jhost);
        WestPanel.add(jport);
        CenterPanel.add(EastPanel, BorderLayout.EAST);
        CenterPanel.add(WestPanel, BorderLayout.CENTER);

        submit.addActionListener(new create_socket());
        CenterPanel.add(submit, BorderLayout.SOUTH);
        setLayout(new BorderLayout());
        add(CenterPanel, BorderLayout.EAST);
        add(new JScrollPane(area), BorderLayout.CENTER);
        setTitle("Socket Creation");
        setSize(new Dimension(480, 150));
        setDefaultCloseOperation(JFrame.EXIT_ON_CLOSE);
        setVisible(true);
    }

    class create_socket implements ActionListener
    {
        public void actionPerformed(ActionEvent ev)
        {
```

```
            String host = jhost.getText();
            String str_port = jport.getText().trim();
            int port = new Integer(str_port);

            Socket socket = null;
            try
            {
                socket = new Socket(host, port);
                area.append("There is a new socket created: " + host
+ ":" + port + "\n");
            }
            catch(IOException e)
            {
                e.printStackTrace();
            }
            finally
            {
                try
                {
                    socket.close();
                }
                catch(IOException ex)
                {
                    ex.printStackTrace();
                }
            }
        }
    }
    public static void main(String[] args) {
        new SocketTest();
    }
}
```

2. 套接字超时问题

有关 Socket 套接字超时问题主要涉及两个方面：创建连接时的超时和读取操作的超时。

当使用 Socket 套接字向服务器请求创建连接时，可能要等待一段时间。在默认情况下，Socket 构造方法会一直等下去，直到连接成功，或是抛出异常。Socket 套接字创建连接有可能会受到网络层传输速度的影响，可能会处于长时间等待的状态。例如下面这个构造方法：

```
Socket socket = new Socket(host, port);
```

会一直无限期地阻塞下去，直到建立了到达主机的初始连接为止。

这时，可以通过先创建一个不带参数的构造方法创建一个套接字，然后再使用一个超时来进行连接的方法解决这个问题，例如：

```
Socket s = new Socket();
s.connect(new InetSocketAddress(host, port), 60000);
```

以上代码用于一个连接到某服务器上的客户端 Socket 套接字，等待连接的最长时间为 1 分钟。如果在规定时间内连接成功，则 connect() 方法顺利返回；如果在 1 分钟内出现某些异常，则会抛出该异常；如果超出了 1 分钟，且没有出现任何异常，那么会抛出 SocketTimeoutException。请注意，上述超时值的单位为毫秒。

因为从套接字读取信息时，在可以访问数据值之前，读操作将会被阻塞。如果此时主机不可达，那么客户端将要等待很长的时间，并且因为受底层操作系统的限制而最终会导致超时。

对于不同的应用，应该确定合理的超时值。然后调用 setSoTimeout() 方法设置这个超时值（单位为毫秒）。

例如：

```
Socket socket = new Socket(… );
socket.setSoTimeout(1000);              //设定超时值为 10 毫秒
```

如果已经为套接字设置了超时值，并且之后的读操作和写操作在没有完成之前就超过了时间限制，那么这些操作就会抛出 SocketTimeoutException 异常。你可以及时捕获这些异常，并作出反应。

3. 因特网地址——InetAddress 类

因特网地址是指用一串数字表示的主机地址，它由 4 个字节组成，例如：192.168.126.18。通常，在编写网络应用程序时不需要过多考虑因特网地址的问题。但是，如果需要在主机名和因特网地址之间进行转换时，可以使用 InetAddress 类。只要你的主机操作系统支持 IPv6 格式的因特网地址，java.net 包就会支持它。

静态方法 getByName() 方法可以用来返回代表某个主机的 InetAddress 对象。例如：

```
InetAddress addr = InetAddress.getByName("222.25.2.7");
```

将返回代表 IP 地址 "222.25.2.7" 的 IP 地址。

```
InetAddress addr = InetAddress.getByName("www.xxxyyy.com");
```

将返回域名为 "www.xxxyyy.com" 的 IP 地址。

可以用 getAddress() 方法来访问这些字节：

```
byte[] addressBytes = addr.getAddress();
```

一些访问量较大的主机名为了实现负载均衡，通常都会对应于多个因特网地址。当访问这些主机时，其因特网地址会从所有的因特网地址中随机产生。可以通过调用 getAllByName() 方法来获得所有的主机。

```
InetAddress[] addresses = InetAddress.getAllByName(host);
```

另外，在我们之前的应用示例中，对于本地主机的地址多采用 localhost 或者 127.0.0.1 等形式。实际上，这样做只能在本地主机中的进程间进行相互通信，对于其他主机上的其他程序无法使用这个地址来连接本主机。此时，可以使用静态的 getLocalHost() 方法来获得本地主机的地址。

```
InetAddress addr = InetAddress.getLocalHost();
```

【例 11-3】 一段比较简单的代码，需要在命令行中运行它。如果不在命令行中设置任何参数，那么它将打印出本地主机的因特网地址。反之，将会打印出指定主机名的所有的因特网地址。

```java
import java.net.*;

public class InetAddressTest {
    public static void main(String[] args)
    {
        try
        {
            if(args.length > 0)
            {
                String host = args[0];
                InetAddress[] addr = InetAddress.getAllByName(host);
                for (int i = 0; i < addr.length; i++)
                    System.out.println(addr[i]);
            }
            else
            {
                InetAddress local = InetAddress.getLocalHost();
                System.out.println(local);
            }
        }
        catch(Exception e)
        {
            e.printStackTrace();
        }
    }
}
```

运行结果：

```
root@desktop:~# java InetAddressTest
desktop/127.0.1.1
root@desktop:~# java InetAddressTest www.baidu.com
www.baidu.com/61.135.169.125
www.baidu.com/61.135.169.105
root@desktop:~# java InetAddressTest www.sina.com
www.sina.com/202.108.33.60
```

4. 连接过程中的异常

当 Socket 的构造方法请求连接服务器时，有可能会抛出下面几种异常。

● UnknownHostException 异常

如果无法识别主机的名字或 IP 地址，就会跑出这种异常。例如，在 Socket 构造方法中提供了不存在的域名网址或是不存在的 IP 地址。

- ConnectionException 异常

有两种情况会导致抛出这种异常：一是没有服务器进程坚挺指定的端口。端口标识套接字上的 TCP 服务，端口号的范围从 0～65 536，但是 0～1024 号是为特定权限服务器保留的端口。例如，Web 服务器通常运行在端口 80 上，电子邮件服务器在端口 25 上。另一种是由于服务器拒绝连接。有可能服务器设置了连接请求的队列长度，这可以通过 ServerSocket 类的构造方法来实现 ServerSocket(int port, int backlog)，构造方法中的第二个参数 backlog 可以指定连接请求的队列长度，如果队列中的连接请求已满（即连接请求数等于 backlog），服务器就会拒绝其余的连接请求。

- SocketTimeoutException 异常

如果客户的等待连接超，就会跑出这种异常。前面讲过这种异常有可能出现在 Socket 连接服务器过程中，也有可能出现在从服务器读数据的过程中。

- BindException 异常

如果无法把 Socket 对象与指定的本地 IP 地址或端口绑定，就会抛出这种异常。这种情况可能发生在本地主机不具有指定 IP 地址或者指定端口号已经被占用时。

以上 4 种异常都是 IOException 的直接或间接子类，如图 11-3 所示。

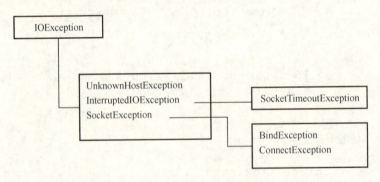

图 11-3　客户端连接服务器时可能会抛出的异常

11.2.2　获取 Socket

在一个 Socket 对象中除了包含远程服务器的 IP 地址和端口信息，以及本地客户主机的 IP 地址和端口号之外，Socket 对象中还包含了用于发送数据和接收数据的输出流 OutputStream 和输入流 InputStream。下面的方法用于获取 Socket 的有关信息。

- getInetAddress()：获得远程服务器的 IP 地址。
- getPort()：获得远程服务器的端口。
- getLocalAddress()：获得客户本地的 IP 地址。
- getLocalPort()：获得客户本地的端口。
- getInputStream()：获得输入流。如果 Socket 还没有连接，或者已经关闭，或者通过 shutdownInput() 方法关闭输入流，方法将会抛出 IOException 异常。
- getOutputStream()：获得输出流。如果 Socket 还没有连接，或者已经关闭，或者通过 shutdownOutput() 方法关闭输入流，方法将会抛出 IOException 异常。

【例 11-4】 利用 Socket 套接字实现对象的发送和接收示例。

```java
Employee.java
import java.io.Serializable;

class Employee implements Serializable
{
    private String name;
    private long id;

    public Employee(String name, long id)
    {
        this.name = name;
        this.id = id;
    }

    public String getName()
    {
        return name;
    }

    public long getId()
    {
        return id;
    }
}

clientTest.java
import java.net.*;
import java.io.*;

public class clientTest {
    Socket socket;

    public clientTest() throws IOException
    {
        socket = new Socket("localhost", 8000);
        Employee e1 = new Employee("Jack", 1010001);
        ObjectOutputStream toServer = new ObjectOutputStream (socket.getOutputStream());
        toServer.writeObject(e1);
    }

    public static void main(String[] args) throws IOException{
        new clientTest();
    }

}

serverTest.java
import java.net.*;
import java.io.*;
```

```java
public class serverTest {
    private ObjectInputStream read;

    public serverTest() throws IOException, ClassNotFoundException
    {
        ServerSocket serversocket = new ServerSocket(8000);
        System.out.println("Server started");

        while(true)
        {
            Socket cli_socket = serversocket.accept();
            read = new ObjectInputStream(cli_socket.getInputStream());
            Employee e = (Employee)read.readObject();
            Print(e);
            System.out.println("An employ info has been received.");
            cli_socket.close();
        }
    }

    private void Print(Employee e)
    {
        String name = e.getName();
        long id = e.getId();
        if (name == null)
            name = "nobody";
        System.out.println("Employee Name:" + name + " ID: " + id);
    }

    public static void main(String[] args) throws IOException, ClassNotFoundException {
        new serverTest();
    }
}
```

11.2.3 关闭 Socket

当客户与服务器的通信结束时应该立即关闭 Socket 套接字，以释放 Socket 占用的包括端口在内的各种资源。Socket 中的 close()方法将负责关闭 Socket。当一个套接字对象被关闭时，就不能再通过它对输入流和输出流进行读写操作了，这样会导致 IOException 异常。

Socket 类提供了 3 个状态测试方法。
- isClosed()：如果 Socket 已经连接到了远程主机，并且还没有关闭，则会返回 true，否则返回 false。
- isConnected()：如果 Socket 曾经连接到远程主机，则返回 true，否则返回 false。
- isBound()：如果 Socket 已经与一个本地端口绑定，则返回 true，否则返回 false。

但是在有些时候，我们希望对何时关闭 Socket 连接并不清楚。例如在向远程服务器传输数据时，可能并不知道要传输多少数据。在写一个文件时，我们只需要在数据写入后关闭文件即可。但是，如果关闭一个套接字，那么与服务器的连接就立刻断开了，因此也就无法获得响应。

于是 Socket 套接字提供了一种半关闭的功能：套接字连接的一段可以终止其输出，同时仍旧可以接收来自另一端的数据。使用半关闭的方法就可以解决上述问题。可以通过关闭一个套接字的输出流来表示发送给服务器的请求数据已经结束，但是必须保持输入流处于打开状态。

半关闭相关方法如下：
- shutdownOutput()   将输出流设为"流结束"。
- shutdownInput()   将输入流设为"流结束"。
- isOutputShutdown()   如果输出已经被关闭，则返回 true，否则返回 false。
- isInputShutdown()   如果输入已经被关闭，则返回 true，否则返回 false。

在前面已经编写了一些客户-服务器程序。Java 还允许开发通过 Web 服务器从远程主机上读取文件的客户端程序。

【例 11-5】和【例 11-6】将展示两种从 Web 远程服务器上读取文件的方法。

【例 11-5】

```java
import java.awt.*;
import java.awt.event.*;
import java.io.*;
import java.net.*;
import javax.swing.*;

public class RemoteFileTest extends JApplet{
    private JButton jbtView = new JButton("View");
    private JTextField jtfURL = new JTextField(20);
    private JTextArea area = new JTextArea();
    private JLabel label = new JLabel();

    public void init()
    {
        JPanel p1 = new JPanel();
        p1.setLayout(new BorderLayout());
        p1.add(new JLabel("Filename"), BorderLayout.WEST);
        p1.add(jtfURL, BorderLayout.CENTER);
        p1.add(jbtView, BorderLayout.EAST);

        setLayout(new BorderLayout());
        add(new JScrollPane(area), BorderLayout.CENTER);
        add(label, BorderLayout.SOUTH);
        add(p1, BorderLayout.NORTH);
        this.setSize(500, 500);

        jbtView.addActionListener(new ActionListener(){
            public void actionPerformed(ActionEvent e)
            {
```

```java
                showFile();
            }
        });
    }

    private void showFile()
    {
        BufferedReader infile = null;
        URL url = null;

        try
        {
            url = new URL(jtfURL.getText().trim());

            InputStream in = url.openStream();
            infile = new BufferedReader(new InputStreamReader(in));

            String inLine;

            while((inLine = infile.readLine()) != null)
            {
                area.append(inLine + '\n');
            }
            label.setText("File loaded successfully");
        }
        catch(FileNotFoundException e)
        {
            label.setText("URL " + url + " not found.");
        }
        catch(IOException e)
        {
            label.setText(e.getMessage());
        }
        finally{
            try
            {
                if(infile != null ) infile.close();
            }
            catch(IOException ex)
            {
                ex.printStackTrace();
            }
        }
    }
}
```

运行结果如图 11-)4 所示。

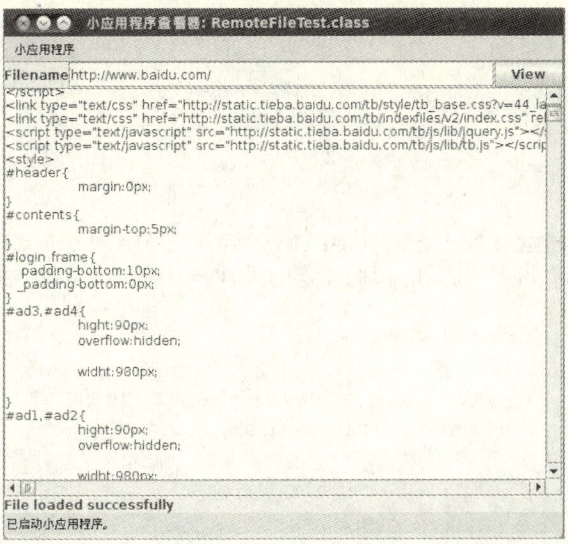

图 11-4 运行结果

【例 11-6】

```java
import java.awt.*;
import java.awt.event.*;
import java.io.*;
import java.net.URL;
import javax.swing.*;
import javax.swing.event.*;

public class WebBrowser extends JApplet{
    private JEditorPane pane = new JEditorPane();
    private JLabel url = new JLabel("URL");
    private JTextField jtf = new JTextField();

    public void init()
    {
        JPanel p = new JPanel();
        p.setLayout(new BorderLayout());
        p.add(url, BorderLayout.WEST);
        p.add(jtf, BorderLayout.CENTER);

        JScrollPane Viewer = new JScrollPane();
        Viewer.getViewport().add(pane, null);

        add(Viewer, BorderLayout.CENTER);
        add(p, BorderLayout.NORTH);

        pane.setEditable(false);
        pane.addHyperlinkListener(new HyperlinkListener(){
            public void hyperlinkUpdate(HyperlinkEvent e)
            {
                try
                {
                    pane.setPage(e.getURL());
                }
```

```
                catch(IOException ex)
                {
                    ex.printStackTrace();
                }
            }
        });

        jtf.addActionListener(new ActionListener(){
            public void actionPerformed(ActionEvent e)
            {
                try
                {
                    URL url = new URL(jtf.getText().trim());
                    pane.setPage(url);
                }
                catch(IOException ex)
                {
                    ex.printStackTrace();
                }
            }
        });
    }
}
```

11.3 任务三 基于 UDP 的客服数据包接收程序

问题情境及实现

在前面几节，我们介绍的都是建立在可靠传输协议之上的 TCP 协议。TCP 协议是网络传输层的一种可靠的数据传输协议。如果数据在传输途中又丢失或损坏，TCP 会保证再次发送数据；如果数据传输顺序被打乱，TCP 会在接收方重新恢复数据的正确顺序。应用层无须担心接收到乱序或缺失的数据，只需从 Socket 中获得输入流和输出流，就可以方便地接受和发送数据了。

但是 TCP 协议的可靠性是有代价的，那就是数据的传输速度。因为建立和销毁 TCP 连接都花费大量的时间。任务三中我们要介绍一种与 TCP 协议相对应的协议 UDP（User Datagram Protocol，用户数据报协议）。它是传输层的另一种协议，相比 TCP 协议，它拥有更快的速度，但是不可靠。UDP 发送的数据单元称为 UDP 数据报。当网络传输 UDP 数据包时，无法保证数据报一定到达目的地，也无法保证各个数据报按发送顺序到达目的地。任务三将主要介绍这种协议在 Java 网络编程中如何应用。

相关知识

11.3.1 UDP 协议简介

如果客户端与服务器利用流套接字进行通信，它们之间拥有一条专用的点对点通道。为了通信，它们建立连接，传送数据，然后关闭连接。流套接字使用 TCP 协议进行数据

传输。因为 TCP 协议能够检测丢失的传输，并重新提交它们，因此，传输是无损的和可靠的。使用流套接字发送的所有数据完全按照发送的顺序接收。

相反地，如果客户端和服务器端通过数据报套接字进行通信，它们之间没有点对点的专用通道。数据使用分组进行输出。数据报套接字使用数据报协议（UDP），该协议不能保证分组不会丢失、或者重新接收、或者按照发送顺序重新组织数据报顺序。数据报是独立的，包含自身网络上的传输信息，它的到达时间和内容都没有保证。可以说，UDP 协议是做了运输协议能够做的最少工作，除了一些基本功能，它几乎就是直接建立在 IP 上的。而使用数据报时、以及在发送报文段之前，发送方和接收方的运输层实体之间都没有进行握手操作，因此，UDP 协议也被认为是无连接的。

既然相比 TCP 协议，这种可靠的传输层协议 UDP 协议有诸多不利，为什么还要在网络编程中实现这种协议的类和接口呢？这主要是因为以下原因。

- 应用层能更好地控制要发送的数据和发送时间：采用 UDP 时，只要应用层进程将数据传输给 UDP，UDP 就会将此数据打包成 UDP 报文段并立即将其传递给网络层。
- 无须连接建立：UDP 不像 TCP 那样在传输开始之前要进行"三次握手"，它可以不需要任何准备就开始传输数据。
- 无连接状态：TCP 需要在端系统中维护连接状态，维护发送和接收等参数，以及提供阻塞控制。而 UDP 不维护连接状态，也不需要跟踪任何参数。

分组首部开销小：这指的是 UDP 报文开销小，它仅有 8 字节开销，相比之下，TCP 有 20 字节的开销。

因此，如果应用层仅关心发送的数据能否快速到达目的地，则可以考虑在传输层使用 UDP 协议。例如，传输音频和视频文件时多使用 UDP 协议，DNS 功能也是建立在 UDP 协议之上的。

在 Java 网络编程中，java.util.DatagramSocket 负责接收和发送 UDP 数据报，java.util.DatagramPacket 表示 UDP 数据报。DatagramSocket 提供 receive()和 send()方法用来接收和发送数据报。

使用 TCP 协议通信时，客户端的 Socket 必须先于服务器建立连接，连接建立成功后，服务器会持有与客户端建立连接的 Socket，这时客户端与服务器端是一一对应的，进行两点之间的通信。

而 UDP 协议是无连接协议，客户端的 DatagramSocket 与服务器端的 DatagramSocket 不存在一一对应关系，客户端与服务器端不需要建立连接就可以实现数据的交换过程。

【例 11-7】 基于 UDP 协议的客户-服务器程序示例。

```java
import java.io.*;
import java.net.*;

public class UDPTest {
    private int port = 80;
    private DatagramSocket socket;

    public UDPTest() throws IOException
    {
```

```java
        socket = new DatagramSocket(port);
        System.out.println("Server is online");
    }

    public String echo(String str)
    {
        return "echo: " + str;
    }

    public void service() throws IOException
    {
        while(true)
        {
            DatagramPacket packet = new DatagramPacket(new byte[512], 512);
            socket.receive(packet);

            String str = new String(packet.getData(), 0, packet.getLength());
            System.out.println("Address: " + packet.getAddress() + ":" + packet.getPort() + "\nsend: " + str);
            packet.setData(echo(str).getBytes());
            socket.send(packet);
        }
    }

    public static void main(String[] args) throws IOException
    {
        new UDPTest().service();
    }
}
```

这段代码与之前用 TCP 协议编写的客户-服务器端应用大同小异。其实，对于每一个服务器程序，比如一个 HTTP Web 服务器，会不断地执行下面这个循环操作：

（1）通过输入数据流从客户端接收一个命令。
（2）解码这个命令。
（3）收集客户端所请求的信息。
（4）通过输出数据流发送信息给客户端。

11.3.2 DatagramPacket 类

DatagramPacket 表示数据报，它的构造方法可以分为两类：一类用于创建 DatagramPacket 类对象来接收数据；另一类则创建 DatagramPacket 类对象来发送数据。这两类构造方法的主要区别是，用于发送数据的构造方法需要设定数据报到达的目的地，而用于接收数据报的构造方法则无须设定。

用于接收数据的构造方法：
- public DatagramPacket(byte[] data, int length)
- public DatagramPacket(byte[] data, int offset, int lenth)

其中，data 用来存放数据，length 用于指定接收数据的长度，参数 offset 指定在 data 中存放数据的起始位置，默认情况下起始位置为 data[0]。

用于发送数据的构造方法：
- public DatagramPacket(byte[] data, int offset, int length, InetAddress address, int port)
- public DatagramPacket(byte[] data, int offset, int length, SocketAddress address)
- public DatagramPacket(byte[] data, int length, InetAddress address, int port)
- public DatagramPacket(byte[] data, int length, SocketAddress address)

其中，address 指定发送的主机名，port 指定发送的端口号。

DatagramPacket 的构造方法中有一个参数 length，用于决定发送的数据报的长度。一般来讲，这个长度都不应过长。许多基于 UDP 的协议，如 DNS 和 TFTP，都规定数据报的长度不超过 512 字节。过长的数据报网络会将其截断、分片，有时还会丢弃部分数据，在这种情况下，Java 程序得不到任何通知。选择数据报大小的通用原则是，如果网络非常不可靠，如分组无线电网络，应该选择较小的数据报，减少中途被破坏的可能。而在一些网络情况非常可靠且传输速度快的环境下，可以尝试使用较大的数据报。

11.3.3 DatagramSocket 类

DatagramSocket 负责接收和发送数据报。每个 DatagramSocket 对象都会与一个本地端口绑定，在此端口监听发送过来的数据报。在客户程序中，端口号一般由操作系统决定，这种端口也叫做匿名端口；而在服务器端，端口号则是由程序决定。

DatagramSocket 类构造方法：
- DatagramSocket()
- DatagramSocket(int port)
- DatagramSocket(int port, InetAddress laddr)
- DatagramSocket(SocketAddress bindaddr)

除第一个构造方法使 DatagramSocket 对象与匿名端口号绑定，其余的构造方法都会显示指定本地端口号。第三个和第四个方法需要同时指定 IP 地址和端口号。

DatagramSocket 类提供 send()方法负责发送一个数据报：

```
public void send(DatagramPacket dp)throws IOException
```

DatagramSocket 类提供 receive()方法负责接收一个数据报：

```
public void receive(DatagramPacket dp)throws IOException
```

【例 11-8】 DatagramSocket 类、DatagramPacket 类应用示例，计算阶乘。

```
DatagramServer.java
import java.io.*;
import java.net.*;
import java.util.*;
import java.awt.*;
import javax.swing.*;

public class DatagramServer extends JFrame{
    private JTextArea jta = new JTextArea();
```

```java
    private byte[] buf = new byte[256];

    public DatagramServer()
    {
        setLayout(new BorderLayout());
        add(new JScrollPane(jta), BorderLayout.CENTER);

        setTitle("DatagramServer");
        setSize(500, 300);
        setDefaultCloseOperation(JFrame.EXIT_ON_CLOSE);
        setVisible(true);

        try
        {
            DatagramSocket socket = new DatagramSocket(8000);
            jta.append("Server started at " + new Date() + '\n');

            DatagramPacket receivepacket = new DatagramPacket(buf,
            buf.length);
            DatagramPacket sendpacket = new DatagramPacket(buf,
            buf.length);

            while(true)
            {
                Arrays.fill(buf, (byte)0);
                socket.receive(receivepacket);
                jta.append("The client host name " + receivepacket.
                getAddress() + " and port number is " + receivepacket.
                getPort() + '\n');
                jta.append("Number received from client is" + new
                String(buf).trim() + '\n');

                long result = multiply(new Integer(new String(buf).
                trim()));

                sendpacket.setAddress(receivepacket.getAddress());
                sendpacket.setPort(receivepacket.getPort());
                sendpacket.setData(new Long(result).toString().
                getBytes());
                socket.send(sendpacket);
            }
        }
        catch(IOException ex)
        {
            ex.printStackTrace();
        }
    }

    public long multiply(int number)
    {
        long result = 1;
```

```java
            for (int i = 1; i <= number; i++)
                result *= i;
            return result;
        }

        public static void main(String[] args)
        {
            new DatagramServer();
        }
    }

DatagramClient.java

    import java.io.*;
    import java.net.*;
    import java.util.*;
    import java.awt.*;
    import java.awt.event.*;
    import javax.swing.*;

    public class DatagramClient extends JFrame{
        private JTextField jtf = new JTextField();
        private JTextArea jta = new JTextArea();
        private DatagramSocket socket;
        private byte[] buf = new byte[256];
        private InetAddress addr;
        private DatagramPacket receivepacket;
        private DatagramPacket sendpacket;

        public DatagramClient()
        {
            JPanel p = new JPanel();
            p.setLayout(new BorderLayout());
            p.add(new JLabel("Enter number"), BorderLayout.WEST);
            p.add(jtf, BorderLayout.CENTER);
            jtf.setHorizontalAlignment(JTextField.RIGHT);

            setLayout(new BorderLayout());
            add(p, BorderLayout.NORTH);
            add(new JScrollPane(jta), BorderLayout.CENTER);

            jtf.addActionListener(new ButtonListener());

            setTitle("DatagramClient");
            setSize(500, 300);
            setDefaultCloseOperation(JFrame.EXIT_ON_CLOSE);
            setVisible(true);

            try
            {
                socket = new DatagramSocket();
```

```java
            addr = InetAddress.getByName("localhost");
            sendpacket = new DatagramPacket(buf, buf.length, addr,
            8000);
            receivepacket = new DatagramPacket(buf, buf.length);
        }
        catch(IOException ex)
        {
            ex.printStackTrace();
        }
    }

    private class ButtonListener implements ActionListener
    {
        public void actionPerformed(ActionEvent e)
        {
            try
            {
                Arrays.fill(buf, (byte)0);
                sendpacket.setData(jtf.getText().trim().getBytes());
                socket.send(sendpacket);

                socket.receive(receivepacket);
                jta.append("Number is"+jtf.getText().trim()+'\n');
                jta.append("Mutiply result from server is " + Long.
                parseLong(new String(buf).trim()) + '\n');
            }
            catch(IOException ex)
            {
                ex.printStackTrace();
            }
        }
    }
    public static void main(String[] args)
    {
        new DatagramClient();
    }
}
```

运行结果如图 11-5 和图 11-6 所示。

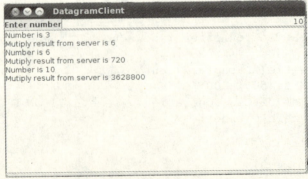

图 11-5　程序运行结果 1

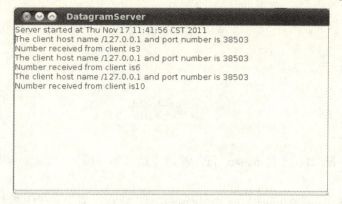

图 11-6　程序运行结果 2

11.3.4　DatagramChannel 类

从 JDK1.4 开始，添加了一个支持按照非阻塞方式发送和接收数据报的 DatagramChannel 类。DatagramChannel 使 UDP 服务器只需用单个线程就能同时与多个客户通信。但它的初始设置为采用阻塞模式，需要调用 cnfigureBlocking(false)方法使其变为非阻塞模式。

DatagramChannel 类的静态 open()方法返回一个 DatagramChannel 对象，每个 DatagramChannel 类对象都关联了一个 DatagramSocket 对象，DatagramChannel 对象的 socket()方法返回这个 DatagramSocket 对象。但是这个 DatagramSocket 对象还没有绑定任何地址，需要调用它的 bind()方法来与一个本地地址绑定：

```
DatagramChannel channel = DatagramChannel.open();
DatagramSocket socket = channel.socket();
socket.bind(new InetSocketAddress(8000));
```

11.4　拓展动手练习

1. 为一个客户编写一个服务器。客户端向服务器发送贷款信息（年利率、贷款念书和贷款总额）。服务器计算月支付额和总支付额，并把它们发送回该客户端。

2. 创建一个简单的 HTTP 客户程序，它访问由命令行参数指定的一个网站页面，并把得到的 HTTP 响应结果保存在本地文件系统的一个文件中。

11.5　习题

1. 什么是 TCP？什么是 UDP？简述这两种协议的区别。
2. 什么是 Socket？简述 Socket 使用过程。
3. 什么是 URL？URL 有哪些部分组成？
4. 开发客户-服务器端应用程序，浏览和添加通信地址。用户可以使用例如 First、Next、Previous、Last 按钮浏览地址。使用 Add 按钮可以添加一个新地址。
5. 编写一个简单的浏览器程序，接收远程的 HTML 文件。

参考文献

[1] 吴益华译. David Flanagan. Java 技术手册（第三版）. 北京：中国电力出版社，2002.

[2] 沈莹译. Grant Palmer. Java 事件处理指南. 北京：清华大学出版社，2002.

[3] 孙一林. Java 语言高级教程. 北京：清华大学出版社，2002.

[4] 飞思科技产品研发中心. Java 2 应用开发指南. 北京：电子工业出版社，2002.

[5] 陈昊鹏等译. Gay S Horstmann, Gary Cornell. Java2 核心技术，卷二：高级特性. 北京：机械工业出版社，2002.

[6] http://java.sun.com